"十三五"高等职业教育计算机类专业规划教材

影视动画后期特效制作

杨　琴　张平安　刘　静　主编

U0310664

中国铁道出版社有限公司
CHINA RAILWAY PUBLISHING HOUSE CO., LTD.

内 容 简 介

本书基于影视动画后期制作的工作过程而编写，内容包括影视动画特效制作概述、二维基础动画特效、三维动画特效、文字动画特效、粒子动画特效、光线动画特效、抠像技术、时间轴与追踪动画特效。除第1章外，每章都包含有工作领域的概述和知识点的引领，并且通过三个不同的任务作为学习情景，分别涵盖了该工作领域的知识点和技能点，做到循序渐进，举一反三。

本书以任务为导向，结合了影视动画后期制作工作领域的较前沿技术，将后期特效制作中需要掌握的知识点系统地分布在各个任务之中。学生在操作中能真正体会到影视动画后期制作的制作思路和技巧，具有很强的操作性和实用性。本教材提供所有案例制作要点的视频教程，以及所有任务的素材、结果文件以及辅助多媒体课件供读者参考学习和使用。

本书可作为高等职业院校相关专业教材使用，也可作为广大视频编辑爱好者或相关从业人员的参考资料。

图书在版编目（CIP）数据

影视动画后期特效制作 / 杨琴，张平安，刘静主编 . —北京：
中国铁道出版社有限公司，2020.7（2024.1 重印）
"十三五"高等职业教育计算机类专业规划教材
ISBN 978-7-113-26961-6

Ⅰ.①影… Ⅱ.①杨… ②张… ③刘… Ⅲ.①图像处理软件 –
高等职业教育 – 教材 Ⅳ.① TP391.413

中国版本图书馆 CIP 数据核字（2020）第 094856 号

书　　名：**影视动画后期特效制作**
作　　者：杨 琴 张平安 刘 静

策　　划：翟玉峰　　　　　　　　　　　　　编辑部电话：(010) 51873135
责任编辑：翟玉峰　李学敏
封面设计：刘 颖
责任校对：张玉华
责任印制：樊启鹏

出版发行：中国铁道出版社有限公司（100054，北京市西城区右安门西街 8 号）
网　　址：http://www.tdpress.com/51eds/
印　　刷：番茄云印刷（沧州）有限公司
版　　次：2020 年 7 月第 1 版　2024 年 1 月第 5 次印刷
开　　本：850 mm×1 168 mm　1/16　印张：20.5　字数：485 千
印　　数：6 501 ～ 8 000 册
书　　号：ISBN 978-7-113-26961-6
定　　价：59.80 元

版权所有　侵权必究

凡购买铁道版图书，如有印制质量问题，请与本社教材图书营销部联系调换。电话：(010) 63550836
打击盗版举报电话：(010) 63549461

文化创意产业是一种在经济全球化背景下产生的以创造力为核心的新兴产业。影视动画行业作为文化创意产业的支柱，在国民经济中发挥越来越大的作用。中国影视动画行业具有巨大的发展潜力并正在日益崛起。目前，我国已成为全球第二大电影市场，其银幕的数量与观影人次均占据世界首位。在各级政府的大力扶持之下，影视动画行业在我国得以迅速发展，因此急需此类专门人才，尤其是影视动画特效制作的专业人才。

为培养适应影视动画后期特效制作职业岗位的专业人才，符合当前职业教育的需要，本书面向高职高专动漫影视数字媒体类专业的学生，立足"以服务发展为宗旨，以促进就业为导向"的国家职业教育发展目标，基于影视动画后期特效制作的工作过程编写，全部采用基于工作过程的编写方法，突出知识、能力、素质方面的培养，主要特点体现在以下四方面：

（1）充分体现"任务驱动，实践导向"的课程设计思想。每个任务在具体操作之前都有该任务的需求分析和设计，把本任务体现的主题、表达方式和涉及的新技能发展趋势以及实践操作中所应该具备和遵循的新知识纳入其中。然后通过制作思路与流程的分析，让读者先从整体上把握该任务的制作思路，让学生知其然知其所以然，避免了"填鸭式"的教学方式，最后进行任务实施。

（2）按照影视后期特效师岗位必备技能和实际工作精选案例。每个任务至少隐含一个技能点和知识点，强调了案例的实战性、趣味性和可复制性。

（3）采用教与学一体化教材设计。每个任务都录制了配套的微课，包括任务的整体讲解和分步骤演示，扫描二维码即可用手机观看学习。本书教学资源包获取方式：http://www.tdpress.com/51eds。本书既强调概念准确、原理清晰、逻辑严谨，又突出案例丰富、内容生动的特点，有利于启发学生的学习兴趣和思维创新。

（4）本书是校企合作的结晶，参编人员曾长期工作在省级电视台后期制作第一线，具有丰富的影视后期制作经验。

本书主编杨琴具有在职业院校从事影视动画后期制作的丰富教学经验；

张平安教授是数字媒体领域的职业教育专家，长期从事数字媒体的研究和教学工作；刘静在电视台从事后期编辑工作，具有丰富的后期制作经验。本书编写分工如下：杨琴负责全书的统稿，以及第3章至第7章的编写，张平安负责全书的整体规划以及本书第1章第2章的编写，刘静负责第8章的编写。

本书建议总学时88学时。每个任务建议4学时。每一章的第1个任务属于基础内容，可结合概述和知识点做较为详细的讲授；第2个任务是进阶内容，可采用边讲边练、讲练平衡的方式进行；第3个任务属于综合技能运用，一般需要比较多的练习时间，可尽量减少讲授内容。

教 学 内 容	建 议 学 时
第1章　影视动画特效制作概述	4学时
第2章　二维基础动画特效	12学时
第3章　三维动画特效	12学时
第4章　文字动画特效	12学时
第5章　粒子动画特效	12学时
第6章　光线动画特效	12学时
第7章　抠像技术	12学时
第8章　时间轴与追踪动画特效	12学时
总计	88学时

由于时间仓促、编者水平有限，本书难免存在不妥及疏漏之处，希望广大读者批评指正。意见反馈和交流邮箱：yangq@sziit.edu.cn。

编　者

2020 年 3 月

CONTENTS 目录

第1章 影视动画特效制作概述 1

1.1 影视动画特效制作简介 1
1.2 影视动画特效制作过程 1
　　1.2.1 影视动画制作的三个阶段 ...2
　　1.2.2 影视动画后期制作基本
　　　　　流程 3
　　1.2.3 影视动画单元特效制作的
　　　　　一般过程 3
1.3 影视动画特效制作工具 4
　　1.3.1 After Effects CC 2018 简介 ...4
　　1.3.2 影视动画特效辅助工具 5
　　1.3.3 AE 与 Premiere 的协同
　　　　　工作 5
1.4 影视动画特效制作案例 6
　　1.4.1 大雪纷飞场景制作 6
　　1.4.2 制作要点 20
思考与练习 21

第2章 二维基础动画特效 22

2.1 二维基础动画特效制作概述 22
2.2 知识点 23
　　2.2.1 关键帧动画 23
　　2.2.2 图层的父子阶层关系 24
2.3 任务 1 中国古诗词动画
　　　　　场景的制作 25
　　2.3.1 任务需求分析与设计 25
　　2.3.2 制作思路与流程 26
　　2.3.3 制作任务实施 26
　　2.3.4 制作要点 34
2.4 任务 2 "星际大战"视频
　　　　　特效的制作 36

2.4.1 任务需求分析与设计 36
2.4.2 制作思路与流程 37
2.4.3 制作任务实施 37
2.4.4 制作要点 47
2.5 任务 3 电视栏目画中画
　　　　　场景的制作 48
　　2.5.1 任务需求分析与设计 48
　　2.5.2 制作思路与流程 49
　　2.5.3 制作任务实施 50
　　2.5.4 制作要点 58
思考与练习 58

第3章 三维动画特效 60

3.1 三维动画特效制作概述 60
3.2 知识点 61
　　3.2.1 三维合成 62
　　3.2.2 摄像机的使用 64
　　3.2.3 三维中的灯光 64
3.3 任务 4 神奇宝盒动画的
　　　　　制作 65
　　3.3.1 任务需求分析与设计 66
　　3.3.2 制作思路与流程 66
　　3.3.3 制作任务实施 68
　　3.3.4 制作要点 80
3.4 任务 5 印象派画家梵高画展
　　　　　场景制作 80
　　3.4.1 任务需求分析与设计 81
　　3.4.2 制作思路与流程 82
　　3.4.3 制作任务实施 83
　　3.4.4 制作要点 93
3.5 任务 6 城市夜景灯光秀场景
　　　　　的制作 93

3.5.1 任务需求分析与设计 94

3.5.2 制作思路与流程 95

3.5.3 制作任务实施 96

3.5.4 制作要点 109

思考与练习 110

第 4 章 文字动画特效 112

4.1 文字动画特效制作概述 112

4.2 知识点 113

4.2.1 文本图层的概念 113

4.2.2 文字动画制作器 114

4.2.3 常用文字特效与动画

预设 118

4.3 任务 7 电影《末日拯救》

预告片的制作 119

4.3.1 任务需求分析与设计 119

4.3.2 制作思路与流程 120

4.3.3 制作任务实施 121

4.3.4 制作要点 131

4.4 任务 8 学校宣传片文字动画

场景的制作 131

4.4.1 任务需求分析与设计 131

4.4.2 制作思路与流程 132

4.4.3 制作任务实施 133

4.4.4 制作要点 145

4.5 任务 9 电视栏目片花文字

的制作 147

4.5.1 任务需求分析与设计 147

4.5.2 制作思路与流程 148

4.5.3 制作任务实施 148

4.5.4 制作要点 160

思考与练习 160

第 5 章 粒子动画特效 162

5.1 粒子动画特效制作概述 162

5.2 知识点 163

5.2.1 粒子运动场效果 163

5.2.2 内置第三方粒子效果

简介 164

5.2.3 Particular（粒子）插件 ... 165

5.3 任务 10 花瓣飞舞婚庆视频

的制作 165

5.3.1 任务需求分析与设计 165

5.3.2 制作思路与流程 166

5.3.3 制作任务实施 167

5.3.4 制作要点 172

5.4 任务 11 仙女化作烟雾消失

场景制作 172

5.4.1 任务需求分析与设计 173

5.4.2 制作思路与流程 173

5.4.3 制作任务实施 174

5.4.4 制作要点 183

5.5 任务 12 颁奖典礼片头场景

的制作 184

5.5.1 任务需求分析与设计 184

5.5.2 制作思路与流程 186

5.5.3 制作任务实施 186

5.5.4 制作要点 196

思考与练习 197

第 6 章 光线动画特效 198

6.1 光线动画特效制作概述 198

6.2 知识点 199

6.2.1 AE 直接产生光线的

效果 199

6.2.2 AE 与光线相关的常用

效果 200

6.3 任务 13 猴王现身动画

场景的制作 200

6.3.1 任务需求分析与设计 201

6.3.2 制作思路与流程 202

6.3.3 制作任务实施 202

6.3.4 制作要点 212

6.4 任务 14 钢铁侠战斗
场景的制作 **212**
    6.4.1 任务需求分析与设计 213
    6.4.2 制作思路与流程 213
    6.4.3 制作任务实施 214
    6.4.4 制作要点 223

6.5 任务 15 企业视频 LOGO 的
制作 **223**
    6.5.1 任务需求分析与设计 223
    6.5.2 制作思路与流程 224
    6.5.3 制作任务实施 226
    6.5.4 制作要点 240

思考与练习 241

第 7 章 抠像技术 242

7.1 抠像特效制作概述 **242**
7.2 知识点 **243**
    7.2.1 常用抠像工具 243
    7.2.2 Keylight（1.2）插件 244
    7.2.3 Roto 笔刷工具动态
抠像 244

7.3 任务 16 "从天而降的礼物"
短视频的制作 **245**
    7.3.1 任务需求分析与设计 245
    7.3.2 制作思路与流程 246
    7.3.3 制作任务实施 246
    7.3.4 制作要点 252

7.4 任务 17 "恐龙大战" 微电影
场景的制作 **253**
    7.4.1 任务需求分析与设计 253
    7.4.2 制作思路与流程 254
    7.4.3 制作任务实施 255
    7.4.4 制作要点 262

7.5 任务 18 "谁把它抛在风里"
MV 场景的制作 **263**
    7.5.1 任务需求分析与设计 263
    7.5.2 制作思路与流程 264
    7.5.3 制作任务实施 265
    7.5.4 制作要点 273

思考与练习 273

第 8 章 时间轴与追踪动画特效 275

8.1 时间轴与追踪动画制作概述 ...275
8.2 知识点 **276**
    8.2.1 图层的时间工具 276
    8.2.2 时间特效 279
    8.2.3 运动追踪操作 280

8.3 任务 19 "狂奔的动物"
小视频的制作 **280**
    8.3.1 任务需求分析与设计 281
    8.3.2 制作思路与流程 281
    8.3.3 制作任务实施 282
    8.3.4 制作要点 291

8.4 任务 20 滑雪精彩片段
集锦的制作 **291**
    8.4.1 任务需求分析与设计 292
    8.4.2 制作思路与流程 293
    8.4.3 制作任务实施 294
    8.4.4 制作要点 303

8.5 任务 21 香水广告片的
制作 **303**
    8.5.1 任务需求分析与设计 304
    8.5.2 制作思路与流程 305
    8.5.3 制作任务实施 305
    8.5.4 制作要点 319

思考与练习 320

第1章

影视动画特效制作概述

1.1 影视动画特效制作简介

视频 ●········

影视动画特效
制作概述（1）

1898 年美国维太格拉夫电影公司制作的第一部利用逐格拍摄技术使无生命的物象造成活动错觉的影片《矮胖子》问世，标志着影视后期技术诞生。

20 世纪 90 年代初，美国、加拿大等发达国家利用计算机、多媒体技术与影视制作相结合，推出音视频非线性编辑工作站。非线性编辑技术提供了一种方便、快捷、高效的影视节目编辑方法。非线性编辑让任何片断都可以立即观看并随时任意修改，和传统的线性编辑相比，非线性编辑可以尽可能高效率地完成剪辑、切换、镜头特技转换等，并将生成的完整视频回放到视频监视设备或转移到录像带上。随着数字技术的飞速发展，很多传统影视制作技术做不到的镜头处理，都需要借助计算机来完成，或者运用数字技术的创造使影片更完美，因为数字技术最大的特点就是能在视觉上把不可能变成可能。例如，六月飞雪、人脸变羊脸、外太空和外星人战斗等场景。真正的数字影视动画的合成与编辑诞生于 20 世纪 80 年代，人们常称数字影视制作为"CG"。1985 年，第一部 3D 动画片诞生于美国犹他大学；1995 年 11 月，迪士尼与皮克斯公司合作，诞生了划时代的全 3D 制作电影《玩具总动员》。随后，3D 与实拍合成的电影层出不穷，题材多样，诞生了《金刚》、《指环王》、《侏罗纪公园》和《阿凡达》等代表作。当前，电影、电视和智能手机新媒体已经成为最大众化、最具影响力的媒体形式。从好莱坞所创造的魔幻世界，到迪士尼所缔造的动画王国，再到国内《流浪地球》的异军突起；从铺天盖地的电视广告，到无处不在的互联网，再到 5G 时代的新兴媒体，正无时无刻地影响着我们的世界。这正是影视动画特效制作一个充满机遇、充满挑战、充满魅力的舞台。

1.2 影视动画特效制作过程

要了解影视动画特效制作过程，就需要对整个影视动画制作的阶段进行了解。一般来说，影视动画的制作可以分为前期制作、中期制作和后期制作三个主要阶段。作为整个影视动画制作后期阶段的一个重要环节，影视后期合成与特效在相关行业中显现出越来越重要的作用，成为为不同客户群体提供商业服务的独立行业。

1.2.1 影视动画制作的三个阶段

如图 1-1 所示，从上到下的依次为影视动画制作递进的三个阶段。其中，前期制作包括项目策划、内容设计、脚本编写等。中期制作阶段是影视拍摄、动画原画制作、素材制作等素材获取的阶段，这些素材可以说是构造最终完成片的基石。在中期制作完成之后，影视动画是以单一片段的形式分别独立存在的，并非是一部完整的作品，各个片段经过剪接或者特效处理等许多工作后，才能成为一部完整的作品。这种在影片结束后才进行的编辑操作，就是所谓的影片后期制作过程。在后期制作阶段，只有当多余的素材删减，镜头已经组合串联在一起，画面与声音已经同步，才可以看到影片的全貌。因为影片的大量信息并不是包含在某一个镜头的画面中，而是包含在一连串画面的组合当中，包含在画面与声音的联系中。毫不夸张地说，影视艺术在很大程度上是通过后期制作来表现的。影视后期制作为整个制作过程提供了强大的支撑。

图1-1　影视动画制作的三个阶段

影视动画后期制作中的从业人员包括影片剪辑师、后期特效师、音效师等。本书就是根据这些典型的工作岗位确定影视动画后期特效制作的工作领域。具体内容如下：

(1) 利用基础动画实现各种素材在空间上的物理变化，包括位置、大小、旋转、过渡等。

(2) 利用光效与粒子的制作对影片节目、广告进行包装。

(3) 制作各种片头、字幕的文字动画，添加文字特效。

(4) 通过内置或插件的特效功能制作各种特效镜头。

影视动画后期特效制作的工作人员应具备的能力包括：

(1) 运用主流后期编辑软件制作二维和三维基础动画的能力。

(2) 制作各种片头、字幕的能力。

(3) 对片段进行粒子光效处理的能力。

(4) 色彩处理的能力。

(5) 抠像技术的能力和动画制作的能力。

影视动画特效制作是一种功能与美学相结合的艺术形式，具有审美与实用相结合的双重价值取向。从业者应具备良好的艺术修养和艺术领悟能力，有较高的审美和鉴赏水平，此外还应具有一定的计算机应用操作能力。读者学习影视动画特效制作应注重创新能力、审美及实践应用能力的培养，在学习过程中将技术的掌握与美的理解有机结合。

1.2.2　影视动画后期制作基本流程

现在的后期制作是利用实景拍摄所得到的素材，通过计算机合成技术制作特效镜头，然后把镜头剪辑组合在一起，形成完整的影片，并且为影片制作声效的过程。影视动画后期制作基本流程包括：

（1）建立素材库。与影视动画制作的中期制作阶段对接，对素材进行整理和有序化组织。可以不考虑镜头的先后次序，先把素材录入到阵列硬盘中，建立素材库。

（2）非线性编辑。挑选每一个镜头，决定镜头的长短，挑选后的镜头只需要在时间线上按照蒙太奇的要求排列次序，影视节目的粗编就基本剪辑完毕。

（3）特效合成。根据剧本和导演的要求，影视节目中需要添加相应特效，如淡入淡出、加火焰、改变颜色等。

（4）声效与字幕。字幕与声效制作常放于最后，以便保持整个影片合成的流畅性。最后一道工序就是将以上所有步骤通过软件合成并进行调整，以达到最佳效果。

（5）输出。素材节目的存储方式应根据磁盘阵列容量选择有损压缩或者无损压缩来存储音视频信号。

1.2.3　影视动画单元特效制作的一般过程

无论是为视频制作一个简单的字幕，还是制作一段复杂的动画，都需要遵循其基本工作流程，影视动画特效制作过程如图 1-2 所示。

图1-2　影视动画特效制作过程

视频

影视动画特效
制作概述（2）

（1）新建项目，导入素材。一个项目就是一个文件，项目用于存储合成以及该项目中的素材。创建完一个项目后，第一件事情就是要导入素材。素材是影视动画单元的基本构成元素，包括动态视频、静帧图像及序列、音频文件、影片合成等。

（2）创建合成。合成是影片的框架，每个影片项目至少要有 1 个合成，或由多个合成组成。合成包括视频和音频素材、动画文本和矢量图形、图像以及光之类的组件组成的多个图层的集合。

（3）创建图层，制作动画，添加特效。可根据需要使用许多图层来创建合成，某些合成包含数千个图层，而某些图层仅包含一个图层。通过使图层的一个或多个属性随时间变化，就可以为该图层添加动画。动画制作是在图层中进行的，添加特效也是针对图层进行实施。

（4）预览动画。预览是为了让用户确认制作效果，如果不通过预览，用户就没有办法确认制作效果是否达到要求。在预览的过程中，用户可以通过改变播放帧速率或画面的分辨率来改变预览的质量和预览的速度。

（5）渲染输出。所谓渲染就是从合成创建影片帧的过程，渲染结束即完成作品的输出。

1.3 影视动画特效制作工具

目前，影视动画特效制作工具呈现出百花齐放的态势。Adobe 软件以较好的易用性和较强的扩展性成为数字媒体领域的主流产品。本书采用的软件是 Adobe 公司的 After Effects。除此之外，CINEMA 4D（简称 C4D），由德国 Maxon Computer 开发，在广告、电影、工业设计等方面都有出色的表现；Houdini（电影特效魔术师），由加拿大 Side Effects Software Inc.（SESI）公司开发，它也是应用最广泛的电影特效软件之一；苹果公司的 Final Cut Pro 在字幕、包装、声音等方面也有相当出色的表现。

1.3.1 After Effects CC 2018 简介

After Effects（简称 AE）是由 Adobe 公司推出的特效合成制作软件。它借鉴了许多软件的成功之处，将视频特效合成上升到了新的高度，成为 Macintosh 与 PC 平台上的主流特效合成软件。AE 擅长视频特效合成，支持从 4×4 到 30 000×30 000 像素分辨率，可以精确定位到一个像素点的千分之六，特效控制等功能非常强大。它应用范围广泛，涵盖影片、电影、广告、多媒体以及网页等，当前最流行的一些计算机游戏，很多都使用它进行合成制作。它可以高效且精确地创建无数种引人注目的动态图形和震撼人心的视觉效果。利用与其他 Adobe 软件无与伦比的紧密集成和高度灵活的 2D 和 3D 合成，以及数百种预设的效果和动画，为影视动画等作品增添令人耳目一新的效果。

1. 启动 After Effects

单击"开始"→"所有程序"→After Effects CC 2018 命令，便可启动 After Effects CC 2018 软件。如果已经在桌面上创建了 After Effects CC 2018 的快捷方式，则可以直接双击桌面上的 After Effects CC 2018 快捷键图标启动该软件。启动界面如图 1-3 所示。

2. After Effects CC 2018 工作界面

After Effects CC 2018 标准工作界面如图 1-4 所示，由标题栏、菜单栏、工具栏、项目窗口、特效和预设窗口、合成窗口、时间线窗口组成。

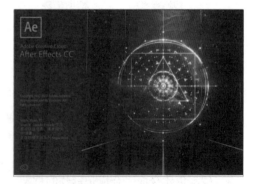

图1-3　After Effects CC 2018启动界面

标题栏显示的是当前制作的项目名称；菜单栏包含 AE 操作的全部命令；工具栏是常用的工具集；项目窗口相当于仓库，用于管理导入的素材和生成的项目；时间线窗口排列着需要操作的图层，包含图层操作选项和时间轴。素材进入时间线窗口，可以调整素材图层在合成图像中的位置、素材长度、叠加方式、合成图像的范围以及图层的动画和各种效果；各种效果的参数调节是在特效窗口进行的；合成窗口可直接进行对象操作和观看合成效果。

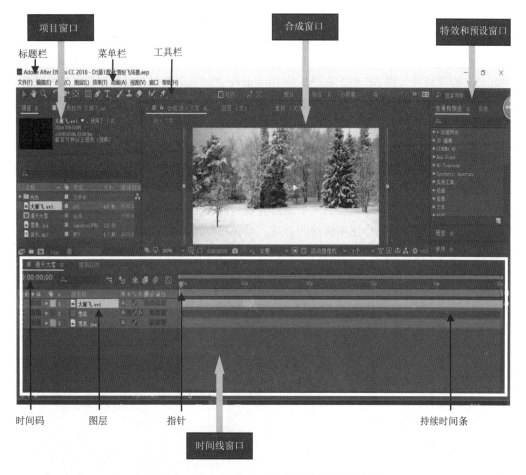

图1-4 After Effects CC 2018标准工作界面

1.3.2 影视动画特效辅助工具

（1）Adobe Photoshop主要处理以像素所构成的数字图像，使用其众多的编修与绘图工具，可以有效地进行位图图像的预处理。

（2）Adobe Illustrator主要用作矢量图形处理，是平面创意工作者的必备利器。在影视后期特效制作中，经常会用它对矢量图进行预处理。

（3）Adobe Premiere主要用作视频剪辑，擅长多轨道剪辑、抠像合成、字幕、音频处理，是剪辑师的必备利器。当Premiere的某个镜头需要特效而它自身无法完成时，就需要把这个镜头的特效在AE中制作好再导入到Premiere中。

（4）Adobe Audition主要用音频处理，擅长录音、混音和复原，是电台、音乐创作、播客工作者的必备利器。AE后期所需的音乐常常在Audition里处理好后直接导入AE运用。

1.3.3 AE与Premiere的协同工作

Premiere和AE是Adobe公司的两个重要产品。Premiere软件可用于捕获、导入、编辑电影和视频；而 AE 则用于为电影、电视、DVD 及 Web 创作运动画面和视觉特效。Pr 和 AE 之间的配合度非常高，用户可以在 AE 和 Premiere 这两个软件之间轻松地交换项目、合成、轨迹和图层，可以将 Premiere 项目导入到 AE 中，也可以将 AE 项目输出为 Premiere 项目，还可以将 Premiere 的项目导入到 AE 中。在 AE 和 Premiere 之间可以复制与粘贴图层。迄今为止，在后期制作软件之间共享媒体资源时，需要在将其导入到另一软件之前事先在一个软件中进行渲染，这一过程无疑是效率低下、浪费时间的。Adobe Production Studio 软件提供了一种叫作"Adobe Dynamic Link（动态链接）"的功能，可以在 AE、Premiere 或 Adobe Encore DVD 新建或已经存在的合成之间创建动态链接，而不必渲染。在 AE 中对动态链接的合成所做的改动，会立即出现在 Premiere 或 Adobe Encore DVD 的链接文件中，所以用户不必渲染合成，甚至不用事先保存所做的修改。当链接到一个 AE 合成时，它出现在目标作品的项目面板中，这时可以像使用任何其他资源一样使用链接的合成。当在目标作品的时间线上插入一个链接的合成时，在时间线面板就会出现一个链接的剪辑，可以作为项目面板链接合成的简单参考。当在目标作品中回放作品时，AE 会逐帧渲染链接的合成。

1.4　影视动画特效制作案例

　　本案例使用 AE 制作一个大雪纷飞的场景，效果如图 1-5 所示。通过本案例的学习，读者能体验动画特效制作的基本过程、常用的方法与步骤，熟悉 AE 软件的工作界面和基本操作。

　　在很多的影视剧里，故事发生在雨雪天气，而这些天气都是可遇不可求的。AE特效粒子技术，为人为制造这些特殊天气提供了可能，用粒子技术制作下雨、下雪、云层、烟雾、太阳光等自然天气状况，以下是具体制作过程。

图1-5　大雪纷飞场景

● 视频

雪花飘

1.4.1　大雪纷飞场景制作

1. 新建项目、导入素材

步骤 **01**：新建项目。

　　（1）单击"开始"→"所有程序"→After Effects CC 2018 命令启动 After Effects CC 2018，在 AE 中执行如图 1-6 所示的"文件"→"新建"→"新建项目"菜单命令，弹出如图 1-7 所示工作界面。

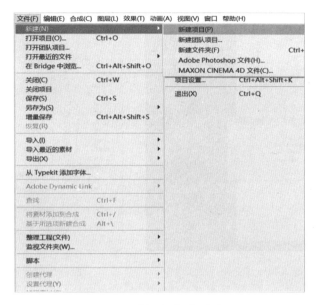

图1-6 "新建项目"命令

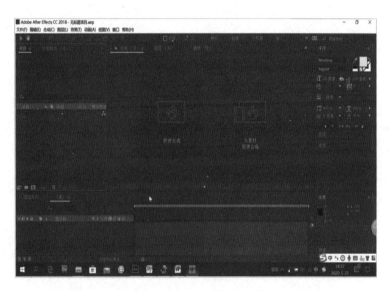

图1-7 新建项目后的工作界面

（2）AE一次只能创建或打开一个项目。如果在一个项目打开时创建或打开其他项目文件，系统会提示保存打开的项目，然后将其关闭。

步骤 **02**：导入素材。

执行如图1-8所示的"文件"→"导入"→"文件"菜单命令，弹出如图1-9所示的"导入文件"对话框。在"导入文件"对话框中选取本书电子教学资源包"第1章／素材"文件夹，按【Ctrl+A】组合键选中所有素材。单击"导入"按钮，把需要组合的素材导入项目窗口，这里存放的素材是项目中所有的图片、影片、音乐、音效文件等。导入的文件显示在图1-10所示的矩形框区域中。

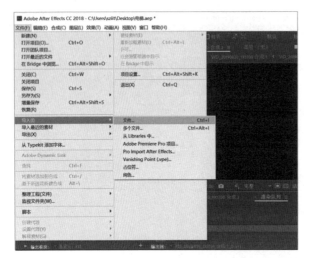

图1-8　"文件"→"导入"→"文件"菜单命令

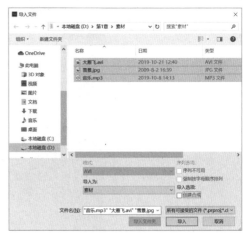

图1-9　"导入文件"对话框

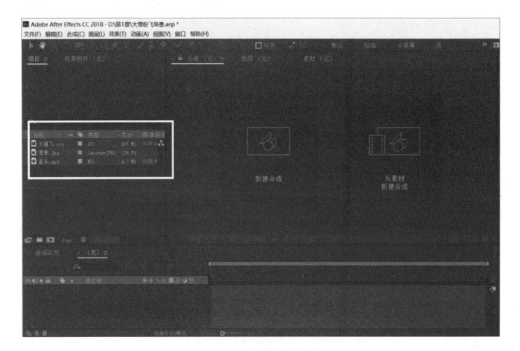

图1-10　导入素材后的界面

步骤 **03**：给项目命名。

新项目的命名是在保存项目时进行的。执行如图 1-11 所示的"文件"→"保存"菜单命令，弹出如图 1-12 所示的"另存为"对话框。在对话框中选择项目文件保存的目录；输入项目文件名"大雪纷飞场景"；文件类型使用默认类型，项目文件使用文件扩展名 .aep 或 .aepx，使用 .aep 文件扩展名的项目文件是二进制项目文件，使用 .aepx 文件扩展名的项目文件是基于文本的 XML 项目文件。单击"保存"按钮后将在指定的目录中产生名为"大雪纷飞场景 .aep"的项目工程文件。

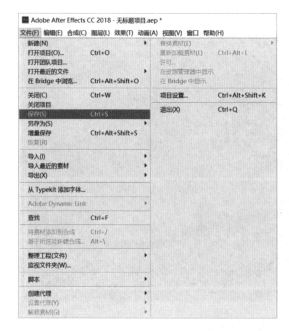

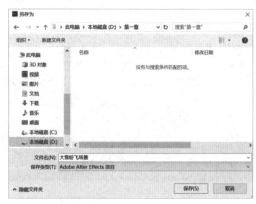

图1-11 "文件"→"保存"菜单命令   图1-12 "另存为"对话框

2. 创建合成

执行如图 1-13 所示的"合成"→"新建合成"菜单命令，弹出如图 1-14 所示的"合成设置"对话框，设置合成名称为"漫天大雪"；"预设"里选择 PAL D1/DV 选项；宽度高度参数分别设置为 720px、576px；持续时间设为 5 秒，其他参数选择系统默认值。单击"确定"按钮，得到如图 1-15 所示的"漫天大雪"合成。

图1-13 新建"漫天大雪"合成   图1-14 "合成设置"对话框

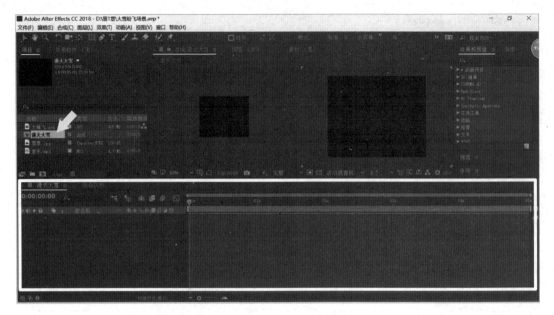

图1-15　"漫天大雪"合成

在创建合成时需指定帧长宽比和帧大小等设置，合成设置可以随时更改。在创建合成时需要选择视频制式。

NTSC 和 PAL 属于全球两大主要的视频制式。NTSC 标准主要应用于日本、美国、加拿大、墨西哥等。它属于同时制，帧频为每秒 29.97（简化为 30），扫描线为 525，隔行扫描，画面比例为 4 ：3，分辨率为 640×480。

PAL 是指 625 线，每秒 25 格，隔行扫描，PAL 色彩编码的电视制式。欧洲、新加坡、中国、澳大利亚、新西兰等国家或地区采用这种制式。

3. 制作雪花动画特效

步骤 **01**：创建雪花图层。

单击图 1-15 方框所示的时间线窗口，使当前窗口选中为时间线窗口，执行如图 1-16 所示的"图层"→"新建"→"纯色"菜单命令，弹出如图 1-17 所示的"纯色设置"对话框。在"名称"文本框中输入"雪花"，其他参数选择系统默认值。单击"确定"按钮，建立"雪花"纯色图层。如图 1-18 方框所示，"雪花"图层出现在时间线窗口中，同时在项目窗口自动产生了"纯色"文件夹，单击图 1-18 中箭头位置，即"纯色"文件夹前面的扩展按钮，展开文件夹，可见"雪花"纯色图层。

图层就像是含有文字或图形等元素的胶片，一张张按顺序叠放在一起，组合起来形成画面的最终效果。使用 AE 制作特效和动画时，需要使用多种类型的图层，编辑出变化丰富的影片效果。

每个 AE 图层只能以 1 个素材项目作为其来源。AE 中的图层按照从上到下的顺序依次叠放，上一层的内容将遮住下一层的内容。如果上一层没有内容，将直接显示下一层的内容，并且上下图层还可以进行各种混合，以产生特殊的效果。

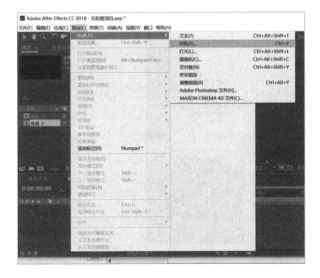

图1-16 "图层"→"新建"→"纯色"菜单命令

图1-17 新建"雪花"纯色图层

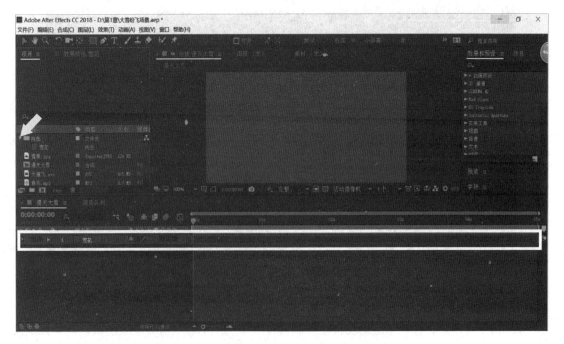

图1-18 时间线窗口中的"雪花"图层

步骤 **02**：添加粒子特效粒子运动场。

（1）在时间线窗口单击图 1-18 方框所示的"雪花"图层，然后执行如图 1-19 所示的"效果"→"模拟"→"粒子运动场"菜单命令。在项目窗口所在位置弹出如图 1-20 方框所示的"效果控件"窗口，粒子运动场特效出现在"效果控件"窗口中。

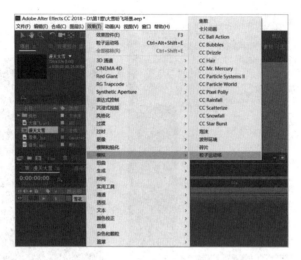

图1-19 "粒子运动场"菜单命令

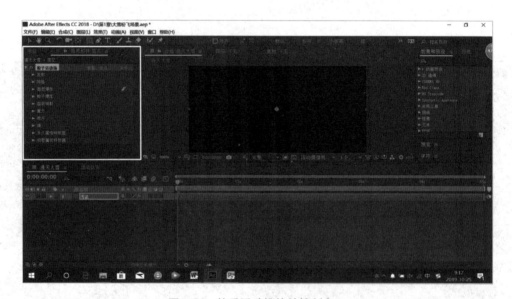

图1-20 粒子运动场特效控制窗口

（2）设置粒子参数。

如图 1-21 所示，在粒子运动场特效控制窗口中单击"发射"前的扩展按钮，调整粒子发射参数：

- 位置：275，−130。这个位置是发射点的位置，确保雪花从天上飘下来。
- 圆筒半径：660。粒子活动的半径，即雪花飞舞的范围，确保雪花飞舞到整个屏幕。
- 每秒粒子数：80。每秒粒子的数量，确保雪下的是大雪。
- 方向：0x+100°。粒子发射方向，雪花不是垂直下降，而是有点风吹的感觉，更自然。
- 随机扩散方向：45。粒子发射随机偏移变化。
- 速率：100。粒子发射速率。
- 随机扩散速率：20。粒子发射速率随机变化。

- 颜色：白色。雪花颜色。
- 粒子半径：3。越是靠近镜头，雪花半径越大。

如图 1-22 所示，在粒子运动场特效控制窗口中单击"重力"前面的▼按钮调整重力参数：

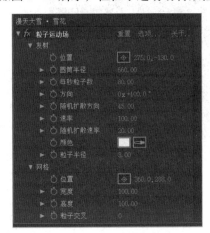

图1-21　调整发射参数

图1-22　调整重力参数

- 力：30。如果为负数粒子就会向上飞。
- 方向：0x+180°。雪花不会垂直下降，其他参数选择系统默认值。

这样就给"雪花"图层实施了粒子运动场特效，单击时间线窗口，按空格键进行预览（再按一次空格键停止预览），即可看到雪花飘动的效果，但是看起来颗粒太坚硬，不柔和。

步骤 **03**：进一步施加模糊特效，对粒子进行模糊设置，让粒子看起来像雪花。

单击图 1-20 时间线窗口上的"雪花"图层，对其添加模糊特效。执行如图 1-23 所示的"效果"→"模糊和锐化"→"高斯模糊" 菜单命令：在效果控件窗口位置出现图 1-24 方框所示的高斯模糊特效。在高斯模糊特效中设置模糊度参数为 6（参数越大，模糊度越高），其他参数选择系统默认值。

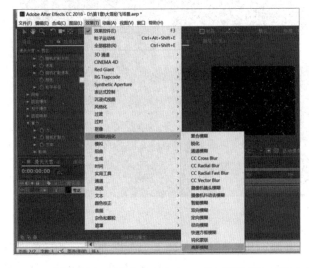

图1-23　"效果"→"模糊和锐化"→"高斯模糊"菜单命令

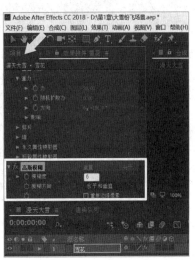

图1-24　"模糊度"参数设为6

单击时间线窗口，按空格键预览，如图 1-25 所示，可以看到颗粒更柔和了。

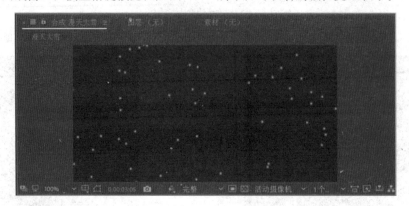

图1-25　预览高斯模糊的雪花效果

● 视频

大雁飞

4. 制作飞鸟动画并加音效

步骤 **01**：单击图 1-26 箭头所示的项目窗口"项目"选项卡，把素材"雪景 .jpg""大雁飞 .avi"拖放到时间线窗口中。单击选中某个图层，按图 1-26 方框所示顺序，调整图层在时间线窗口的排列顺序，使"大雁飞"图层为第 1 层，"雪花"图层为第 2 层，"雪景"图层为第 3 层。在 AE 的时间线中遵循上层图像优先出现于下层图像的原则。

步骤 **02**：设置大雁飞的初始位置在画面右边之外。

单击如图 1-26 合成窗口箭头所示的"放大率弹出式菜单"按钮，把合成窗口按 25% 的比例进行显示。

图1-26　调整图层在时间线窗口的排列顺序

在时间线窗口上把指针拖放到时间轴第 0 帧，并且选中"大雁飞 .avi"图层。然后单击合成窗口，如图 1-27 所示，"大雁飞 .avi"图层会出现 8 个节点的编辑线条。拖动该图层，把"大

雁飞 .avi"图层拖放到合成窗口右下角的外面位置，此时由于"大雁飞 .avi"图层在合成画面之外，所以看不到大雁。

在时间线窗口上单击"大雁飞 .avi"图层中的▶按钮展开该图层，再单击"变换"前的▶按钮展开"变换"参数，然后单击如图 1-27 箭头所示"位置"参数前的码表按钮⊙，手动为大雁动画设置第一个关键帧。

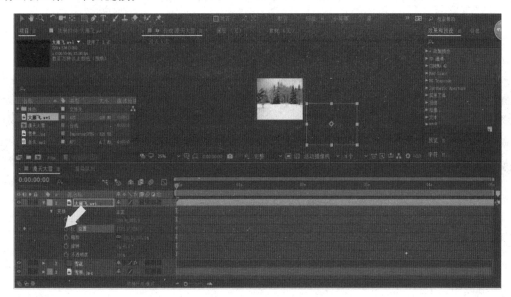

图1-27　关键帧第0帧的"位置"参数

步骤 03：设置大雁飞的结束位置。

如图 1-28 所示，把指针移至 4 秒处。改变时间指针一般有如下 4 种方法：

(1) 直接用鼠标把指针移至时间轴 4 秒处。

(2) 通过拖动图 1-28 中方框的时间码上的数值来改变时间。

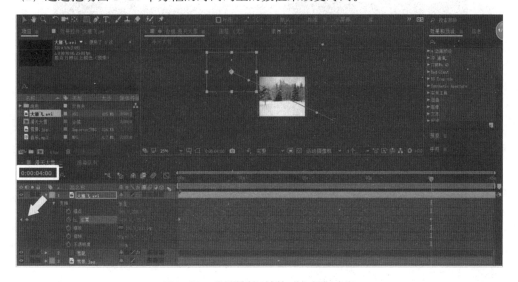

图1-28　关键帧第4帧的"位置"参数

（3）使用【Ctrl+ ←】组合键向后退 1 帧，【Ctrl+ →】组合键向前进 1 帧。

（4）最精确的方法是单击时间码后，直接输入时间。

将"大雁飞"图层拖放在合成窗口左上角的外面，这时，系统会自动添加一个如图 1-28 箭头所示的关键帧标记点，完成大雁在 4 秒内从第 1 个关键帧到第 2 个关键帧的位置动画制作。单击时间线窗口，按空格键进行预览，可以看到大雁会从右下角飞到左上角。

步骤 **04**：添加音乐。

在时间线窗口单击"大雁飞 .avi"图层前面的▼按钮将图层收起。将项目窗口里的"音乐 .mp3"素材拖放到如图 1-29 所示的时间线窗口的最下一层，即完成了声音的添加。

图1-29　添加声音素材

5. 效果预览

步骤 **01**：执行如图 1-30 所示的"窗口"→"预览" 菜单命令，弹出如图 1-31 所示的预览控制面板。

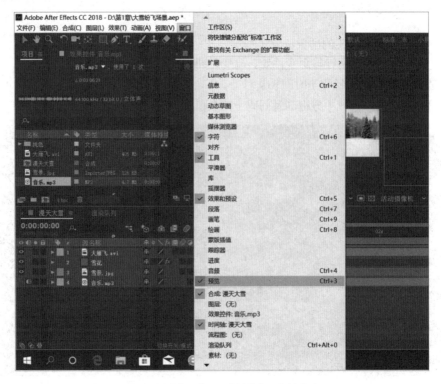

图1-30　"窗口"→"预览" 菜单命令

步骤 **02**：单击图1-26合成窗口箭头所指的"放大率弹出式菜单"按钮，把合成窗口按100%的比例进行显示。

步骤 **03**：单击图1-31预览控制面板的"播放"按钮，可见如图1-32所示的大雪飘飘的效果。

图1-31　预览控制面板

图1-32　最后的效果

6. 输出动画

步骤 **01**：清理缓存。

（1）AE渲染是花时间、耗内存的过程。为了加快渲染进程，首先执行如图1-33所示的"编辑"→"首选项"→"媒体和磁盘缓存"菜单命令，打开如图1-34所示的"磁盘缓存"对话框。

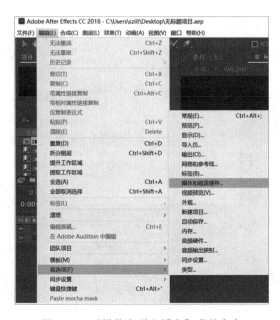

图1-33　"媒体和磁盘缓存"菜单命令

（2）选中"启用磁盘缓存"复选框。单击"选择文件夹"按钮，把AE缓存位置放到一个较大盘（不要放C盘），然后把缓存大小调大，最少50GB。

（3）单击图1-34方框所示的"清空磁盘缓存"按钮，对磁盘缓存进行清理。

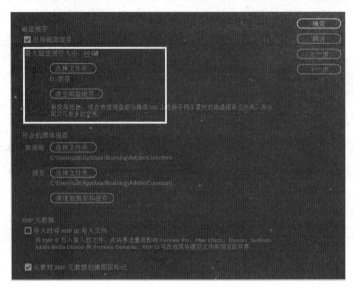

图1-34　"磁盘缓存"对话框

步骤 02：预渲染。

在项目窗口中选择需要渲染的合成"漫天大雪"，然后按图1-35所示执行"合成"→"预渲染"菜单命令，或按【Ctrl+M】组合键输出影片，也可以通过执行"合成"→"添加到渲染队列"菜单命令将合成添加到渲染队列中。

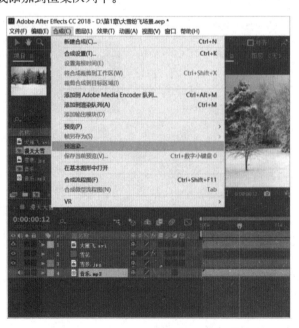

图1-35　"合成"→"预渲染"菜单命令

此时在时间线窗口位置上出现了渲染队列窗口，系统将按如图1-36方框所示顺序自动把需要进行渲染输出的合成加入到渲染队列窗口中。

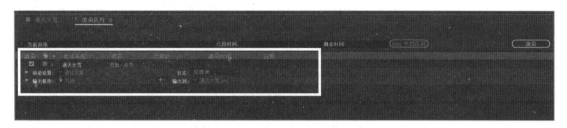

图1-36　打开渲染队列窗口

步骤 03：渲染设置。

在图1-36所示的渲染队列窗口中单击"渲染设置"选项后面"最佳设置"选项，可以打开如图1-37所示的"渲染设置"对话框。默认情况下，AE采用"最佳"质量和"完整"分辨率渲染合成图像，默认设置完全满足本项目的需要。

步骤 04：选择日志类型。

在图1-36所示的渲染队列窗口中从"日志"下拉列表中选择一个日志类型。

步骤 05：设置输出模块参数。

在图1-36所示的渲染队列窗口中单击"输出模块"下拉列表中的"自定义：AVI"选项，打开如图1-38所示的"输出模块设置"对话框。默认情况下，AE用无损压缩方法将渲染的合成图像编码为影片文件，能够满足本案例的要求。

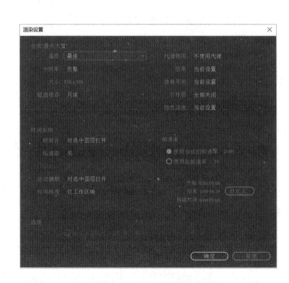

图1-37　"渲染设置"对话框

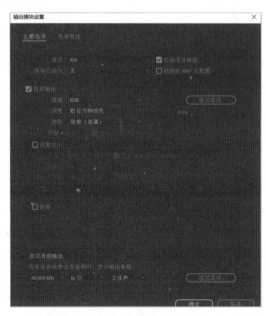

图1-38　"输出模块设置"对话框

步骤 06：设置输出路径和文件名。

在图1-36所示的渲染队列窗口中选择"输出到："下拉列表中的"漫天大雪 .avi"选项，

打开"将影片输出到"对话框。如图 1-39 所示，在该对话框中可以设置影片的输出路径、文件名和保存类型，本例输出路径为"第 1 章／漫天大雪 .avi"，保存类型为"AVI"，然后单击"保存"按钮。AE CC 2018 不能直接输出 mp4 格式，需要安装 AfterCodecs 插件才能导出高清 mp4 格式。

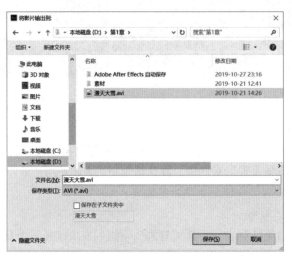

图1-39 "将影片输出到"对话框

步骤 **07**：开启渲染。

在图 1-36 所示的渲染队列窗口的渲染栏下选中要渲染的合成，这时状态栏中会显示为队列状态。

步骤 **08**：渲染。

在图 1-36 所示的渲染队列窗口中单击"渲染"按钮进行渲染。渲染完成后在"第 1 章／"文件夹下生成视频文件"漫天大雪 .avi"。

1.4.2 制作要点

本案例是让读者了解影视动画特效制作的一般过程、常用的方法与步骤，熟悉 After Effects CC 2018 软件的工作界面和基本操作。本案例制作漫天大雪的效果，雪花纷纷扬扬地从空中飘落下来是影视动画经常需要制作的特效。本案例使用的粒子相关特效将在后续的章节中单独作深入详细的介绍。

通过本案例的学习，我们对影视动画特效制作的一般过程有了一个感性的了解：创建项目后导入和组织素材，然后必须创建一个合成，才能在合成中创建、排列和组合图层。通过修改图层属性（本案例是大雁的位置）为其制作动画，还要添加效果并修改效果属性（本案例使用粒子运动场特效）。操作过程中要通过预览进行修正，最后进行渲染输出。

影视动画特效千变万化，但其基本制作过程大同小异。例如要制作一个简单的下雨动画，可以按如下步骤进行设计：

（1）创建项目，导入背景素材。

（2）创建新合成，设置"持续时间"值等。

（3）创建背景图层。

（4）创建纯色图层，在纯色图层上添加粒子动画，改变参数，使粒子变为雨点。

（5）添加模糊效果。

（6）预览动画。

（7）渲染输出。

关键帧动画将在第2章作详细介绍，文字动画也将在后续章节中单独作深入探讨。

本案例的操作步骤按标准菜单命令进行编写，但在实际操作过程中，动画的制作和特效的实施可以直接通过鼠标来完成，常见任务则可以选择使用键盘快捷键去执行。选择使用鼠标和菜单搭配使用的方式，再熟练记住一些快捷键可以大大加快操作进度。本案例中常用操作的不同方式如表1-1所示，读者可以根据需要选择自己最方便、最熟悉的方式使用。

表1-1　常用操作的不同方式

常用操作	菜单命令	快捷键	其他方式
新建项目	文件→新建→新建项目	Ctrl+Alt+N	启动 AE时系统自动新建一个项目
导入素材	文件→导入→文件	Ctrl+I	双击项目窗口空白处
导入多个素材	文件→导入→多个文件	Ctrl+Alt+I	在项目窗口中右击，并选择"导入→多个文件"命令
创建合成	合成→新建合成	Ctrl+N	（1）新建项目后单击合成窗口中的"从素材新建合成"按钮； （2）在项目窗口底部单击图标 ，新建一个合成； （3）在项目窗口空白处右击，在快捷菜单选择"新建合成"命令； （4）在导入素材对话框选中"创建合成"复选框
创建图层	图层→新建→纯色	Ctrl+Y	将素材或合成项目拖动到时间线窗口中
预览	窗口→预览	Ctrl+3	在时间线窗口按空格键
预渲染	合成→预渲染 文件→导出→添加到渲染队列 合成→添加到渲染队列	Ctrl+M	

思考与练习

1. AE 最主要的功能是什么？

2. 目前常用的影视动画特效制作工具有哪些？

3. 如何用粒子运动场特效设计一个大雨飘泼而下的场景？

第2章

二维基础动画特效

2.1   二维基础动画特效制作概述

二维基础动画是把各种素材元素以平面形式进行设计，实现二维空间上的物理变化。在二维基础动画中，镜头通常是静止不动的，通过用素材元素的移动或变化对场景进行丰富的描述，让角色与背景以及角色和道具之间起到联系互动，使素材在场景中得以活泼生动的表现。二维基础动画的特点在于，虽然出现大量的动态素材，但最后却给人一种平面构成所形成的美感。二维基础动画广泛运用于商业广告、影视宣传、电子阅览等领域。中央电视台少儿节目栏目宣传片中由小变大的主持人，运行的"航海船"，以及房屋上不停旋转的风车等都体现了二维基础动画的特点。目前各大电视台、门户网站热播的许多小广告、小视频很多就是用 After Effects 基础动画技术制作而成，如苏宁易购在凤凰网站上做的家电节促销广告，腾讯在自己门户网站介绍公司产品的电子报等。

如图 2-1 所示的位移动画（Position）、图 2-2 所示的缩放动画（Scale）、图 2-3 所示的旋转动画（Rotation）、图 2-4 所示的锚点动画（Archor Point）以及透明度动画（Opocity）在影视动画节目后期制作中的应用使素材在场景中得以充分展现、灵活利用。

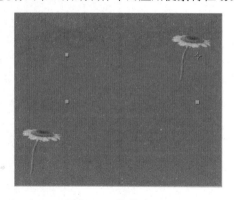

图2-1 位移动画

图2-2 缩放动画

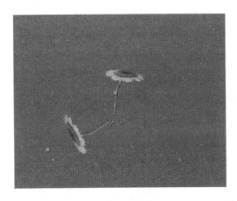

图2-3　旋转动画　　　　　　　　　　　　　图2-4　锚点动画

影视后期合成工具中，再复杂的动画和特效都是以二维基础动画作为支撑，它的应用无处不在。本教材所有的项目或多或少都要用到二维基础动画的方法。可以毫不夸张地说，理解并掌握了关键帧动画，读者对 AE 的学习就已经入门。

如图 2-5 所示，二维基础动画特效制作一般步骤为：创建项目、导入素材、创建合成、建立关键帧动画、为素材层添加特效、预览合成效果，将合成渲染输出。本章将用 3 个任务实例展现二维基础动画在不同领域的应用。任务 1 全面介绍了二维基础动画的基本操作；任务 2 在关键帧动画的基础上结合了蒙版技术，并且介绍了动画预设效果的使用；任务 3 主要介绍父子图层关系。本章所涉及的蒙版动画、文字动画、父子关系动画、阴影特效等在二维基础动画中应用非常广泛，这些技术在影视动画特效中的应用使素材在场景中表现得活泼生动。

图2-5　二维基础动画特效制作一般步骤

2.2　知　识　点

在二维基础动画的设计与制作过程中，涉及的主要知识点就是关键帧，其次是父子关系图层。要掌握关键帧设置的步骤，掌握图像位置、缩放、旋转、锚点、不透明度的调整和编辑方法，掌握二维基础动画的控制等。

2.2.1　关键帧动画

在 AE 中二维基础动画是通过图层属性（如大小、位置、旋转和不透明度等）随着时间的推移而发生变化来实现的。任何动画要表现运动或变化，至少前后要给出两个不同的关键状态，而中间状态的变化和衔接，系统可以自动完成，这两个不同的关键状态就是通过关键帧来实现的，故二维动画又称关键帧动画。由于二维动画是 AE 其他动画的基础，故又称基础动画。

帧是动画中最小单位的单幅影像画面，相当于电影胶片上的每一格镜头。在动画软件的时间轴上，帧表现为一格或一个标记。关键帧相当于二维基础动画中的原画，指角色或者物体运动或变化中的关键动作所处的那一帧。关键帧与关键帧之间的动画可以由软件来创建，叫作过渡帧或者中间帧。关键帧的概念来源于传统的卡通动画，在早期的迪士尼工作室中，动画设计师负责设计卡通片中的关键帧画面，即关键帧，然后由动画师助理来完成中间帧的制作。在计算机动画中，中间帧可以由计算机来完成，插值代替了设计中间帧的动画师，所有影响画面图像的参数都可以成为关键帧的参数。

在 AE 中，制作动画主要是使用关键帧技术配合时间线来完成的。AE 可以依据前后两个关键帧来识别动画的起始状态和结束状态，并自动计算中间的动画过程来产生视觉动画。在 AE 的关键帧动画中，至少需要两个关键帧才能产生作用，第 1 个关键帧表示动画的初始状态，第 2 个关键帧表示动画的结束状态，而中间的动态则由计算机通过插值计算得出。

关键帧动画是最常用的技术手段。关键帧动画必须牢记的原则是：有运动就要创建关键帧。在 AE 中，每个可以制作动画的图层参数前面都有一个"码表"按钮，单击该按钮，使其呈现凹陷状态就可以开始制作关键帧动画了。一旦激活"码表"按钮，在时间线窗口中的任何时间进程都将产生新的关键帧。关闭"码表"按钮后，所有设置的关键帧属性都将消失，参数设置将保持当前时间的参数值。

关键帧动画的一般步骤如下：

（1）确定动作的起始帧所在的时间点；确定动作在起始帧时存在的状态（图层属性）；单击码表按钮，创建第一个关键帧。

（2）确定动作的结束帧所在的时间点；改变动作在结束帧时存在的状态，则系统自动创建关键帧。

2.2.2　图层的父子阶层关系

图层的父子阶层关系就是一组二维动画的组合，是一种比较复杂的二维动画。使用父子阶层关系将某个图层的变换分配给其他图层，实现同步对其他图层所做的更改。在一个图层成为另一个图层的父级之后，另一个图层称为子图层。父子阶层关系这种技术在 AE 制作中的运用非常广泛，它可以使时间线中多个不同的图层进行一样的运动，从而节约了大量的制作时间。

父级影响除"不透明度"以外的所有变换属性，如"位置""缩放"和"旋转"。当移动一个图层时，如果要使其他的图层也跟随该图层发生相应的变化，此时可以将该图层设置为父级。例如，如果父级图层向其开始位置的右侧移动 5 个像素，则子图层也会向其位置的右侧移动 5 个像素。图层只能具有一个父级图层，但一个图层可以是同一合成中任意数量的图层的父级图层。当父级图层设置变换属性时（不透明度属性除外），子图层也会相对于父级图层发生变化。但是当子图层的属性变换时，不会对父级图层产生任何影响，因而可以独立于父级图层为子图层制作动画。

2.3 任务1 中国古诗词动画场景的制作

为方便读者理解学习古诗，本任务使用二维动画制作技术展现古诗《早发白帝城》的一个的意境。通过本任务的学习，读者应掌握二维动画的基本概念、主要实现方法与步骤。任务完成的中国古诗词动画场景效果如图2-6所示。

视频 ●........

任务1分析

图2-6 中国古诗词动画场景效果

2.3.1 任务需求分析与设计

让中国的山水画"动"起来，独特的表达方式可以让观众更容易接受古诗词，接受中国文化。本任务背景选择了中国山水画，同时加上了行驶在江面的船和南归的大雁，用轻快之笔表达出船下江陵的快速，也反映出作者当时在流放夜郎途中遇赦的兴奋心情。此动画场景选择以中国山水画为背景，在中国艺术中，山水画便是民族的底蕴、中国艺术的底气和中国人性情的融合。以山水画为背景可以很好地烘托出中国古诗词蕴含的那份厚重的人文积淀。

在场景设计中，背景是为前景服务的，所有背景的颜色不能比前景亮丽，且背景元素的移动速度应慢于前景，这样才能起到背景烘托前景、突出主题的作用，避免喧宾夺主。本任务场景制作涵盖了二维动画制作中的五种动画，掌握了该场景的制作，可以说对二维基础动画的制作就有了正确的把握。

本任务镜头制作脚本如表2-1所示，场景设计如下：

- 本任务建立合成1个："古诗 早发白帝城"合成。
- 建立素材图层4个：船图层、大雁图层、山背景图层、声音图层。
- 建立文字图层1个：古诗《早发白帝城》。
- 制作船的行驶动画：船在河流中穿行，由大变小，最后消失。
- 制作大雁由左向右飞的动画。
- 制作文字动画：古诗词淡入出现。
- 出现古诗画外音。

表2-1　中国古诗词动画场景镜头脚本与基本参数表

影片制式	帧速率	宽度/px	高度/px	时长/s	用途	导出格式
PAL D1/DV	25	720	576	14	动画片	avi
脚本	镜头：高山流水诗配画的平镜头。景别：远景。时长：14秒。 00:00：背景出现远山、河流，小船在河中央，高山流水古筝音乐响起。 00:00—05:00：一只大雁从左向右飞过。 03:20—04:18：古诗文字淡入。 00:00—04:13：船在河流中穿行，船驶到转弯处。 04:13—05:16：小船改变方向，然后慢慢变小。 07:00—09:00：船渐行渐远，越来越小，最后消失。 09:00—14:00：画面定格5秒。					

2.3.2　制作思路与流程

本任务通过古诗《早发白帝城》中一个场景的制作使读者对二维基础动画和关键帧技术有正确的理解和掌握。首先制作背景动画，背景素材"山.jpg"淡入出现。背景素材"船.avi"发生大小和旋转等变化，重点是掌握如何用关键帧制作运动到静止再到运动的变化。然后制作前景动画，作为前景"大雁飞.avi"由左向右飞，除尺寸、不透明度运动路径变化之外，需掌握运动速度与时间变化，古诗词淡入出现加阴影，出现古诗画外音。最后进行预览、渲染输出。

在AE中，所有的二维基础动画形式都可以同时存在。本任务初步掌握AE中简单文字的输入，最后进行预览和渲染。本任务的制作流程如图2-7所示。

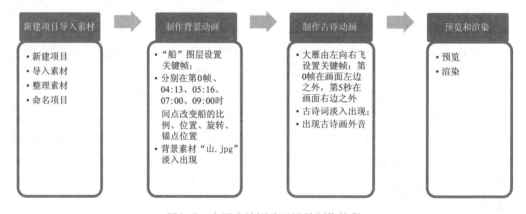

图2-7　中国古诗词动画场景制作流程

2.3.3　制作任务实施

1.新建项目、导入素材

步骤 **01**：参照1.4.1的新建项目步骤，建立项目"中国古诗词.aep"。

步骤 **02**：导入素材。

（1）在项目窗口的空白处（见图2-8）右击，选择"新建文件夹"命令，分别建立音频文件夹 VOICE，静态图片文件夹 JPEG 和视频文件夹 VIDEO。

（2）在项目窗口单击 JPEG 文件夹，执行"文件"→"导入"→"文件"菜单命令，或同时按【Ctrl+I】组合键导入素材，出现如图2-9所示"导入文件"对话框，在本书电子教学资源包"第2章／任务1／素材"文件夹中选取"山.jpg"，导入图形素材。同样的方法在 VIDEO 文件夹中导入"船.avi"和"大雁飞.avi"素材，在 VOICE 文件夹中导入声音素材。如图2-10所示，所需素材就全部放入在项目窗口指定的文件夹中。项目窗口中的素材一定要分类放置，以便在后续的编辑过程中能迅速找到。

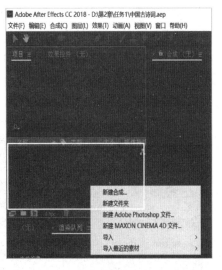

图2-8　在项目窗口新建文件夹

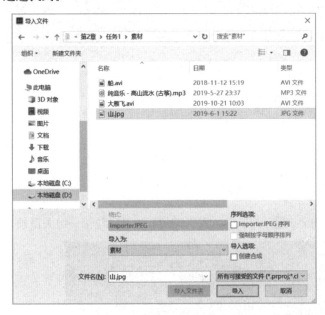

图2-9　导入素材

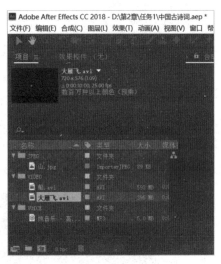

图2-10　素材导入后的项目窗口

2. 制作背景动画

步骤 **01**：参照 1.4.1 的新建合成步骤，建立名称为"古诗　早发白帝城"的合成。或在项目窗口单击图2-8所示的空白处，同时按【Ctrl+N】组合键，使用快捷键新建合成。在"合成设置"对话框中设置参数："预设"参数选择 PAL D1/DV 选项；"宽度""高度"参数分别设置为 720px、576px；"持续时间"为 30 秒，其他参数选择系统默认值，单击"确定"按钮。

步骤 **02**：在项目窗口选中素材"山.jpg"，拖动该素材到时间线窗口，用同样的方法在项目窗口选中素材"船.avi"，并拖放到时间线窗口。把素材"船.avi"放在第1层，"山.jpg"放在第2层。

视频 ●••••

船行驶在江面

步骤 **03**：在合成窗口，单击图 2—11 的"放大率弹出式菜单"按钮，把合成窗口按 50% 的比例进行显示。在时间线窗口中单击选中"船 .avi"素材，然后在合成窗口中把素材"船 .avi"放到河流的位置，单击工具栏中的向后平移（锚点）工具 ⬚⬚ 图标，把图层"船 .avi"的锚点拖放到图 2—12 箭头所示的船的中部，这样在船随河流运动的制作中能很好地调整船头的方向，完成之后单击工具栏中的选取工具 ▶ 。

图2—11　改变"船.avi"图层的锚点

步骤 **04**：开始制作船在河流中穿行，由大变小，最后消失的运动。

把指针移到 0 帧，单击时间线中图层"船 .avi"前的 ▶ 图标展开图层，单击"变换"前 ▶ 图标。如图 2—12 所示，设置参数如下：

- 位置：725.5，649.3。
- 缩放：56.5，67.9。
- 旋转：19.3。

单击"位置""缩放""旋转"前的码表 ⊙ ，为船的位置、缩放、旋转创建第一组关键帧。

图2—12　第0帧位置设置的参数和关键帧

步骤 **05**：单击图 2—13 箭头所示时间线窗口上的时间码，修改指针时间为"0：00：04：13"。设置图层"船 .avi"的"位置""缩放"和"旋转"参数如下：

- 位置：281.6，445.5（也可在合成窗口直接拖动船的位置来完成）。
- 缩放：49.3，60.9（也可在合成窗口拖动线框节点来完成）。
- 旋转：31.3（也可在合成窗口使用旋转工具来实现）。

这时系统会自动为船的运动添加第二组关键帧。在 AE 中，手动创建一个关键帧后，只要是在不同的时间点，参数改变后，系统都会给相应的参数自动创建一个关键帧。

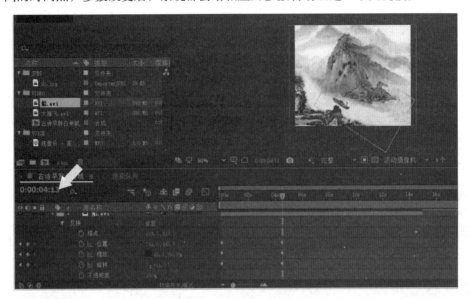

图2-13　指针在4.13秒处的关键帧

步骤 **06**：如图 2-14 所示，单击时间线窗口上的时间码，修改指针时间为"0:00:05:16"，把指针放在 5.16 秒处，此时，船要行驶转弯，要变小。设置图层"船 .avi"的参数如下：

- 位置：193.9，418.8。
- 缩放为：44.3，57.6。
- 旋转：11.7。

这时系统会自动为船的位置、缩放、旋转添加第三组关键帧。

图2-14　指针在5.16秒处的关键帧

步骤 **07**：如图 2-15 所示，指针定位在 7 秒处。此时开始，船渐行渐远。设置图层"船.avi"参数为：

- 位置：109.6，299.7。
- 缩放：33，52.1。
- 旋转：34.7。
- 不透明度：100。

这时系统会自动为船的位置、缩放、旋转添加第四组关键帧。由于"不透明度"参数之前没有变化过，需要手动添加第一个关键帧，单击图层"船.avi""不透明度"前的码表，手动给不透明度添加第一个关键帧。

图2-15　指针在7秒处的关键帧

步骤 **08**：把指针定位在 9 秒处，我们需要船行远并逐渐消失。这时将"不透明度"参数设置为 0，"位"置参数设置为：-24.5，111.3，系统自动给位置和不透明度添加一个关键帧。

3. 制作古诗动画

●视频

古诗动画

步骤 **01**：在时间线窗口单击图层"船.avi"前的▶图标，将该图层收缩。从项目窗口把素材"大雁飞"用鼠标拖放至时间线窗口的第一层，选中时间线窗口中的图层"大雁飞"，把指针定位在第 0 帧。

步骤 **02**：单击工具栏上的"选取"工具▶，如图 2-16 所示，在合成窗口，选中"大雁飞"图层，按住左键不放，把图层拖放在合成窗口之左边界外。

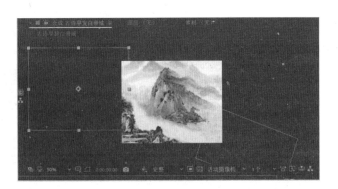

图2-16 第0帧时调整大雁位置于合成窗口之左边界外

步骤 **03**：单击"大雁飞.avi"图层中的▶图标展开该图层，再单击"变换"前▶图标展开，变换参数，单击如图2-17所示的位置参数码表，为"大雁飞.avi"图层的位置手动添加第一个关键帧。

图2-17 第0帧时添加位置关键帧

步骤 **04**：在时间线上把时间指针定位在5秒处。如图2-18所示，在合成窗口，选中图层"大雁飞"，把图层"大雁飞"拖放到右边界外，系统自动添加了位置关键帧，完成大雁由左向右飞的动画。

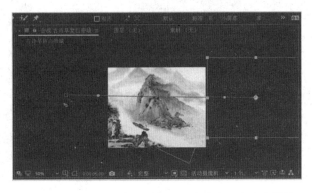

图2-18 第5秒时调整大雁位置于合成窗口之右边界外

步骤 **05**：制作古诗动画。

在工具栏中单击 选择直排文本工具。如图 2-19 所示，在字符窗
口中设置参数：

- 颜色：黑色。
- 字体大小：37。
- 字体：华文隶书。
- 行距：46。

步骤 **06**：如图 2-20 所示，单击合成窗口，此时，合成窗口中出
现了一条小横线，可以用键盘输入古诗《早发白帝城》，合成窗口小横

图2-19　字符窗口

线位置会出现文字。时间线窗口会出现图层"早发白帝城"。在合成窗口调整文字的位置，整
体移动到画面的左上角。

图2-20　文字和文字图层

步骤 **07**：如图 2-21 所示，在时间线中选中文字图层，在 3 秒 20 帧上设置"不透明度"
参数为 0，单击码表，手动设置关键帧。

图2-21　3秒20帧时文字"不透明度"参数为0

步骤 **08**：如图 2-22 所示，在 4 秒 18 帧设置文字图层的"不透明度"参数为 100，计算机自动添加关键帧，为文字设置个淡入的动画。

图2-22　时间指针在04:18时文字"不透明度"参数为100

步骤 **09**：如图 2-23 所示，把音乐素材"纯音乐—高山流水（古筝）.mp3"拖放到时间线的最后一层，为古诗动画添加背景音乐。

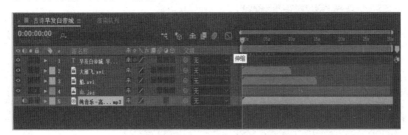

图2-23　添加音乐素材

步骤 **10**：参照 1.4.1 效果预览步骤进行预览。

4. 渲染输出

步骤 **01**：本场景一共需要 14 秒。如图 2-24 所示，箭头在时间线上，把时间指针移至 9 秒处，单击文字图层"早发白帝城"，然后把鼠标移至该图层持续时间条的末尾位置，鼠标变为双向箭头。用这个箭头按住素材尾部向左拖动，就可以剪切掉时长超过 14 秒的图层部分，把图层时间缩短到 14 秒。使用同样的方法对其他图层进行相同的操作，把所有图层时间缩短到 14 秒。

视频 ●

渲染输出

图2-24　把结束时间统一到14秒

步骤 **02**：如图 2-25 所示，选中工作区域的结尾部位，按住不放并向左拖动到时间线上 16 秒位置。（16 秒比 14 秒稍微多一点，为后续剪辑留有余地，同时可以节约输出空间，缩小输出文件的大小），工作区域决定了下一步渲染输出的时间段是 0-16 秒。

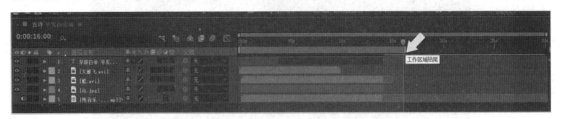

图2-25　工作区域的选择到0-16秒

步骤 **03**：同时按【Ctrl+M】组合键，使用快捷键添加渲染队列，弹出如图 2-26 所示渲染队列窗口。在渲染队列窗口里箭头位置单击"输出到："下拉列表，打开"将影片输出到"对话框，确定场景渲染输出时的文件名、存放地址和文件类型。本任务为："第 2 章 / 任务 1/ 早发白帝城 .avi"。

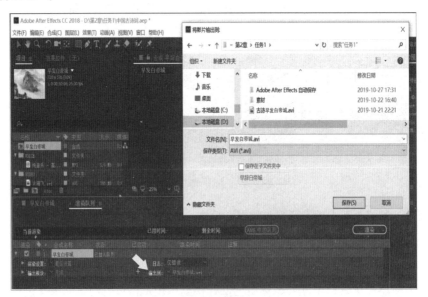

图2-26　渲染输出的文件名和输出地址

步骤 **04**：渲染设置完成后，在渲染队列窗口中单击"渲染"按钮进行输出，完成后在"第 2 章 / 任务 1/"文件夹下查看最终文件"早发白帝城 .avi"。

2.3.4　制作要点

本任务主要使用二维动画进行制作，在制作船的移动动画中，通过改变船的位置、旋转、大小、不透明度的变化来达到船在河流中穿行、由大变小，最后消失的效果；在制作大雁飞的动画中，主要是改变大雁的位置属性；在制作古诗文字时，主要改变不透明度的参数。通过改变图层大小、位置、旋转和不透明度等属性，随着时间的推移而发生变化可以实现很多二维动画。例如，《西游记》中由大变小飞到铁扇公主肚子里的孙猴子的场景，可以通过改变孙悟空图层的缩放属性（大小）及位置属性来实现。再比如制作白骨精被打回原形变白骨的动画，需使用不透明度属性实现淡入淡出的衔接效果。再比如少儿节目《大风车》片头旋转的风车，可以通过设置风车图层的旋转属性实现。

二维动画是 AE 其他动画的基础，又称基础动画。随着商业的发展，越来越多的媒体形式出现在人们的生活视野中，如电梯媒体、地铁媒体、外墙户外媒体等。这些媒体上面播放的影视节目很多以二维基础动画的形式出现。读者可以利用二维动画制作这些用于电梯媒体、地铁媒体、外墙户外媒体等类似的作品。

二维动画的制作离不开关键帧，通过对本任务的制作，读者学习了利用关键帧技术实现二维基础动画的基本方法。参照本任务的制作过程，在制作过程中选择关键帧时，应注意以下几个环节：

（1）如果要选取一个关键帧，只需要单击帧即可。

（2）如果要选择多个关键帧，可以按住【Shift】键的同时连续单击需要选择的关键帧，或按住鼠标拉出一个选框，该选框内的多个连续的关键帧都将被选中。

（3）如果要选择图层属性中的所有关键帧，只需要单击时间线窗口中图层属性的名称即可。

（4）如果要选择同一个图层中属性数值相同的关键帧，只需要在其中一个关键帧上右击，然后在弹出的菜单中单击"选择相同的关键帧"命令即可。

（5）如果要选择某个关键帧之前或之后的所有关键帧，只需要在该关键帧上右击，然后在弹出的菜单中单击"选择前面的关键帧"命令或"选择跟随关键帧"命令即可。

本任务常用操作的不同方式如表 2-2 所示。选中多个图层再按键盘上的操作快捷键，可以同时对选中的多个图层进行参数修改。按下一个快捷键后会在图层显示该操作的修改参数，再按另外一个快捷键时，将会在图层替换原来显示的修改参数。如果要同时进行两个以上参数的修改，在快捷键之间加上【Shift】键，如按【S+Shift+R】组合键，则同时进行位置参数和旋转参数的修改。

表2-2　本任务常用操作的不同方式

常用操作	在图层修改参数	快捷键	用鼠标进行操作
图层的位置	图层前的▶图标，展开"变换"选项，然后用鼠标拖动参数数值，或直接用键盘输入参数数值	P	在合成窗口选择图层，并使用工具栏中的选择工具 �(k) 直接拖动
图层的缩放		S	直接在合成窗口中拖动边角图层手柄，若要按比例缩放图层，请按住【Shift】键并拖动任何图层手柄
图层的旋转		R	在合成窗口选择图层，并使用工具栏中的旋转工具 ↻ 拖动图层。若要将旋转限制为 45°，请在拖动时按住【Shift】键
图层的不透明度		T	不能用鼠标直接操作
图层的锚点		A	在合成窗口选择图层，并使用工具栏中的向后平移（锚点）工具 ▦ 来拖动锚点

此外，在做二维动画的旋转动画时，要特别注意锚点在哪里。旋转是以锚点为基准进行旋转的。本任务中船头在移动时要随水流方向旋转，所以要把船图层的中心点移动到船头，这样船头的旋转就自然了。

2.4 任务2 "星际大战"视频特效的制作

本任务使用二维动画及蒙版制作"星际大战"视频特效，通过本任务的学习，读者进一步理解二维动画的基本概念，掌握其主要实现方法与步骤。任务完成如图2-27所示的视频效果。

● 视频

任务2分析

图2-27 "星际大战"视频特效

2.4.1 任务需求分析与设计

飞机飞过星际，火光滚滚，这样的虚拟场景在现实生活中无法直接拍摄，只能通过后期特效合成。在影视节目中诸如火灾、暴雨、大雪、水灾等许多场景都是依靠后期特效合成制作。本项目中仅依靠素材：一张星际照片，一架飞机照片，通过关键帧动画、火焰特效、蒙版和文字动画的综合使用，让一组设计精巧并富有震撼力的星际大战镜头真实地呈现在我们面前。

本任务完整体现一个电影镜头制作过程。通过关键帧动画、蒙版和文字动画的综合使用，使读者掌握关键帧动画在实际工作中的应用。

本任务镜头脚本如表2-3所示，场景设计如下：

● 本任务建立合成1个：时间为10秒。
● 建立素材图层4个：飞机图层、火焰图层、外星球图层、爆炸声图层。
● 复制飞机图层1个：两架飞机，一前一后。
● 建立文字图层1个：主题文字。
● 飞机动画：由右上角到左下角飞过的动画效果。
● 火焰效果：利用蒙版位置的改变让火焰逐渐显现，火焰从下往上蔓延。
● 主题文字动画：在时间指针02：00出现，使用"从摄像机后下方"这一动画预设效果，文字加阴影效果。
● 添加轰炸爆破声：在22帧、2秒18帧、4秒16帧放置素材"爆炸声"。

表2-3 "星际大战"场景镜头脚本与基本参数表

影片制式	帧速率	宽度/px	高度/px	时长/s	用途	导出格式
PAL D1/DV	25	720	576	10	电影场景	avi
脚本	镜头：飞机飞过星际的平镜头。景别：近景。时长：10秒。 00:00：出现星际宇宙背景。 00:00—01:20：第一架飞机由右上角到左下角飞过。 00:22：第1声爆炸声响起。 01:06—02:26：另一架飞机由右上角到左下角飞过。 02:18：第2声爆炸声响起。 00:15—05:03：火焰从画面下方往上方蔓延，直至完全离场。 02:00—04:00："星际大战"文字从摄像机后下方进入画面。 04:16：第3声爆炸声响起。 04:00—10:00："星际大战"文字画面定格						

2.4.2 制作思路与流程

此任务中各素材做关键帧动画看似比较简单，实质上最终效果的好与坏取决于对各个素材运动方式的选择和运动节奏的把握程度。一个素材何时出现，是直接切入还是淡入，进入画面是从下到上还是从上到下，位置的摆放、停留的时间长度、离开画面的形式，与其他素材如何配合，时间长度、色调、画面构图等都是创作中应该考虑的。

本任务首先输入素材，建立合成场景，然后进行素材关键帧动画的制作，包括绘制飞机由右上角到左下角掠过星际的动画以及添加火焰效果，最后再加上文字动画，渲染输出影片。本任务的制作流程如图 2-28 所示。

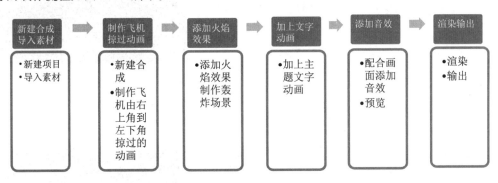

图2-28 "星际大战"场景制作流程

2.4.3 制作任务实施

1. 新建项目、导入素材

步骤 01：参照 1.4.1 新建项目步骤，建立项目"星际大战 .aep"。

步骤 02：导入素材。

双击项目窗口空白处，打开如图 2-29 所示的"导入文件"对话框。导入本书电子教学资源包"第 2 章 / 任务 2/ 素材"文件夹中的所有音频和视频素材。

由于"plane01.tga"是带有不透明度信息（Alpha 通道）的文件，所以导入时 AE 会询问如何处理 Alpha 通道。如图 2-30 所示，选择"直接 - 无遮罩"单选按钮。

- 忽略：忽略其明度。
- 直接 - 无遮罩：直边方式，把原有 Alpha 通道直接导入，一般选取此项即可。
- 预乘 - 有彩色遮罩：把某种颜色预乘 Alpha 通道，使边缘更自然平滑。如果使用直边方式在边缘有抖动的情况下，可采用此方式。
- 反转：反转透明度信息。
- 猜测：系统自动猜测。

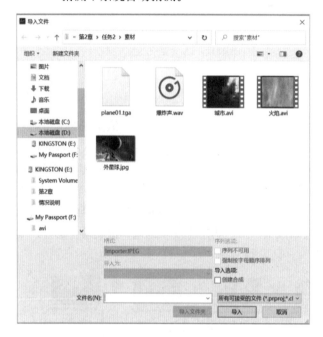

图2-29　导入素材

图2-30　Alpha通道文件导入处理

2. 制作飞机在 00:00—01:20 间由右上角到左下角飞过的动画

•••••• 视频

飞机飞过星球

步骤 **01**：参照 1.4.1 的新建合成步骤，建立名称为"大爆炸"的合成。在"合成设置"对话框中设置参数："预设"参数选择 PAL D1/DV 选项；"宽度""高度"参数分别设置为 720px、576px；"持续时间"为 10 秒，其他参数选择系统默认值，单击"确定"按钮。如图 2-31 所示，新建的合成会出现在项目窗口中。

步骤 **02**：从项目窗口中拖动素材 plane01.tga 和"外星球 .jpg"到时间线窗口中，如图 2-32 方框所示，plane01.tga 在第 1 层，"外星球 .jpg"在第 2 层，合成的结果就会出现在合成窗口中。

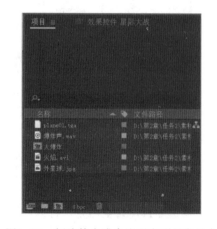

图2-31　新建的合成会出现在项目窗口中

步骤 **03**：在时间线窗口单击plane01.tga图层使之处于选中状态，然后在合成窗口单击如图2-32箭头所示的"放大率弹出式菜单"按钮改变合成窗口比例大小为50%，方便我们看清楚各个图层之间的空间位置关系。（滚动鼠标滚轴也可快捷更改显示比例，按下鼠标滚轴可快捷移动合成窗口中画面的位置）

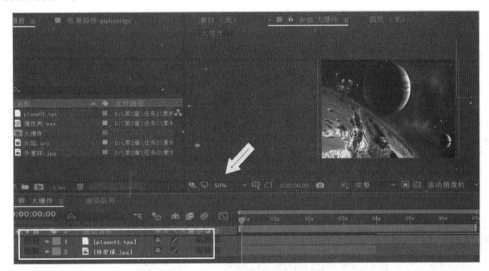

图2-32 拖动素材到时间轴中

步骤 **04**：设置动画起始点。

移动时间指针到00：00的位置，在时间线窗口上选中plane01.tga图层后，在合成窗口，单击这个图层把它拖放到合成窗口的右上角。在时间线窗口单击plane01图层前的▶图标展开"变换"选项。如图2-33所示，改变飞机位置的同时，时间线窗口中位置参数的数值也会随之变更。直接在时间线窗口中输入位置数值，同样可以改变位置。

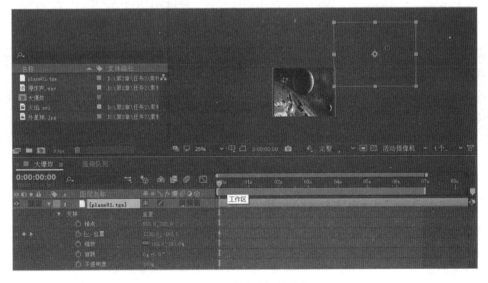

图2-33 移动飞机的位置

步骤 **05**：单击图 2-34 箭头所示位置前面的码表，AE 会在时间轴上产生关键帧，表示动画开始。

步骤 **06**：设置动画结束点。

如图 2-34 所示，移动时间轴到 01:20 的位置。拖动飞机到左下角，直到飞出场景为止。当位置的数值有所改变时 AE 就会侦测到，就会自动在时间轴上产生关键帧。

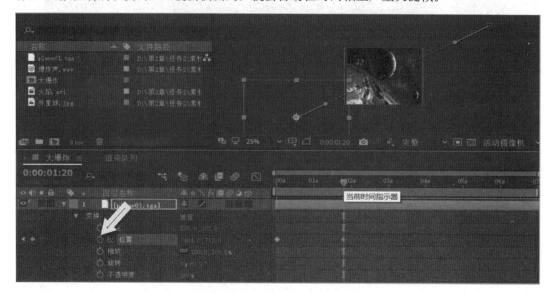

图2-34　设置飞机动画的结束点

步骤 **07**：在时间线窗口中选中图层 plane01.tga，将原来展开的参数收缩，按【Ctrl+D】组合键，复制图层。

步骤 **08**：把指针定位到 1 秒 6 帧。如图 2-35 所示，拖动第 1 层的"持续时间条"到指针所在的 1 秒 6 帧。把指针定位在第 0 帧，单击合成窗口，按【Enter】键，可以看到两架飞机先后飞过星球。

图2-35　第二架飞机飞过星球

● 视频

火焰燃烧

3. 添加火焰效果

步骤 **01**：从项目窗口拖动素材"火焰 .avi"到时间线窗口，调整图层序列到第 3 层的位置。火焰图层比合成窗口大了很多，所以可以在时间线窗口中选中"火焰 .avi"图层，右击并选择"变换"→"适合复合"命令，使火焰素材适合合成窗口的大小，如图 2-36 所示。

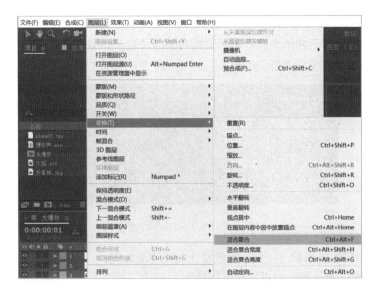

图2-36 火焰素材适合合成窗口的大小

步骤 **02**：制作蒙版。

在时间线窗口单击"火焰.avi"图层，单击图2-37箭头所示工具栏的矩形工具，在合成窗口上拖出一个长方形，覆盖整个火焰画面，如图2-37所示，这样就为"火焰avi"图层添加了一个矩形蒙版"蒙版1"。

蒙版依附于图层，与效果、变换一样，作为图层的属性而存在。蒙版常用于修改图层属性，比如图层透明度（修改形状），蒙版还可作为对象的路径。

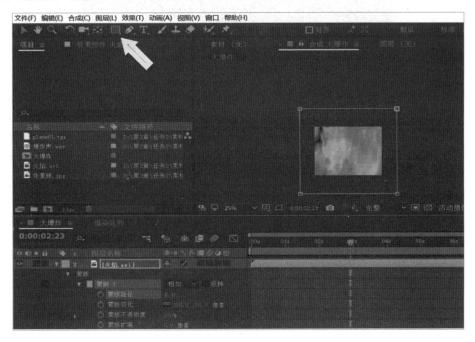

图2-37 为"火焰avi"图层添加一个矩形蒙版

步骤 **03**：制作蒙版边缘羽化。

单击"蒙版1"前的三角形图标，展开蒙版的细部设定。如图2-38所示，调整"蒙版羽化"值为150，蒙版的边缘就会呈现羽化的效果。

图2-38　调整蒙版羽化效果

步骤 **04**：利用蒙版形状（位置）的改变让火焰逐渐显现。

（1）先设置蒙版动画的开始点。在时间线窗口单击"蒙版1"选中蒙版，移动时间指针到00:15的位置。在合成窗口双击蒙版的边线，蒙版就会改变为可以移动、旋转、改变大小的模式，用鼠标拖动蒙版到合成窗口底部，如图2-39所示，几乎完全离开场景。

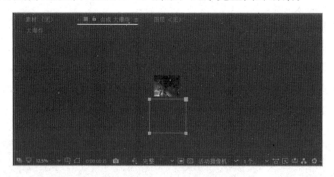

图2-39　改变蒙版位置到合成窗口底部

（2）单击图2-40箭头所示的"蒙版路径"前的码表，为火焰动画手动设置第一个关键帧。

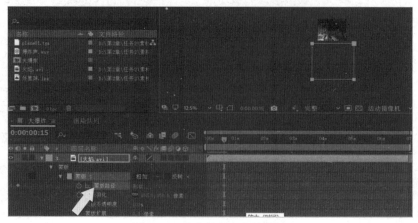

图2-40　单击码表产生关键帧

（3）设置蒙版动画结束点。移动时间指针到 05：12 的位置，再次双击蒙版的边线，如图 2-41 所示，拖动蒙版到合成窗口的顶部，直到火焰完全离开场景为止。当蒙版路径有所改变时，AE 就会侦测到变化，会自动在时间轴上产生关键帧。

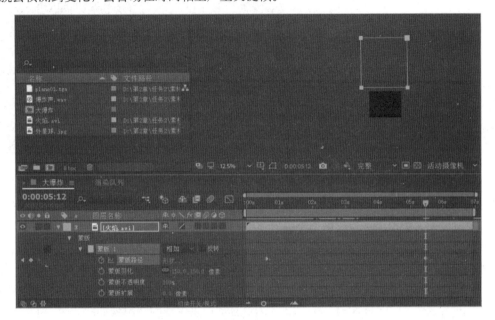

图2-41　改变蒙版位置到合成窗口顶部

4. 加上主题文字动画

步骤 **01**：在工具栏中选择文字工具，然后单击合成窗口，输入文字："星际大战"，如图 2-42 所示。这时，在时间线窗口出现文字图层，将此图层拖放到第 1 层。

视频
文字预设

图2-42　添加文字

步骤 **02**：在合成窗口选中标题文字"星际大战"，如图 2-43 所示，在"字符"面板中设置参数，字符：47 像素；字体：微软雅黑。

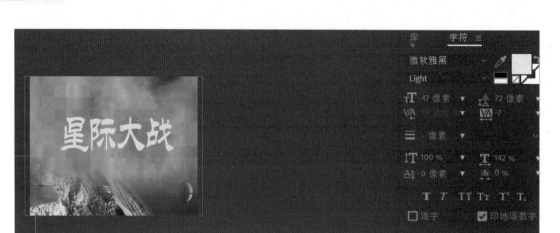

图2-43　在"字符"面板设置标题文字

步骤 **03**：文字和文字动画在时间指针 02:00 的位置出现，时间指针定位在 02:00 的位置，在时间线窗口把文字图层持续时间条拖动到时间线窗口 02:00 的位置，文字动画将会在这个时间点出现。

步骤 **04**：单击"效果和预设"面板展开效果和预设窗口，如图 2-44 所示，选中"动画预设"→ Text → 3D Text →"从摄像机后下飞"选项，把选中的预设特效按住不放拖放到时间线窗口的文字图层"星际大战"上。文字图层自动产生关键帧并出现如图 2-45 所示的动画效果。

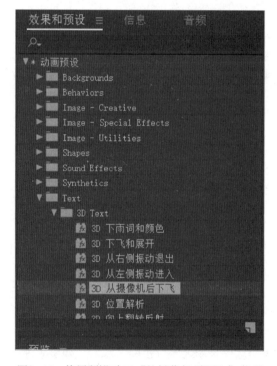

图2-44　使用预设动画"从摄像机后下飞"选项

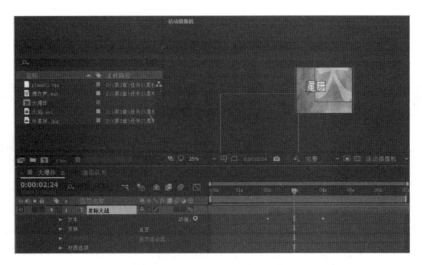

图2-45　文字动画效果

步骤 **05**：在时间线窗口单击文字图层"星际大战"，执行如图 2-46 所示的"效果"→"透视"→"投影"命令，为文字添加阴影效果。投影参数设置如图 2-47 所示，不透明度：100；柔和度：30，其余参数为系统默认值。

图2-46　"投影"命令

图2-47　修改阴影效果

5. 添加音效

步骤 **01**：在项目窗口把素材"爆炸声 .wav"拖放到时间线窗口的第六层上。

步骤 **02**：将时间指针定位在 22 帧。

步骤 **03**：在时间线窗口拖动图层"爆炸声.wav"的持续时间条到22帧。

步骤 **04**：重复以上步骤，如图2-48所示，用同样的方法，在第七层2秒18帧，第八层4秒16帧的地方放置素材"爆炸声.wav"。

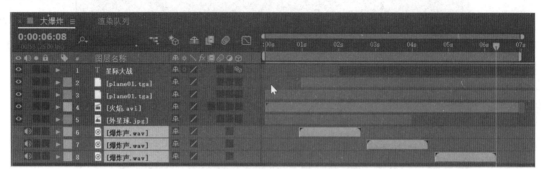

图2-48 添加声音效果

步骤 **05**：参照1.4.1的预览步骤进行预览。

6. 渲染输出

步骤 **01**：参照1.4.1的输出动画步骤，打开图2-49所示的渲染队列窗口。

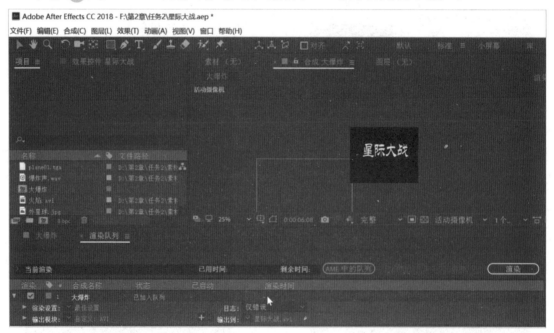

图2-49 预渲染界面

步骤 **02**：在渲染队列窗口里单击"输出到："下拉列表，打开"将影片输出到"对话框，如图2-50所示，确定制作的场景渲染输出时的文件名、存放地址和文件类型，本任务为："第2章／任务2/星际大战.avi"。

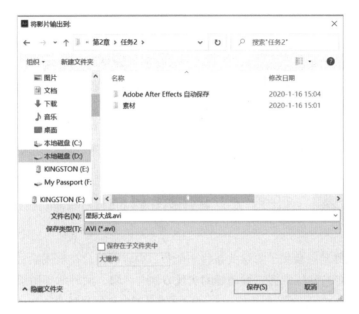

图2-50 确定制作的场景渲染输出时的文件名、存放地址和文件类型

步骤 **03**：渲染设置完成后，在渲染队列窗口中单击"渲染"按钮渲染输出，完成后在"第2章／任务2/"文件夹下查看最终文件"星际大战 .avi"。

2.4.4 制作要点

1. 利用蒙版技术

本任务主要使用二维动画进行制作，在火焰动画制作过程中，使用了蒙版技术让火焰从画面下方向上方蔓延。类似的动画可用这一蒙版技术来实现：如和平鸽飞过，大地枯木逢春，画面从枯黄变草绿；再比如《西游记》里芭蕉扇使火焰山的火由近至远逐渐熄灭；再比如山洪暴发时蔓延的洪水等。AE 中的蒙版是一个作为图层参数的形式来修改图层属性、效果和属性的路径。蒙版的常见用法还包括修改图层的 Alpha 通道以及作为特定对象的运动路径等，将在以后的任务中逐渐介绍。蒙版的创建通常有以下两种途径：

（1）形状工具或者钢笔工具创建。

（2）将 Ai\Ps\Fw 中的路径直接复制粘贴到 AE 的图层上作为蒙版。

2. 使用动画预设

本任务在制作过程中，还使用了系统预设的动画，给文字层实施了一个"动画预设"→ Text →3D Text →"从摄像机后下飞"的特效。关于动画预设有如下几点注意事项：

（1）借助动画预设，可以保存和重复使用图层属性和动画的特定配置，包括关键帧、效果和表达式。例如，如果使用复杂属性设置、关键帧和表达式创建多种效果的爆炸，则可将以上所有设置另存为单个动画预设，随后可将该动画预设应用到任何其他图层。

（2）文本动画预设在 NTSC DV 720×480 合成中创建。动画预设位置值可能不适合、远大于或远小于 720×480 的合成；例如，本应在帧外部开始的动画可能在帧内部开始。

（3）在应用 3D 文本动画预设之后，可能需要旋转图层，或添加围绕图层旋转的摄像机，以便查看 3D 动画的结果。

（4）"路径"类别中的文本动画预设会自动将源文本替换为动画预设的名称，并将字体颜色更改为白色。这些动画预设可能还会更改其他字符属性。

（5）动画预设的"填充和描边"类别包含的预设可能会更改应用的预设填充颜色和描边属性。如果动画预设需要描边或填充颜色，仅当已经为文本分配一种颜色时，动画才起作用。

2.5 任务3 电视栏目画中画场景的制作

视频

任务3分析

本任务使用二维动画及父子阶层关系将一个节目内容视频放在电视栏目的画中画里。通过本任务的学习，读者应熟练掌握二维动画的实现方法与步骤，同时掌握图层父子阶层关系的概念和应用。任务完成如图 2-51 所示的带有画中画效果的电视栏目场景。

图2-51 电视栏目画中画效果

2.5.1 任务需求分析与设计

在电视栏目中形成画中画，既有视频，又有图像，是电视栏目包装常见的表现形式。也常见于户外传媒、电梯传媒等新媒体中。画中画效果表达形象生动、信息量大，许多企业产品推广、行业动态、大事件报道都采用这种画中画效果的形式。

本项目为电视节目《曾经的你》进行片头包装，是典型的画中画设计展示。该电视栏目画中画首先用二维基础动画的关键帧动画展示了作品主要人物，两张图片进入画面，注意画面的构图，同时注意读者的阅读习惯，人们看清楚这两张画面大概需要 3 s 左右，时间太长观众没有耐心，太短观众看不明白，停顿 3 s 后，有画中画效果的图片进入。

一个静态画面套一个动态视频的画中画效果是电视栏目中最常见的效果之一，这种效果需

通过建立父子关系来实现。

本任务分镜头脚本如表 2-4 所示，场景设计如下：

- 本任务建立合成 1 个：时间为 40 秒。
- 建立素材图层 5 个：图层、背景图像图层 2 个、前景视频图层、前景图像图层。
- 制作背景动画视频：背景视频变暗（作为背景的素材，永远不能抢了主题的风头，以免喧宾夺主）；背景图像 1 从左边飞入、停顿 2 秒、然后再飞出；背景图像 2 从右边飞入、停顿 2 秒、然后再飞出；
- 制作前景动画：前景图像较背景图像晚出现，图层由小变大；前景视频与前景图像建立父子关系，随前景图像一起由小变大。

表2-4　电视栏目画中画场景分镜头脚本与基本参数表

影片制式	帧速率	宽度/px	高度/px	时长/s	用途	导出格式
PAL D1/DV	25	720	576	14	动画片	avi

脚本	镜头1：两张图片分别从左右窗口外飞入、停顿，然后再飞出画外的平镜头。景别：中景。时长：4秒。 00：00：出现背景动画，图片1在画面左侧之外，图片2在画面右侧之外。 00：00—01：00：图片1移向画面右上角，图片2移向画面左下角。 01：00—03：00：图片1、图片2在这个位置停顿2秒。 03：00—04：00：图片1向右飞出画面，图片2向左飞出画面。 画中画框架从无到有，由小变大。 MTV视频随画中画框架一起由小变大，出现在画面左上角
	镜头2：MTV视频从画面中央放大到全屏的推镜头。景别：中景。时长：40秒。 04：00—04：21：播放MTV视频。 04：21—05：15：MTV视频移至屏幕中央。 06：05—07：18：MTV视频逐渐放大，最后扩大覆盖全屏。 07：18—14：00：MTV视频全屏播放

2.5.2　制作思路与流程

此任务通过电视栏目画中画的运动加深读者对二维基础动画和关键帧动画的理解。先是两个背景素材的先后出现，不透明度参数由 0 变到 100 制作淡出效果，同时调整大小和旋转等参数，使两张图片的出现有变化，符合人们的审美和视觉习惯，同时两张图片运动停止后要摆放在黄金构图的两个点上。前景的图层，除尺寸、透明度运动路径变化之外，还要用父子关系制作画中画，以及运动速度与时间和阴影变化的等。多张图片连续出现的电子报做好看，关键是图片的运动一定要有节奏感，运动节奏要一致，同时注意图片摆放符合构图的黄金法则。通过这个任务的制作，应该体会到学习影视节目制作不仅仅是技术的学习，重点是影片美感的传达和主题立意的创新，所以需要我们平时注重美术素养、美学素养、文学素养、音乐素养的积淀和培养。

本任务的制作流程如图 2-52 所示。

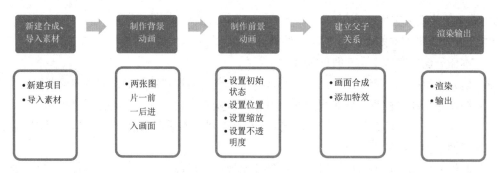

图2-52　电视栏目画中画制作流程

2.5.3　制作任务实施

1. 新建项目、导入素材

步骤 **01**：参照 1.4.1 的新建项目步骤，建立项目"电视栏目画中画场景 .aep"。

步骤 **02**：导入素材。

双击项目窗口空白处，打开如图 2-53 所示的对话框，单击"导入文件夹"按钮，导入本书电子教学资源包"第 2 章 / 任务 3/ 素材"文件夹中"视频"文件夹及其下的所有文件，同样的方法再导入"图片"文件夹。导入后素材在项目窗口中，如图 2-54 所示。

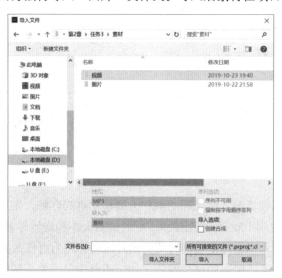

图2-53　选择导入的文件夹

图2-54　导入文件夹下的文件

视频

画面飞入停顿飞出

2. 制作背景动画

步骤 **01**：参照 1.4.1 的新建合成步骤，建立名称为"电视节目《曾经的你》"的合成。或在项目窗口底部单击图标 ，新建一个合成。在"合成设置"对话框中设置参数："预设"参数选择 PAL D1/DV 选项；"宽度""高度"参数设置为 720px、576px；"持续时间"为 40 秒，其他参数选择系统默认值，单击"确定"按钮。

步骤 **02**：设置时间指针，将时间指针保持在时点 00：00。

步骤 **03**：在项目窗口中，选中素材 BG04.mov，并拖放到时间线中，按【T】键，打开"不透明度"参数设置，如图 2-55 所示，把素材 BG04.mov 的"不透明度"参数调整为 32。

图2-55 "不透明度"调整

步骤 **04**：在项目窗口中，选中素材"1.psd"，将"1.psd"拖到合成窗口中，可以看到，拖入合成窗口中后，素材出现在时间线的第 1 层。所以说合成窗口和时间线是连动的，时间线上的素材一定在合成窗口中，反之亦然。

步骤 **05**：设置"缩放"属性，以调整素材的尺寸。

（1）单击"1.psd"图层旁的▶图标，显示图层属性变换以进行设置。

（2）设置"缩放"参数：单击数值，如图 2-56 所示直接输入新值 25%，此处由于图片一直要保持这个大小不发生变化，所以就不用设置关键帧。在 AE 中，有运动变化才有关键帧。

图2-56 设置"缩放"参数

步骤 **06**：设置"1.psd"图层的淡入效果（淡入效果是使素材的可见度先设为 0，接着再逐渐递增，使影像从无到有）。

（1）设置不透明度关键帧：建立第一个不透明度关键帧使画面先消失。将时间指针停留在00：00，接着单击"不透明度"右方的数值，设置关键帧的值为 0，然后单击"不透明度"前的码表，如图 2-57 所示，为淡入的动画设置第一个关键帧。

图2-57 设置时间00：00的不透明度的关键帧

（2）将时间指针移到 00:15，如图 2-58 所示修改"不透明度"的参数值为 80。

图2-58　设置时间00：15的关键帧

步骤 07：设置"1.psd"图层的"位置"参数，以产生位移效果。

（1）时间指针在 00:00，单击素材"1.psd"图层，在合成窗口将"1.psd"素材移向合成窗口左边之外（参考位置 -290,138）。如图 2-59 所示，单击时间线窗口"1.psd"图层"位置"前的码表，设置"1.psd"素材的第一个位置关键帧。

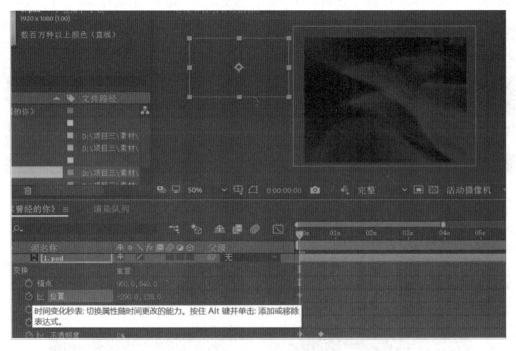

图2-59　将素材移向合成窗口外

（2）如图 2-60 所示，将时间指针定位在 1:00，在合成窗口将"1.psd"素材移向合成窗口右上角（参考位置：508,146），系统自动设置位置关键帧。

图2-60 设置时间1:00的关键帧

步骤 08：素材在这个位置停止2秒，第3秒时，向右移出画面。

由于1—3秒素材处于静止状况，没有参数改变，系统不会自动设置关键帧，但是在第3秒时又开始运动。这种情况下，应该把指针定位在第3秒，单击如图2-61箭头所示的位置，手动设置关键帧，保证1—3秒静止，第3秒时开始运动。

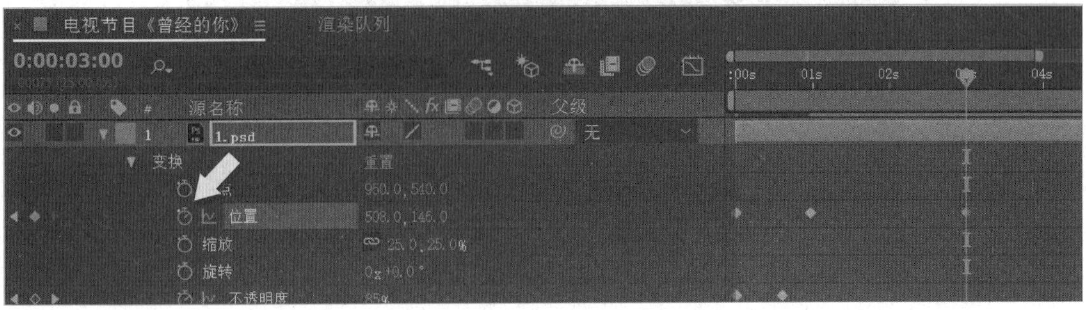

图2-61 设置第3秒时的关键帧

步骤 09：把指针放在第4秒处，如图2-62所示，在合成窗口选中素材"1.psd"并拖到窗口之外（参考位置：1004，142）。素材"1.psd"就完成了从窗口外飞入、停顿，然后再飞出画外的动画。

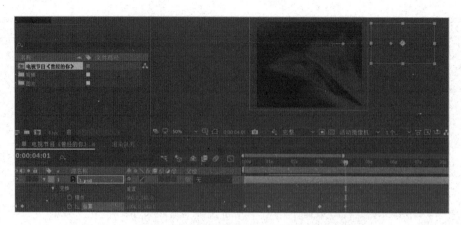

图2-62　设置素材"1.psd"的参数

步骤 **10**：重复步骤04至步骤09，按照同样的方法，如图2-63所示，让素材"2.psd"从右边飞入、停顿，然后再飞出。

指针在00：00时，在合成窗口将"2.psd"素材移出合成窗口右边之外，手动设置关键帧。

指针在01：00时，在合成窗口将"2.psd"素材移向合成窗口左下角。

指针在03：00时，手动设置关键帧。

指针在04：00时，在合成窗口选中素材"2.psd"并拖到窗口之外。

图2-63　素材"2.psd"的关键帧

3. 制作前景动画

步骤 **01**：设置初始状态。

（1）将素材"3.psd"拖入时间线窗口，调整图层排列顺序，使"3.psd"放到第1层，"2.psd"放到第2层，"1.psd"放到第3层。

（2）将指针定位在3秒，拖动"3.psd"图层的持续时间条，如图2-64所示，设置"3.psd"的开始点于03：00，较前二者素材画面晚出现。

图2-64 设置素材"3.psd"的开始位置

步骤 02：设置图层"3.psd"的尺寸。

（1）把时间指针定位在3秒，展开图层"3.psd"的属性，设置"缩放"参数为0，手动设置关键帧。

（2）把指针定位在4秒，设置"缩放"参数为40，55.6（设置前先关闭参数前面的缩放约束比例开关），让图层由小变大。

4. 建立父子阶层关系

步骤 01：创建图层"mtv 2.avi"作为子图层。

（1）在项目窗口中将素材"mtv 2.avi"拖动到时间线窗口的第1层。

（2）设置视频影片尺寸及位置。直接在合成窗口中调整图层"mtv 2.avi"控制点，缩放素材尺寸，对齐"3.psd"图层左上角空白区域，参考参数为：位置（167.5,144.0）、缩放（44.7%，49.3%），如图 2-65 中方框所示。

视频 ●·······

父子阶层关系
·········

图2-65 设置视频影片尺寸位置

步骤 02：建立图层之间的父子阶层关系。

（1）在图 6-66 中箭头所示的位置右击，在弹出的快捷菜单中选择"列数"→"父级"命令，时间线窗口出现如图 6-67 方框所示的"父级"选项。

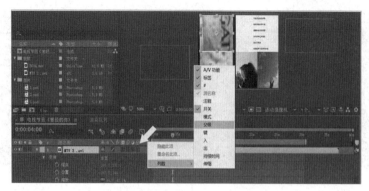

图6-66　打开"父级"选项

（2）在图层"mtv2.avi"的"父级"栏中直接选中"3.psd"作为父级，或如图2-67所示，将子图层"mtv2.avi"的"@"符号用鼠标左键拖至父级图层"3.psd"。建立mtv视频父子阶层关系后，按【Enter】键预览画面，可以看到素材"mtv2.avi"和素材"3.psd"从3秒到4秒的时间一起由小变大。

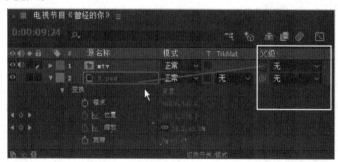

图2-67　建立图层之间的父子阶层关系

步骤 **03**：调整视频位置与缩放。

（1）把指针移动到时间线04：21处，手动为图层"mtv 2.avi"的位置设置参数关键帧。

（2）再在05：15时把图层"mtv 2.avi"移至屏幕中央，如图 所示，系统自动设置关键帧。

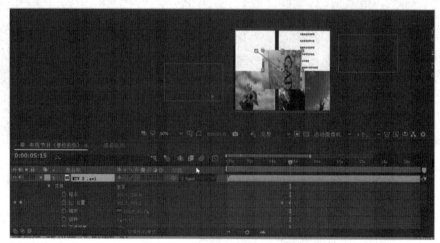

图2-68　将图层"mtv 2.avi"移至屏幕中央

（3）在时间线上把指针定位在06:05，对图层"mtv 2.avi"的参数缩放设置关键帧。

（4）如图2-69所示，在07:18的时间点上把图层"mtv 2.avi"的"缩放"参数改为287.4，246.1，让图片最后扩大并覆盖全屏。

（5）按空格键进行预览。

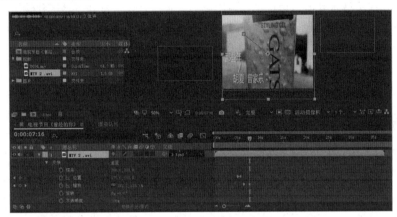

图2-69　图片最后扩大覆盖全屏

步骤 **04**：产生阴影效果。

（1）使用投影特效。单击欲产生效果的图层"mtv 2.avi"，执行"效果"→"透视"→"投影"菜单命令，如图2-70所示。

（2）按图2-71所示设置参数。

- 阴影颜色：阴影效果的颜色。
- 方向：阴影效果的方向。
- 距离：阴影效果的距离，这里设置为26。
- 柔和度：阴影效果的柔化，这里设置为43。

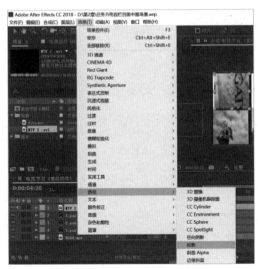

图2-70　投影特效的菜单路径

图2-71　投影特效的参数

步骤 **05**：参照 1.4.1 的效果预览步骤进行预览。

5. 渲染输出

步骤 **01**：参照 1.4.1 的输出动画步骤，打开渲染队列窗口。

步骤 **02**：在渲染队列窗口里单击"输出到："下拉列表，打开"将影片输出到"对话框，确定制作的场景渲染输出时的文件名、存放地址和文件类型。本任务为："第 2 章／任务 3／电视节目《曾经的你》.avi"。

步骤 **03**：渲染设置完成后，在渲染队列窗口中单击"渲染"按钮渲染输出，完成后在"第 2 章／任务 3／"文件夹下查看最终文件"电视节目《曾经的你》.avi"。

2.5.4　制作要点

本任务主要使用二维动画进行制作，在制作过程中用父子阶层关系制作画中画效果是这个任务的关键。父子阶层关系的要点是：建立父子阶层关系后，父级图层的所有属性，包括缩放、旋转、锚点、位置（不透明度除外），子图层都可以拥有，编辑父级图层时子图层会被一同影响，但父级图层的不透明度和特效滤镜对子图层没有影响。子图层在建立父子关系后，它的运动是独立的，它所进行的缩放、旋转、锚点、位置等变化都不会使父级图层受到影响。因而当一个图层与另外一个图层建立了父子阶层关系，我们可以继续编辑子图层的属性而不会影响其父级图层。

利用父子阶层关系可以制作车辆行驶的动画：首先制作一个旋转的车轮动画；再制作车身前进的动画；然后将车身设置为车轮的父级，这样旋转的车轮就会跟随车身一起向前移动了。

图层父子阶层关系就像是图层的组合，例如，要制作孙悟空腾云驾雾的动画就可以用父子阶层关系将不同的动画组合起来：制作金箍棒旋转的动画；制作孙悟空手部动画——挥手；制作孙悟空眼睛动画——眨眼；最后制作孙悟空整体位置移动的动画作为以上动画的父级，完成动画图层的组合，使金箍棒旋转动画、手部动画、眼睛动画随整体一起移动。

思考与练习

1. 怎样改变合成图像中的不透明度？

2. AE 中的基础动画包括哪几种？

3. 制作一部 5 秒的中秋月饼视频广告。

要求：

（1）运用到二维动画的位置移动、缩放、旋转、轴心点变换。

（2）使用关键帧动画。

（3）使用蒙版技术。

4. 设计并用二维动画制作 10 秒的《学生时代》电视栏目片头。

要求：

（1）制式采用 PAL 制。

（2）输出成品为 MP4 格式。

（3）使用图层父子阶层关系。

5．用二维动画为古诗《黄鹤楼》设计并制作一部 8 秒的动画。

古诗原文：

昔人已乘黄鹤去，此地空余黄鹤楼。

黄鹤一去不复返，白云千载空悠悠。

晴川历历汉阳树，芳草萋萋鹦鹉洲。

日暮乡关何处是？烟波江上使人愁。

第3章
三维动画特效

3.1 三维动画特效制作概述

图 3-1 是中央电视台新闻联播栏目开播以来 8 个版本的片头截图，从中我们可以看到影视动画特效技术的发展历程与轨迹。1982 年、1984 年的片头是纯粹的二维动画；1985 年的片头是通过平面的扭曲实现类似三维的效果；真正采用三维技术的是 1995 年的版本；发展到现在，已经可以看到在片头栏目中拥有非常精致的材质和灯光的三维场景。

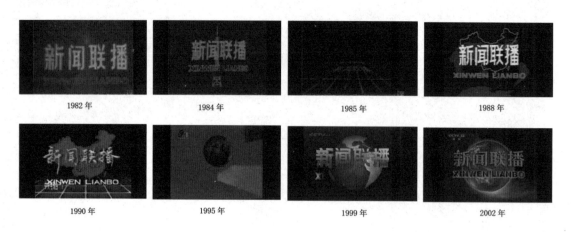

图3-1　新闻联播栏目开播以来8个版本的片头

AE 的三维功能首先体现在它的图层类型包含有三维图层，图 3-2 就是一个三维 (X,Y,Z) 图层。当一个图层被指定为三维图层之后，如图 3-3 所示，AE 会自动为图层添加 Z 轴，用来控制图层在空间中的深度。当增减 Z 轴的数值时，图层将产生镜头推拉的效果。

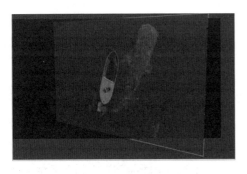

图3-2　三维图层示意图

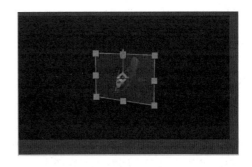

图3-3　三维图层坐标轴

在三维合成中，图层可以在三维空间中任意移动、旋转和缩放，模拟出真实的空间透视变化。不仅如此，三维合成还可以通过建立灯光，形成三维空间中的灯光、阴影以及镜头等效果。如图 3-4 所示，使图层具有真实的光影、反射和阴影效果。图 3-5 所示的是二维的合成，其中没有光影效果。

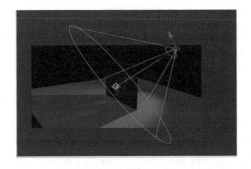

图3-4　三维合成示意图

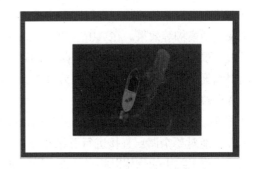

图3-5　二维合成示意图

还可以在 3D 空间中架设多台摄像机进行拍摄，AE 的模拟 3D 环境功能让影视后期的创作变得更加灵活多变和逼真。AE 在模拟 3D 环境的过程中，往往都会运用摄像机，然后通过设置摄像机三维属性产生摄像机动画，并使用灯光命令制作出层次感。三维动画为影视后期合成提供了更多、更丰富的素材，让合成影片得到更多的特效和渲染元素，弥补了影视作品的局限性，让更多虚拟的元素进入作品，同时也使画面包装方面更加美观。

本章将用 3 个任务展现三维动画在不同领域的应用。任务 4 全面介绍了三维图层的基本操作并建立了三维模型；任务 5 主要介绍三维图层中摄像机的使用；任务 6 介绍了三维图层中灯光的应用。在此过程中，读者应具备三维动画的基本知识，还应具备影视摄像和影视灯光相关的知识，了解什么是远景、中景、中近景、近景、特写；掌握如何使用主光、辅助光、修饰光等等。这些技术在影视动画特效中的应用使素材在场景中表现得更加活泼生动。

3.2　知　识　点

AE 中的三维合成功能是整个影视动画特效制作环节中极其重要的一部分。AE 除了可以搭建自己的三维场景外，还可以和 CINEMA4D、3DMAX、Maya 等三维软件配合使用。在三维动画的设计与制作过程中，涉及的主要知识点就是三维建模，其次是架设摄像机和灯光，进行更进一步的精细合成。

3.2.1　三维合成

"维"是一种度量单位，表示方向的意思，共分为一维、二维和三维。由一个方向确立的空间为一维空间，一维空间呈现为直线型，拥有一个长方向；由两个方向确立的空间为二维空间，二维空间呈现为面型，拥有长、宽两个方向；由三个方向确立的空间为三维空间，三维空间呈现为立体型，拥有长、宽、高三个方向。

AE 中的普通图层都是二维图层，其位置、锚点、旋转、缩放等基本属性都只有 X、Y 两个参数。AE 中的三维图层，其位置、锚点、旋转、缩放等属性都有 X、Y、Z 三个参数，坐标轴增加一个 Z 轴，可以对图层进行 Z 方向的移动和旋转。这样就可以用多个图层围成立体的图层组合，形成三维空间。AE 的三维空间中，图层之间可以利用三维景深来产生遮挡效果，并且三维图层自身也具备接收和投射阴影的功能，因此 AE 可以通过摄像机的功能来制作各种透视、景深及运动模糊等效果。在 After Effects CC 2018 版本中加入了摄像机跟踪功能，可以对实拍场景进行跟踪，反求出摄像机的数据，生成一个摄像机图层，将三维图层与实拍素材进行匹配，从而得到更具创意、更完美的合成效果。

AE 的三维图层的缩放参数在 Z 方向是失效的，也就是说单个图层是没有厚度的，它还是一个平面。这个平面在 X、Y、Z 三个轴组成的三维空间中可以进行 Z 方向的移动和旋转。因此 AE 不能对单个图层直接进行三维建模，它的三维建模需要用多个三维图层，再通过影调、前后关系将三维中的物体以特定的视角进行展示，使三维空间更加逼真。在实际工作中，AE 可以导入其他第三方软件制作的三维模型进行动画操作，效率更高。

1. 转换三维空间

在 AE 中，除了音频图层外，其他的图层都能转换为三维图层。如果要将二维图层转换为三维图层，可以直接在时间线窗口中对应的图层后面单击三维图层按钮▇。对于文本图层，还可以激活"启用逐字 3D 化"属性使该文本图层自动成为三维图层。

将二维图层转换为三维图层后，会给"变换"属性下的锚点、位置、方向、旋转、缩放等相关参数增加一个 Z 轴参数，同时还产生了一个"几何选项"属性和一个"材质选项"属性。"几何选项"属性根据图层的不同包含不同的参数，如 3D 图像图层的弯度、段，3D 文本图层的深度等；"材质选项"属性通过调节三维图层与灯光的关系模拟三维模型表面的材料和质感。

2. 三维图层视图

三维空间中由于角度问题容易产生错觉，图层的空间位置经常摆放不到位，需要多角度的观察，确保图层在正确的位置上。在 AE 中，通常开启 2 个或者 4 个视图。如图 3-6 所示分别在合成窗口开启了顶部视图、左侧视图、正面视图和活动摄像机视图，从三个方向同时观察图层的位置。箭头处为视图名称。图 3-6 所示的是一个纯色二维图层，当它转换成三维图层时，它并没有实际的厚度，所以在顶部视图和左侧视图看来它就是一条线。AE 中的三维是没有厚度的，AE

中的三维只是让人可以通过不同角度来观察图层的空间位置，提高操作的速度以及准确性。

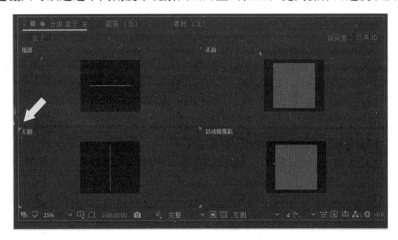

图3-6　在合成窗口中开启四个视图

如图 3-7 所示，在合成窗口开了 2 个视图，图中箭头所示带有 4 个蓝色小三角的视图为当前视图。单击合成窗口下方的视图下拉列表进行选择，将当前的视图改变为其他的视图，操作更灵活。AE 中的视图分为：活动摄像机、正面、左侧、顶部、背面、右侧、底部、自定义视图，添加了摄像机后还会有"摄像机 1"、"摄像机 2"视图，有几台摄像机就添加几个视图。每个视图都代表了从这个角度观察到的合成窗口的状况。

活动摄像机视图是设置了三维空间后，系统自动架设的一台摄像机拍摄到的画面。单击摄像机视图后，再单击工具栏中的"统一摄像工具"按钮 ，在合成窗口中鼠标就会变成一台摄像机，可以通过拖动鼠标左右键和中间键对合成窗口图层进行拍摄。鼠标左键拍摄摇镜头，鼠标右键拍摄推拉镜头，鼠标中间键拍摄移镜头。

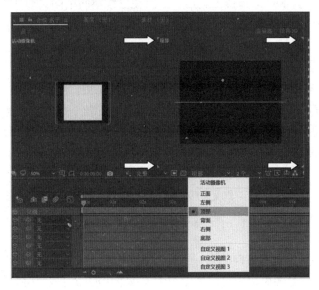

图3-7　当前视图

3.2.2　摄像机的使用

摄像机是 AE 中表现场景的重要工具，它就像人的眼睛一样，可以随意从不同的角度观察场景中的对象。通过创建摄像机图层，可以透过摄像机视图以任何距离和任何角度来观察三维图层的效果，就像在现实生活中使用摄像机进行拍摄一样方便。例如，对城市建筑的拍摄，也可以用 AE 的模拟摄像机轻松驾驭推、拉、摇、移、跟镜头，而不是去大成本地租用直升飞机拍摄。

在用 AE 的模拟摄像机进行拍摄时，由于三维空间观察的角度不同，容易产生视觉差，所以对于三维空间的素材，一定要多角度观察它的空间位置，用前视图、左右视图、顶视图和自定义视图多角度切换，以获得正确的空间位置。

在 AE 中使用摄像机首先要架设摄像机，然后要对摄像机进行属性设置，完成设置之后就可以结合其位置关键帧和目标关键帧对三维对象进行摄像机动画的制作。

执行"图层"→"新建"→"摄像机"菜单命令可以创建一台摄像机，可以设置镜头、视角、焦距、光圈等调整摄像机观察三维空间的方式。AE 中的摄像机是以图层的方式引入到合成中的，这样可以在同一个合成项目中对同一场景使用多台摄像机来进行观察拍摄。

通过调节摄像机的位置和目标点可以设置摄像机的拍摄内容，在工具栏中有 4 个移动摄像机的工具，通过这些工具可以调整摄像机的视图，但是摄像机移动工具只在合成中有三维图层和摄像机时才能起作用。

- 统一摄像机工具 📷：选择该工具后，使用鼠标左键、中键和右键可以分别对摄像机进行旋转、平移和前进操作。
- 摄像机旋转工具 💿：选择该工具后，可以以目标点为中心来旋转摄像机。
- 摄像机砂平移工具 ✥：选择该工具后，可以在水平或垂直方向上平移摄像机。
- 摄像机平移工具 ⬍：选择该工具后，可以在三维空间中的 Z 轴上平移摄像机，但是摄像机的视角不会发生改变。

3.2.3　三维中的灯光

AE 常常将三维合成功能与自己建立的照明系统搭配使用。AE 中的灯光可以影响三维图层的表面颜色，同时也可以为三维图层创建阴影效果从而模拟出三维对象表面的材质。AE 中的灯光也是以图层的方式引入到合成中的，所以可以在同一个合成场景中使用多个灯光图层，这样可以产生特殊的光照效果。AE 中灯光的制作包括创建灯光、灯光设置、渲染灯光阴影、移动摄像机与灯光等环节。

执行"图层"→"新建"→"灯光"菜单命令或按【Ctrl+Alt+Shift+L】组合键就可以创建一盏灯光，可以设置灯光的类型、强度、角度和羽化等参数。AE 中的灯光有 4 种类型：聚光、平行光、点光及环境光。

（1）平行光。平行光是有方向的光。平行光发出的是一束平行线，具有方向性，并且不受灯光距离的限制，也就是光照范围可以是无穷大，场景中的任何被照射的物体都能产生均匀的光照效果。平行光常用来模拟户外太阳光的效果。

（2）聚光。聚光灯是有方向的光源，可以产生类似于舞台聚光灯的光照效果，以光锥的形式发出光线，从光源处产生一个圆锥形的照射范围，从而形成光照区和无光区。聚光灯能产生柔和的阴影效果，常用来作为提供基本照明的主灯。

（3）点光。点光发出的光线是向四周散射的，类似于没有灯罩的灯泡的照射效果，其光线以 360° 的全角范围向四周照射出来，散发出扩散的光，并且会随着光源和照射对象距离的增大而发生衰减现象。虽然点光源不能产生无光区，但是也可以产生柔和的阴影效果。

（4）环境光。环境光没有光源，也没有方向性，不能产生投影效果，不过可以用来调节整个画面的亮度。环境光主要和三维图层材质属性中的环境光属性一起配合使用，以影响环境的主色调。

在 AE 中，Advanced 3D 渲染器在渲染灯光阴影时，采用的是阴影贴图渲染方式渲染出来的阴影效果并不能达到预期的要求，这时就可以通过自定义阴影的分辨率来提高阴影的渲染质量。如果要设置阴影的分辨率，可以执行"合成"→"合成设置"菜单命令，然后在弹出的"合成设置"对话框中单击"高级"选项卡，接着单击"选项"按钮，最后在弹出的 Advanced 3D 选项对话框中选择合适的阴影分辨率。

通过调节灯光的位置和目标点可以设置灯光的照射方向和范围。在移动灯光时，除了直接调节参数以及移动其坐标轴的方法外，还可以通过直接拖动灯光的图标来自由移动它的位置。灯光的目标点主要起到定位灯光方向的作用。在默认情况下，目标点的位置在合成的中央，可以使用与调节灯光位置的方法来调节目标点的位置。

3.3 任务4 神奇宝盒动画的制作

本任务使用三维动画制作一个立体盒子动画场景。通过本任务的学习，读者应掌握三维动画的基本概念、主要实现方法与步骤。任务完成如图 3-8 所示的 3D 盒子打开的效果。

视频 ●
任务4分析

图3-8　神奇宝盒动画效果

3.3.1　任务需求分析与设计

本任务为少儿电视栏目制作神奇宝盒的片头动画，就整个片头动画而言，神奇宝盒动画是核心部件，也是栏目主题的点睛之处。三维动画设计在整个栏目片头制作过程中不仅耗时最多，而且花费的精力也是最多的。一般来说，是将最重要、最能衬托主题和体现内容的部分制作成三维动画。制作好片头的三维动画，整个片头动画就成功了一大半。

AE的三维建模是通过不同图层的位置和方向变化组合成一个三维模型来实现的。本任务用6个图层制作一个6面体，运用三维图层的操作方法、多视图交互调节三维图层，初步涉及摄像机的创建和光效动画的制作。本任务分镜头制作脚本如表3-1所示，场景设计如下：

- 本任务建立合成1个：时间为10秒。
- 建立颜色素材图层6个：6个图层对应盒子的6个面；光效素材图层1个；背景素材图层1个。
- 建立摄像机图层。
- 3D盒子动画：正方体盒子从桌面旋转、上升，然后打开，发出一束光。

表3-1　神奇宝盒动画分镜头脚本与基本参数表

影片制式	帧速率	宽度/px	高度/px	时长/s	用途	导出格式
PAL D1/DV	25	720	576	10	栏目片头	avi
脚本	镜头1：正方体盒子从桌面旋转、上升，然后打开移镜头。景别：近景。时长：3秒。 00：00：背景出现。 00：00—02：13：盒子在旋转中上升					
	镜头2：盒盖打开的推镜头。景别：近景。时长：1秒。 03：00—04：00：盒子盖子打开					
	镜头3：盒子发出光芒的平镜头。景别：近景。时长：6秒。 04：00—10：00：盒子打开发射光芒					

3.3.2　制作思路与流程

本任务的核心是制作一个正方体盒子，从桌面上升、旋转，然后打开，发出一束光。在进行3D建模时，用6张500×500的图片素材分别制作盒子的6个面：前与后、左与右、上与下。首先将这6个图层转换为3D图层，使之拥有X、Y、Z三个方向。一开始这6个图层是在同一位置的，用图层中心点（X，Y，Z）的位置代表这些图层的位置。然后对图层进行位置和旋转的调整，围成盒子模型，其过程如图3-9所示。

操作时可以在合成窗口用鼠标拖动这些图层的位置：先确定盒子的前面位置，再根据左右的厚度确定后面位置，最后再逐一调整左右上下4个面到适当位置，也可以直接在时间线窗口输入参数。完成建模之后这6个图层的位置为：左（x-250,y,z）、右（x+250,y,z）、前（x,y,z-250）、后（x,y,z+250）、上（x,y+250,z）、下（x,y-250,z）。制作盒子向上移动动画时，首先要建立父子阶层关系，让盒子6个面成为一个整体，然后制作关键帧动画即可：

第0帧：盒子初始位置关键帧，Y轴旋转初始关键帧。

第1秒：光效初始位置关键帧，与盒子位置相同。

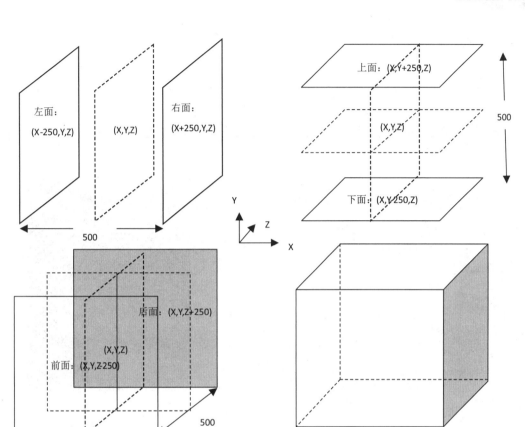

图3-9 盒子位置示意图

第2秒：光效位置关键帧，随着盒子的打开上升露出来。

第2秒13帧：盒子位置关键帧，Y轴旋转关键帧，盒子上升、旋转。

第3秒：盒子上面层作X轴旋转关键帧。

第4秒：盒子上面层作X轴旋转 −45° 关键帧，盒子打开。

本任务的制作流程如图 3-10 所示。

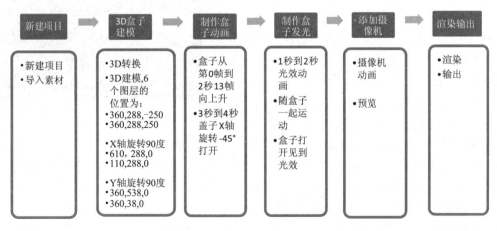

图3-10 神奇盒子动画制作流程

3.3.3 制作任务实施

1. 新建项目、导入素材

步骤 **01**：参照 1.4.1 的新建项目步骤，建立项目"神奇的盒子动画场景 .aep"。

步骤 **02**：参照 1.4.1 的导入素材步骤，导入本书电子教学资源包"第 3 章 / 任务 4/ 素材"文件夹中的全部素材，如图 3-11 所示。素材导入后项目窗口如图 3-12 所示。

图3-11　导入任务4素材

图3-12　导入素材后的项目窗口

····● 视频

盒子搭建

····●

2. 盒子建模

步骤 **01**：单击图 3-12 中项目窗口底部的图标 🖿，打开如图 3-13 所示的"合成设置"对话框。合成名称设置为"盒子"；宽度设为 726 像素、高度：520 像素；像素长宽比设置为"方形像素"，预设自动变为"自定义"；合成长度持续时间设置为 10 秒；设置完成后单击右下角"确认"按钮。

默认标清电视格式的像素是长方形的，在进行精确位置调整时容易产生小误差或变形，在实际操作中出现该问题，可以将像素长宽比设置为如图 3-13 方框所示的方形像素来解决。

图3-13　新建合成窗口"盒子"

步骤 **02**：在项目窗口中选中文件夹"盒面"中的 6 个颜色图像素材，将它们拖到时间线窗口中。

步骤 **03**：在时间线窗口单击图层"青 .jpg"，然后再单击工具栏工具"向后平移（锚点）工具" 🔲，如图 3-14 箭头所示，在合成窗口将图层"青 .jpg"的中心点拖放到图层底边的中间位置。这个操作为"青 .jpg"作为盖子打开作准备。

AE 的时间线窗口中采用序号优先原则，谁的序号在前，就优先显示这个图层内容。本步骤中虽然选中了图层"青 .jpg"，但是合成窗口中显示的是排在第一的图层"橙 .jpg"。因为选中了"青.jpg"图层,所以在时间线窗口中进行的图层操作一定是在"青.jpg"图层中进行,移动的一定是"青.jpg"图层的中心点。

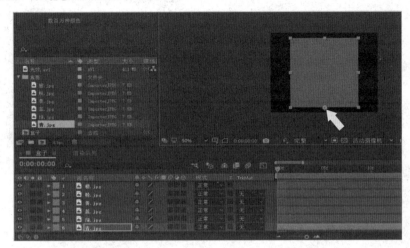

图3-14 在合成窗口改变图层"青.jpg"的中心点到底边的中间位置

步骤 **04**:单击时间线窗口中图层后的 3D 转换按钮 ,如图 3-15 中方框所示,将 6 个颜色图层转换为 3D 图层。

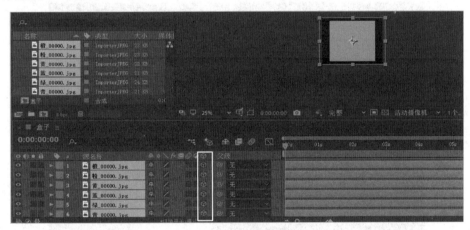

图3-15 将所有素材转换为3D图层

当素材转换成 3D 图层后,如图 3-16 所示,可以在合成窗口中看到被选择的图层多了一个由红绿蓝三色箭头组成的坐标操纵手柄,红色箭头代表图层的 X 轴,绿色代表 Y 轴,蓝色代表 Z 轴。

步骤 **05**:3D 盒子成型。

(1)单击合成窗口下方的"选择视图布局"下拉列表,如图 3-17 箭头所示,切换为"2 个视图—水平"选项。其中屏幕的 4 角有 4 个蓝色小三角的视图为当前视图,单击如

图3-16 红绿蓝三色坐标操纵手柄

图 3-18 箭头所示位置的"3D 视图弹出式菜单"图标可改变当前视图的显示方式。

图3-17　调整视图组合

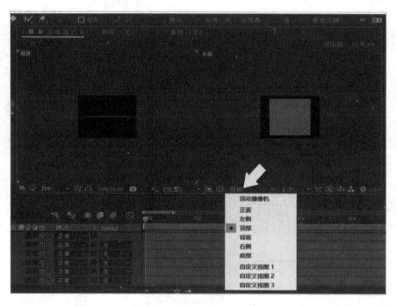

图3-18　调整当前视图

（2）在时间线窗口选中"黄.jpg"图层，单击位置参数的【P】键，将位置参数单独显示出来，在图 3-19 箭头所示位置设置 Z 轴的参数为 250，这样就将其向前移动了 250；用同样的方法将"蓝.jpg"图层的 Z 轴位置参数设置为 -250，这样就将其向后移动了 250（左右两侧图片的宽度是 500，前后各移 250 刚好是 500，500 正好是这几张颜色图层的边长）。如图 3-19 所示，合成窗口左边的顶视图可观察到两个图层向前、向后分别移动了。

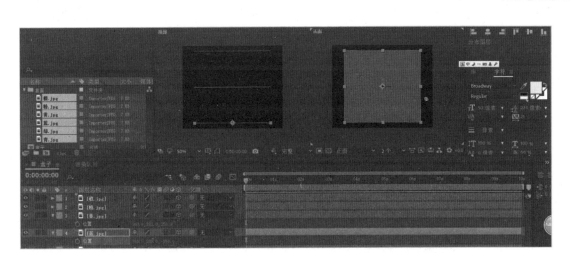

图3-19 设置前后两面的位置

（3）如图 3-20 所示调整合成窗口中的视图。在合成窗口中单击顶部视图，然后再单击合成窗口下方的"3D 视图弹出式菜单"→"活动摄像机"选项，让顶部视图变为活动摄像机视图；同样的方法，将合成窗口右边的视图变为自定义视图 1，这样可以更直观地看到各个图层在空间位置的变化。

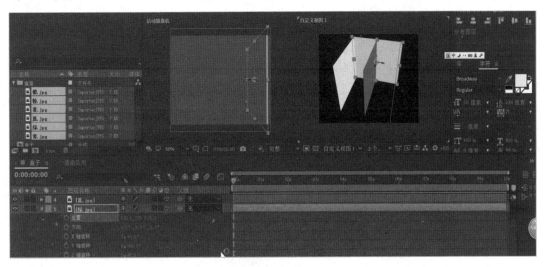

图3-20 调整"绿.jpg"图层的位置和方向

在时间线窗口选择"绿.jpg"图层，然后按【P】键，显示位置参数，再按住【Shift+R】组合键，将 X、Y、Z 轴旋转参数都显示出来。在图 3-20 方框所示的位置把"绿.jpg"图层的"Y 轴旋转"参数设置为 90，让图层 Y 轴绕旋转 90°；再使"绿.jpg"图层 X 轴的位置增加 250（原值 360），参数变为：610,288,0，使"绿.jpg"图层变为盒子的底部。

（4）同样的方法调整"橙.jpg"图层的位置和旋转参数，如图 3-21 所示，让"橙.jpg"图层成为盒子的另一个面。先把"橙.jpg"图层的"Y 轴旋转"参数设置为 90，图层绕 Y 轴旋转 90°；然后"橙.jpg"图层的 X 轴位置减小 250（原值 360），参数变为：110,288,0。

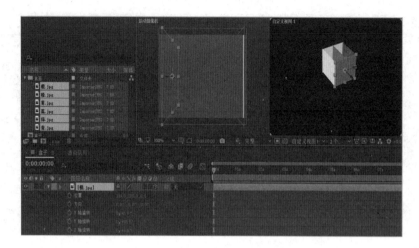

图3-21 调整"橙.jpg"图层的位置和方向

(5) 调整上下两个面的位置和旋转。将"粉.jpg"图层的"X 轴旋转"参数设置为 90，图层绕 X 轴旋转 90°；然后将该图层的 Y 轴位置增加 250（原值 288），再将"粉.jpg"图层位置参数设置为：360,538,0。单击工具栏中的"统一摄像工具" ，在自定义视图 1 中用鼠标拖放图层，如图 3-22 所示，改变角度观察图层。

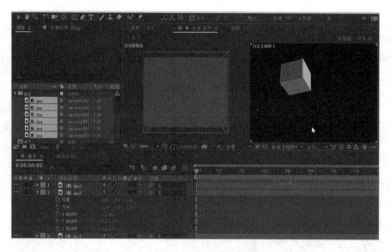

图3-22 改变角度观察图层

自定义视图可以和工具栏中的"统一摄像工具" 合作。在自定义视图中，单击"统一摄像工具" ，鼠标就会变成一台摄像机的样子，在自定义视图中就可以拖放图层，360° 的观察合成窗口中图层之间的空间位置关系。值得注意的是，在观察的过程中，是观看角度在变换，图层之间的空间位置关系并没有发生变化。

(6) 将"青.jpg"图层的"X 轴旋转"参数设置为 90，让图层绕 X 轴旋转 90°；然后将该图层的 Y 轴位置减小 250（原值 288）。再将"青.jpg"图层位置参数变为：360,38,250。单击工具栏中的"统一摄像工具" ，在自定义视图 1 中拖放图层，如图 3-23 所示，改变角度观察图层。

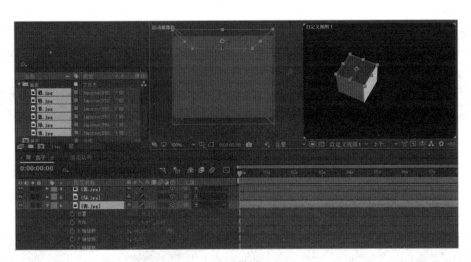

图3-23 调整上下两面的位置和方向

（7）通过以上6次调整，已将"盒子"模型搭建完成。调整合成窗口为4个视图最终调整好的结果，如图3-24所示，分别在顶部视图、右侧视图、正面视图和活动摄像机视图进行观察。

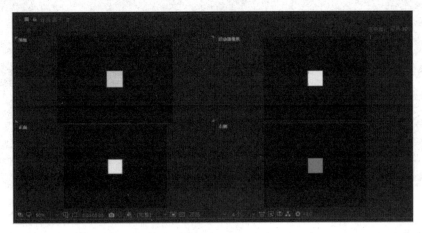

图3-24 调整好的最终效果在四视图中的显示

3. 盒子动画制作

步骤 01：制作盒子向上移动。

（1）如图3-25所示调整图层的位置，在合成窗口单击"选择视图布局"下拉列表，选择"1个视图"选项，单击"3D视图弹出式菜单"→"活动摄像机"选项。

（2）为了由6个面搭建而成的盒子在以后的步骤中能一起运动，需要设定父子关系。并在图3-25箭头所示的位置右击，进入"列数"菜单，打开"父级"选项，设定 "黄.jpg" 为父图层，选中其他5个图层，单击"蓝.jpg"图层前的 ◎ 图标并拖向"黄.jpg"图层，这时可以看到，其他5个图层的父图层变成了"黄.jpg"图层。

盒子的6个面中，"青.jpg"的面不能当父图层，因为"青.jpg"有一个旋转的动作，如果设置为父图层，其他子图层也会和父图层一样在3秒时旋转，盒子就会解体。

视频

盒子上升

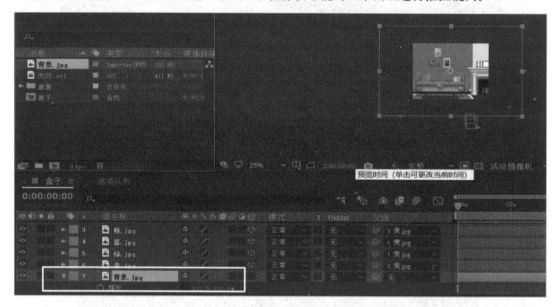

图3-25 用鼠标拖动"@"到父级"黄.jpg"建立父子图层关系

（3）把"背景.jpg"素材放入时间线窗口最底层，作为整个项目的背景。按【S】键，打开缩放参数，如图 3-26 方框所示，设置"背景"图层缩放参数为 133，132.6，让图层中的桌子适度放大。因为"背景"图层是二维图层，摄像机不能对二维图层进行推拉镜头。

图3-26 最底层为"背景.jpg"的缩放参数

（4）设置盒子动画的初始参数，盒子相对于背景上的桌子太大了，需要缩小盒子尺寸并且把盒子放在桌子上。在时间线窗口中单击父图层"黄.jpg"，将时间指针定位在第 0 帧，如图 3-27 所示设置参数。按【S】键，打开缩放参数，设置为 20；按【P】键，打开位置参数，并设置为 560.7，838，112.7，手动为位置参数设置一个关键帧；按【R】键，打开旋转参数，并设置 Y 轴旋转参数为 0，手动为 Y 轴旋转参数设置一个关键帧；盒子的大小不再发生改变所以不需要给缩放设置关键帧。

（5）在时间线窗口中单击父图层"黄.jpg"，将时间指针定位在 2 秒 13 帧，如图 3-28 所示设置"黄.jpg"的参数，位置参数设置为 560.7，538，112.7，Y 轴旋转参数设置为 −114，系统自动设置关键帧。这样就做出了盒子旋转中上升的动画效果。

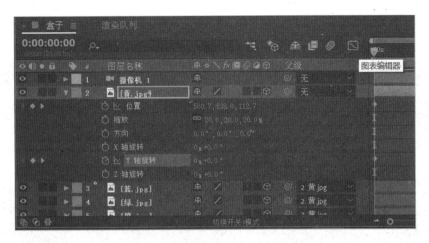

图3-27 设置盒子动画的初始参数

图3-28 设置盒子动画的结束参数

步骤 **02**：制作盒子盖子打开。

（1）在时间线窗口单击图层"青.jpg"，按【R】键，打开旋转参数。如图 3-29 所示把时间指针定位在 3 秒处，为 X 轴旋转参数手动设置一个关键帧。

视频

盒子盖打开

图3-29 为"青.jpg"图层X轴旋转参数手动设置一个关键帧

（2）在时间线窗口把时间指针定位到 4 秒，把"青 .jpg"图层的 X 轴旋转参数设置为
−45，系统自动设置一个关键帧。如图 3-30 所示，可以看到盒子的盖子打开了。

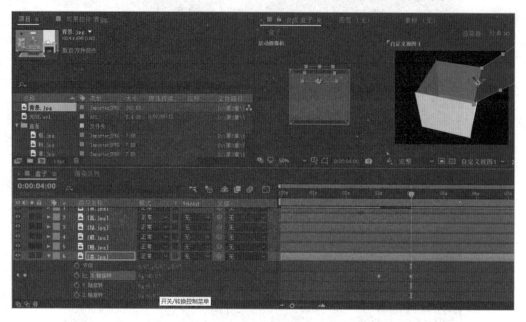

图3-30　盒子的盖子打开了

视频

盒子发光

4. 制作盒子发光效果

步骤 **01**：从项目窗口中把"光效 .avi"拖入时间线窗口，放在"绿 .jpg"图层下面，保
证光效是放在盒子里。把"光效 .avi"放在时间线窗口 1 秒处，确保盒子刚开始打开就有光出现。

步骤 **02**：单击"光效 .avi"的三维图标 ⬛，把"光效 .avi"设为三维图层。如图 3-31
所示添加"黄 .jpg"为父图层。

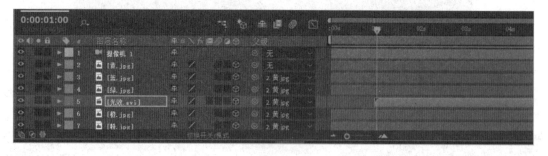

图3-31　调整图层位置

步骤 **03**：把时间指针定位在 1 秒处，先在合成窗口直接用鼠标移动"光效 .avi"图层
在盒子的位置，然后在时间线窗口打开"光效 .avi"图层的"位置"、"缩放"、"旋转"参
数，如图 3-32 所示，精确设置"光效 .avi"图层的初始参数，设置"位置"参数：216.6，
535.2，−387；"缩放"参数：83.1，171.7，500；"Y 轴旋转"参数：64；手动为位置参数
设置第一个关键帧。

图3-32　设置"光效.avi"图层的初始参数

步骤 04：在时间线窗口中把时间指针定位在2秒处，如图3-33所示，改变"光效.avi"图层的位置参数：202.1，7.0，−185.9，系统自动给位置设置一个关键帧，让光效图层随着盒子的打开上升露出来。

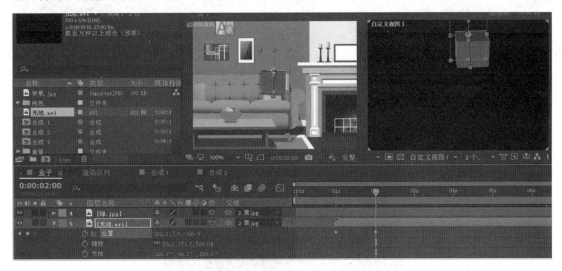

图3-33　设置"光效.avi"图层的结束参数

5. 添加摄像机拍摄

步骤 01：如图3-34所示，执行"图层"→"新建"→"摄像机"菜单，架设摄像机。合成窗口出现如图3-35所示的摄像机设置图。参数采用系统默认值，按"确定"按钮后，在时间线窗口第一层出现"摄像机1"图层，如图3-36所示。

视频

摄像机拍摄
盒子

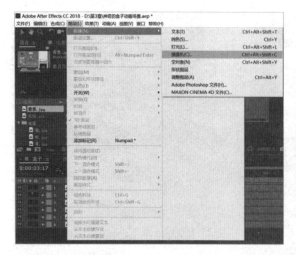

图3-34 执行"图层"→"新建"→"摄像机"菜单

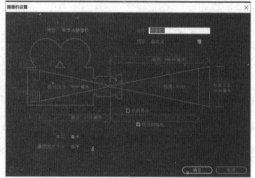

图3-35 摄像机设置图

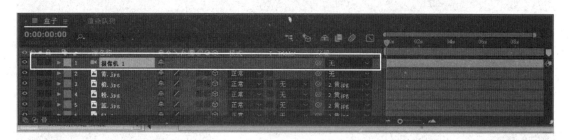

图3-36 时间线窗口出现"摄像机1"图层

步骤 **02**：在合成窗口选择"2个视图"选项，如图 3-37 所示，设置其中一个视图为"自定义视图 1"，另一个视图为"摄像机 1"，然后再单击工具栏中的"统一摄像工具" █ 图标，这样就可以在"摄像机 1"视图中用鼠标对盒子进行拍摄了。

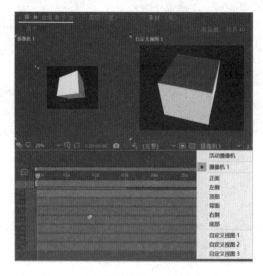

图3-37 将视图设置为"摄像机1"

步骤 **03**：为搭建的场景拍摄一个推镜头。

（1）在时间线窗口选中摄像机图层，把时间指针定位在第 0 帧，单击工具栏中的"统一摄像工具" 图标，当鼠标变成摄像机时，在合成窗口的"摄像机 1"视图用鼠标的左右键和中间键调整镜头的构图。调整好后，如图 3–38 所示，手动为摄像机图层的目标点和位置参数设置关键帧。

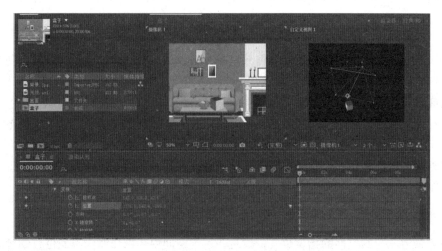

图3-38 摄像机图层的目标点和位置初始参数

（2）把时间指针定位在 3 秒处，按住中间键把跟随盒子运动方向的镜头向上移，拍摄一个跟移镜头，然后再轻轻推动鼠标的右键，拍摄一个推镜头，把盒子拉近。如图 3–39 所示，系统自动为摄像机图层的目标点和位置参数设置关键帧。

图3-39 摄像机图层的目标点和位置结束参数

步骤 **04**：参照 1.4.1 的效果预览步骤进行预览。

6. 渲染输出

步骤 **01**：参照 1.4.1 的预渲染步骤，打开渲染队列窗口。

步骤 **02**：在渲染队列窗口里单击"输出到："下拉列表，打开"将影片输出到"对话框，确定制作的场景渲染输出时的文件名、存放地址和文件类型。本任务为："D:／第 3 章／任务 4／盒子 .avi"。

步骤 **03**：渲染设置完成后，在渲染队列窗口中单击"渲染"按钮渲染输出，完成后在"D:／第 3 章／任务 3/"文件夹下查看最终文件"盒子 .avi"。

3.3.4 制作要点

本任务利用 A E 中的三维合成功能将 6 张图片搭建成一个立体的盒子，以模拟现实中盒子的 3D 效果。三维动画的制作首先要将图层转为 3D 图层，然后通过调整图层在 X、Y、Z 轴的位置和角度进行建模，再配合摄像机进行观测。对本任务进行扩展应用到实际工作中，可以对生活中的 6 面体进行三维建模，例如，将相关图片改为金属材质，便可搭建成平板电视，甚至还能把图片换成视频，制作成多面媒体播放器等。

通过对本任务的制作，大家学习了三维动画制作的基本方法。本任务在制作过程中应注意以下几个环节：

1. 三维图层的移动

将对象放置于三维空间的指定位置，或是在三维空间中为图层制作空间位移动画时，就需要对三维图层进行移动操作，移动三维图层的方法主要有以下两种：

（1）在时间线窗口中对三维图层的位置属性进行设置。

（2）在合成窗口中使用选择工具■直接在三维图层的坐标轴方向上移动三维图层。

对于图层位置的摆放，通常采用第 2 种方式，即在合成窗口中直接沿着 X，Y 或者 Z 轴用鼠标拖放，这比第 1 种方式在时间线窗口输入参数改变更直观、更快捷。如果要确定精确的位置，还是需要直接输入参数值。

2. 三维图层的旋转

二维图层只能对 X 轴或 Y 轴进行旋转，而三维图层可操作的旋转参数包含 4 个，分别是方向和 X、Y、Z 轴。在三维图层中，既可以通过改变方向值，也可以通过改变旋转值来旋转三维图层，这两种旋转方法都是将图层的轴心点作为基点来旋转图层。它们的区别主要在于制作动画过程中的处理方式不同。方向参数主要用于调整 3D 图层在合成中的方向，每个轴向上的数值在 0 ~ 360 之间，一般不用于制作旋转动画，相当于是图层的极坐标。制作旋转动画一般用旋转参数。

······● 视频

作品介绍
········●

3.4　任务 5　印象派画家梵高画展场景制作

本任务应用摄像机技术搭建 3D 画展场景。通过本任务的学习，读者应掌握三维动画中摄像机的基本概念、主要实现方法与操作步骤。任务完成如图 3-40 所示的画框由远到近再由近到远排列展示的效果。

图3-40 画框由远到近再由近到远排列展示的效果

3.4.1 任务需求分析与设计

AE除了可以搭建3D场景，还可以架设摄像机制作动画。摄像机是AE中表现场景的重要工具，它就像人的眼睛一样，可以随意从不同的角度观察场景中的对象。在三维动画制作中，通过改变摄像机的位置和拍摄角度，或是变换摄像机的镜头和视域，就能从摄像机视图中观察到来自同一场景各种不同效果的构成画面。本任务制作印象派画家梵高画展的场景，属于宣传广告类短片。其中最重要的展示画面：画框由远到近排列展示的效果，需要通过摄像机动画来实现。

本任务在制作过程中还要运用合成的嵌套技术，所谓合成嵌套就是将一个合成作为另一个合成的素材来使用。当时间线窗口存在很多图层时，编辑起来就很麻烦，这时可以把不同类型的图层嵌套为一个合成。通过合成的嵌套，可以有层次地组织项目，并且完成很多特殊的效果。本任务分镜头制作脚本如表3-2所示，场景设计如下：

- 本任务建立合成4个："背景制作"和"印象派梵高画展场景制作"，时长都是30秒，其中"字幕1"、"字幕2"和"背景制作"嵌套在"印象派梵高画展场景制作"合成中。
- 梵高名画素材8个，画框为动态流线效果视频；音乐素材1个；背景素材2个，分别是"光条.mov"、"背景.mp4；"。
- 字幕动画：0到9秒，"字幕1"先从画面左侧某处开始向右滚动，到中间停留，再向左滚动回画面左侧某处消失；"字幕2" 接着从画面左侧某处开始向右滚动，到中间停留，再向左滚动回画面左侧某处消失。
- 摄像机动画：9秒到30秒，8幅画先按某个统一的角度呈骨牌排列，摄像机从最后一幅画开始向前遍历，将8幅画依次呈现；然后8幅画改变位置和角度，摄像机从前面第一幅画开始向后遍历，再次将8幅画依次呈现。
- 音乐采用手风琴配乐。

表3-2　印象派画家梵高画展场景分镜头脚本与基本参数表

影片制式	帧速率	宽度/px	高度/px	时长/s	用途	导出格式
HDTV1080 25	25	1920	1080	30	宣传片片头	avi
脚本	镜头1：字幕1从左侧进入、停留、离开的平镜头。景别：近景。时长：4秒15帧。 00:00：背景出现，音乐响起。 00:00—01:00：字幕1"印象派梵高画展场景制作"从左侧进入。 01:00—03:15：字幕1进入屏幕后静止2秒15帧。 03:15—04:15：字幕1离开屏幕					
	镜头2：字幕2从左侧进入、停留、离开的平镜头。景别：近景。时长：4秒15帧。 04:00—05:00：字幕2"印象派梵高画展场景制作"从左侧进入。 05:00—07:15：字幕2进入屏幕后静止2秒15帧。 07:15—08:15：字幕2离开屏幕					
	镜头3：摄像机从后往前遍览画框的移镜头。景别：近景。时长：5秒。 09:00—14:00：画框从后往前依次呈现					
	镜头4：画框旋转一个角度，改变位置的摇镜头。景别：近景。时长：2秒。 15:00—17:00：画框旋转一个角度，改变位置					
	镜头5：摄像机从前往后遍览画框的移镜头。景别：近景。时长：5秒13帧。 17:00—21:13：画框从前往后依次呈现					
	镜头6：画框消失的平镜头。景别：近景。时长：5秒13帧。 21:13—30:00：画框消失，只呈现背景画面					

3.4.2　制作思路与流程

本任务通过画展场景的制作使读者进一步加深对三维动画的理解，巩固和掌握三维动画的常用操作和制作技巧。本任务创建的图层较多，在制作过程中需创建4个合成进行嵌套。本任务合成之间的嵌套关系如图3-41所示。

本任务的核心是使用摄像机，通过摄像机向后移动和向前移动，两次遍历三维画框队列。在使用摄像机制作时，在第9秒开始搭建一个三维场景，将8张图片呈骨牌排列摆放好。注意图片与图片之间Z轴上的距离一

图3-41　合成之间的嵌套关系

定要宽一些，以便摄像机进行移动。在摆放图片时，可以打开顶视图，以直观地看到图片之间的距离。这8张图片一开始向右旋转30°（Y轴旋转参数为−30），摄像机分别在第9秒、第14秒、第17秒、18:22秒、21:13秒、30秒建立目标点和位置关键帧，进行两次遍历；画框相应在第15秒、第17秒建立位置和旋转关键帧，以配合摄像机进行位置和方向的调整。

本任务第0秒到第9秒为字幕动画，在制作字幕动画时使用了蒙版。"背景制作1"图层是与"背景制作"完全一样的复制图层，放在最上面，"背景制作"图层放在文字图层下面，文字图层放在中间。本来文字图层会被上面的"背景制作1"图层遮住，由于上面的"背景制作1"图层使用了蒙版，蒙版区域以外的文字图层就会显示出来。设置文字图层滚动动画，文字从蒙

版边缘处显示出来。蒙版所在区域显示的是最上面的画面，其画面与"背景制作"图层的画面相同。本任务的制作流程如图 3-42 所示。

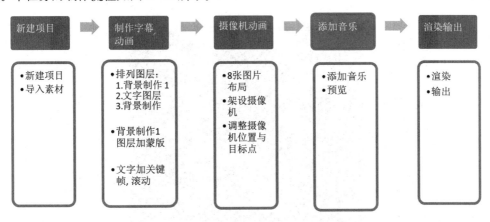

图3-42 印象派画家梵高画展场景制作流程图

3.4.3 制作任务实施

1. 新建项目、导入素材

步骤 **01**：参照 1.4.1 的新建项目步骤，建立项目"印象派梵高画展场景制作 .aep"。

步骤 **02**：参照 1.4.1 的导入素材步骤，如图 3-43 所示，导入本书电子教学资源包"第 3 章 / 任务 5/ 素材"文件夹中的全部素材。

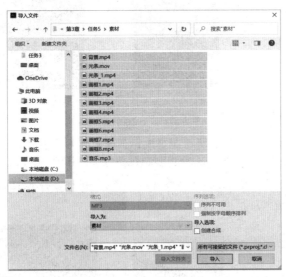

图3-43 导入印象派画家梵高画展场景制作素材

2. 制作字幕动画

步骤 **01**：新建一个合成，合成名称为"字幕 1"。如图 3-44 所示，在"合成设置"对话

视频

字幕动画

框中将合成"预设"设置为 HDTV 1080 25 格式，合成时长设置为 30 秒，单击"确认"按钮完成创建合成。

图3-44　新建合成"字幕1"

步骤 **02**：单击工具栏文字工具 **T**，在合成窗口输入字幕"梵高十大世界名画 Van Gogh's Top Ten World Famous Paintings"。在中文结尾处按【Enter】键将文本分成两行，选中全部中文字体设置字符大小为116像素，如图3-45所示；再选中所有的英文字体，如图3-46所示，设置英文字符大小为 53 像素。设置完成之后将字幕拖放到屏幕中央，如图3-47所示。

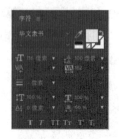

图3-45　设置中文字体大小

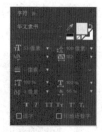

图3-46　设置英文字体大小

图3-47　调整"字幕1"位置

步骤 **03**：用同样的方法，新建另一个合成，合成名称为"字幕2"。新建字幕"荷兰后印象派画家 表现主义的先驱 The Pioneer of Expressionism of Post-Impressionist Painters"，如图 3-48 所示，设置中文字体大小为 100 像素，如图 3-49 所示设置英文字体大小为 57 像素，设置完成之后将字幕拖放到屏幕中央，如图 3-50 所示。

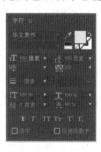

图3-48　设置中文字体大小

图3-49　设置英文字体大小

图3-50　调整"字幕2"位置

步骤 **04**：新建一个合成，合成名称为"背景制作"。在"合成设置"对话框中将合成预设设置为 HDTV1080 25 格式，合成时长设置为 30 秒，单击"确认"按钮。

步骤 **05**：选中项目窗口，拖动素材"光条 .mov"、"背景 .mp4"到时间线窗口中，"光条 .mov"放在第一层。两个图层大小刚好和合成窗口一致，不用做任何改变。

步骤 **06**：新建一个合成，合成名称为"印象派梵高画展场景制作"。在"合成设置"对话框中将合成预设设置为 HDTV 1080 25 格式，合成时长设置为 30 秒，单击"确认"按钮。

步骤 **07**：在合成"印象派梵高画展场景制作"中制作字幕运动的效果。

（1）从项目窗口中把合成"字幕 1""背景制作"拖放在时间线窗口的 0 秒处。"字幕 1"在第一层，"背景制作"在第二层。在时间线窗口选中"背景制作"图层，用快捷键【Ctrl+D】复制一个"背景制作"图层，如图 3-51 所示，把它拖放到时间线窗口的第一层。

在 AE 中，一个项目中可以有多个合成，这些合成生成后都会在项目窗口出现。每个合成都可以像项目窗口里导入的素材一样导入到其他合成进行编辑处理。

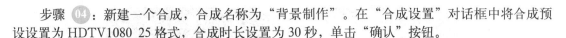

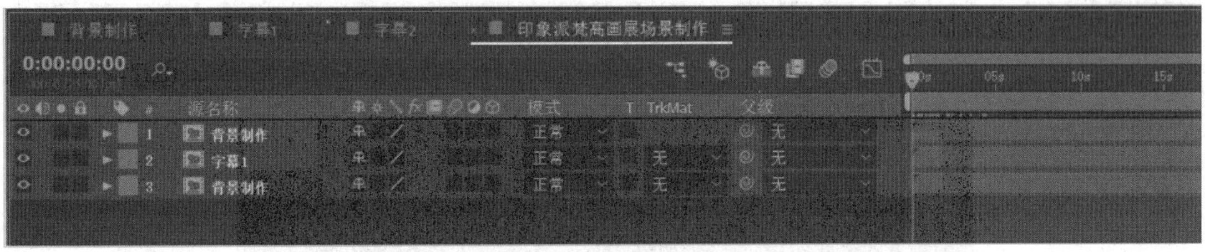

图3-51 复制一个"背景制作"图层

（2）在时间线窗口选中合成"印象派梵高画展场景制作"，单击第一层的"背景制作"然后右击，在快捷菜单中选择"重命名"命令，输入"背景制作 1"，最后按【Enter】键，如图 3-52 所示，修改第一层的名称。

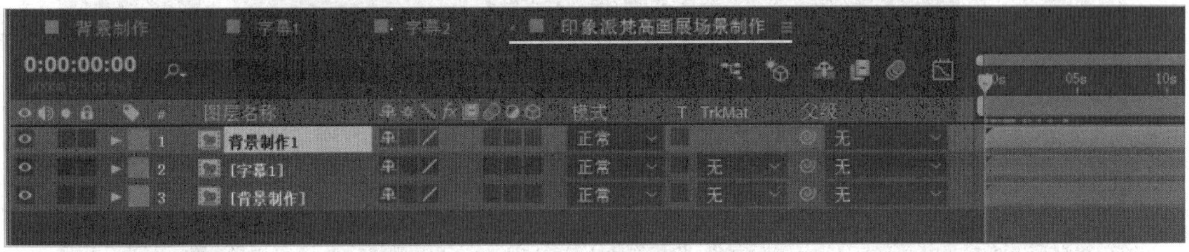

图3-52 修改第一层名称为"背景制作1"

（3）继续选中"背景制作 1"图层，单击如图 3-53 箭头所示的工具栏中的矩形工具 ，在合成窗口拖动鼠标，给"背景制作 1"图层左侧添加如图 3-53 所示的蒙版。添加蒙版之后，文字从蒙版右侧出入，而不是直接从屏幕左侧出入。

（4）在合成"印象派梵高画展场景制作"中单击"字幕 1"图层，按【P】键，打开"字幕 1"图层的"位置"参数。如图 3-54 所示，把指针定位在 0 秒，"位置"参数设置为 -896,532，单击"字幕 1"图层前面的码表，设置位置参数的第一个关键帧。

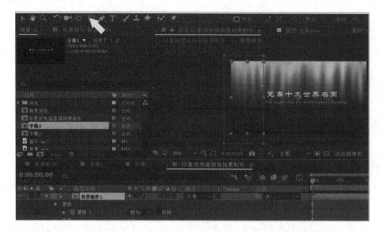

图3-53　为"背景制作1"添加蒙版

图3-54　给"字幕1"设置位置参数的第一个关键帧

（5）然后把时间指针移到1秒处，设置"位置"参数为956,540，系统自动设置第二个关键帧；再把时间指针移到在3秒15帧，在如图3-55箭头所示的位置上，手动设置关键帧，"位置"参数同为956,540，与第二个关键帧相同，让字幕进入屏幕后静止2秒15帧。

图3-55　在3秒15帧手设置位置参数的关键帧

（6）时间指针移至4秒15帧，如图3-56所示，设置"位置"参数为-748,532，系统自动设置第四个关键帧。

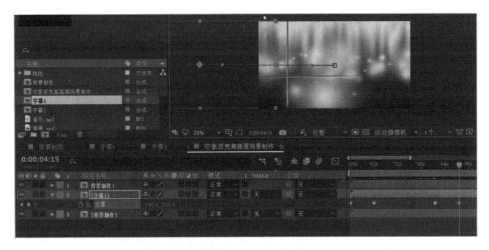

图3-56 在4秒15帧的位置参数

（7）从项目窗口把"字幕2"合成拖放到时间线窗口的第二层，用制作"字幕1"合成运动的方法重复本节步骤（4）—（6），制作"字幕2"合成在4秒到8秒15帧之间的运动：

- 指针放在第4秒，"位置"参数设置为−808,532，手动设置位置参数的第一个关键帧。
- 指针移到第5秒，"位置"参数设置为1088,612，系统自动设置第二个关键帧。
- 指针移到在7秒15帧，"位置"参数同为1088,612，手动设置关键帧。
- 指针在8秒15帧，"位置"参数设置为−864,580，系统自动设置第四个关键帧。

3. 摄像机动画

步骤 **01**：把"画框1""画框2""画框3""画框4""画框5""画框6""画框7""画框8"从项目窗口中拖入合成"印象派梵高画展场景制作"中位于时间线窗口的最上面8层，在时间线中向右拖动它们，让它们的起始位置在时间线9秒，单击"三维"按钮，如图3-57方框所示，把它们设置为三维图层。

视频 ●∙∙∙∙∙

画展三维空间
搭建

●∙∙∙∙∙

图3-57 画框拖入"合成1"的合成窗口

步骤 **02**：将合成窗口的视图调整为"2个视图"、左视图为顶视图，各个画框从顶上看都是一条横线。选中其中一黄框，单击向下的Z轴坐标，然后可以直接用鼠标拖动这些横线，把它们摆放到如图3-58的位置（可以用小键盘中的上下左右键对图层的位置进行微调）。顶视图可以很直观地看到图层在X轴、Z轴的空间位置关系。

步骤 **03**：在合成窗口中把右边换成左视图，可以查看图层之间是否在同一个高度，也就是查看 Y 轴。如图 3-58 所示，可以看到本任务的图层都在同一水平线上。

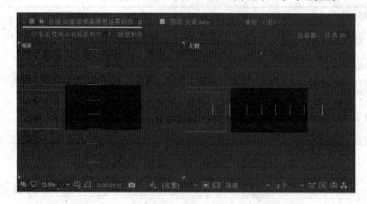

图3-58　调整画框位置

步骤 **04**：在时间线窗口单击"画框 1"图层，按住【Shift】键再单击"画框 8"图层，选中这 8 个图层，然后按【R】键，打开所有图层的"旋转"参数，选中"画框 1"的"Y 轴旋转"参数，输入 -30，如图 3-59 所示，所有的图层都向右旋转了 30°。再次按【R】键，这 8 个图层参数同时关闭。

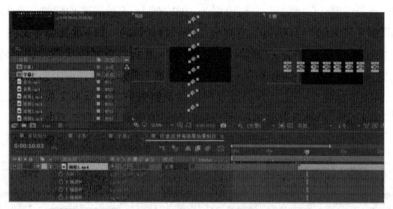

图3-59　所有的画框图层都向右旋转了30°

步骤 **05**：执行如图 3-60 所示的 "图层"→"新建"→"摄像机" 菜单命令，为合成"印象派梵高画展场景"架设一架摄像机。摄像机的参数设置为默认状态，按"确定"按钮。

图3-60　新建摄像机

步骤 **06**：在时间线窗口，把时间指针和"摄像机1"图层拖放到9秒处。在合成窗口的右视图调整为摄像机1视图。如图3-61所示，在顶视图把摄像机1放置在Z轴最后一幅画前面的位置，稍微向左拖动摄像机，使摄像机有较好的拍摄角度。在摄像机1视图单击工具栏中的统一摄像机工具，对摄像机拍摄的画面进行调整，调整到位后在时间线窗口为摄像机的位置和目标点参数设置关键帧。

视频

画展场景拍摄（一）

在合成窗口的视图中拖动摄像机，当鼠标靠近摄像机的机头时，鼠标旁就会出现X,Y,Z,提示此时摄像机是按照X轴或者Y轴或者Z轴在运动。如果鼠标靠近机头，却没有出现X、Y、Z，表明摄像机可以沿任意方向移动。

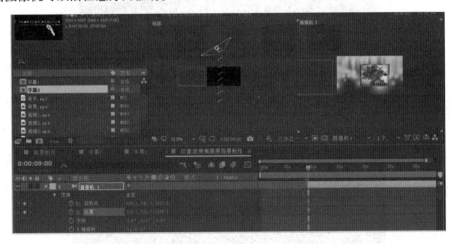

图3-61　在9秒时设置摄像机的位置

步骤 **07**：在时间线窗口，指针移至14秒。如图3-62所示，在顶视图把摄像机沿Z轴拖动到最末端的位置，此时系统为摄像机的位置和目标点参数自动记录关键帧。

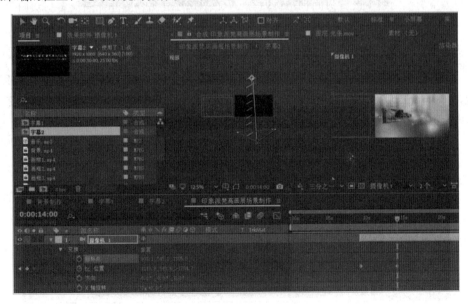

图3-62　在14秒时设置摄像机的位置

•视频

画展场景拍摄
（二）

步骤 **08**：时间线窗口将指针移到 15 秒，如图 3-63 所示，选中最前面的"画框 7"图层，为"位置"参数和"Y 轴旋转"参数手动设置第一个关键帧。

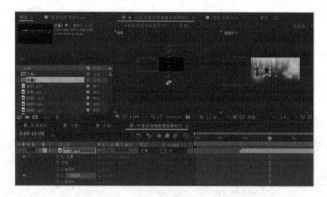

图3-63　在15秒时设置第一个关键帧

步骤 **09**：继续选中"画框 7"图层，把时间指针移到 17 秒。如图 3-64 所示，设置"画框 7"图层的"位置"参数为：1210.5，540，-1587，"Y 轴旋转"参数为：1*352。

图3-64　在17秒时设置"画框7"图层的"位置"参数和"Y轴旋转"参数

步骤 **10**：时间线窗口上把指针移到 15 秒，选中后面的其余 7 个画框图层"画框 1""画框 2""画框 3""画框 4""画框 5""画框 6""画框 8"图层，按【P】键，再按下【Shift+R】组合键，打开"位置"和"旋转"参数，如图 3-65 所示，为"位置"参数和"Y 轴旋转"参数手动设置第一个关键帧。因为是全部选中，可以看到其他选中的图层都手动设置第一个关键帧。

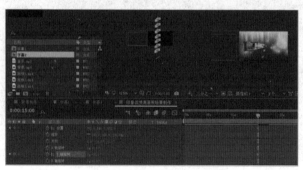

图3-65　在15秒时为其他图层的"位置"参数和"Y轴旋转"参数设置第一个关键帧

步骤 **11**：继续选中"画框 1""画框 2""画框 3""画框 4""画框 5""画框 6""画框 8"图层。把时间指针移到 17 秒，如图 3-66 所示，设置"画框 1"图层的"位置"参数为 1582.2,540,1054，"Y 轴旋转"参数：71。因为是全部选中，可以看到改变了"画框 1"图层的参数，其他选中的图层的"位置"参数和"旋转"参数也同样变化。计算机自动为"画框"等选中的图层设置关键帧。

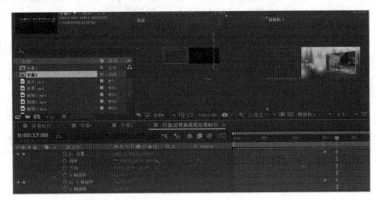

图3-66　在17秒时为其他画框图层设置"位置"参数和"Y轴旋转"参数

步骤 **12**：在时间线窗口单击"摄像机 1"图层。在 17 秒，摄像机没有移动，如图 3-67 所示，参数不变。这时改变"目标点"参数：978.5,558,1308.1，"位置"参数：971.5,534.4,-1865.9，系统自动为"摄像机 1"图层设置目标点与位置关键帧。

图3-67　在17秒时改变"摄像机1"图层的"位置"参数和"目标点"参数

步骤 **13**：在时间线窗口单击"摄像机 1"图层，在 18:22 秒，摄像机没有移动，参数不变，在图 3-68 箭头所示位置，手动为"摄像机 1"图层的目标点和位置设置关键帧。

视频 ●

画展场景拍摄
（三）

图3-68　在18:22秒时手动为"摄像机1"图层的目标点和位置设置关键帧

步骤 **14**：在时间线窗口单击"摄像机1"图层，在21:13秒时，摄像机转弯到图3-69的位置，设置"目标点"参数：2256.7,558,337.7，"位置"参数：942.4,525,-578.2。

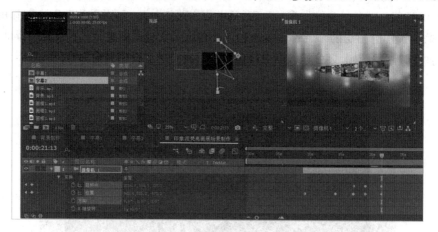

图3-69　在21:13秒时摄像机的位置

步骤 **15**：在时间线窗口单击"摄像机1"图层，在30秒时将摄像机拖放到顶视图，如图3-70所示的位置，设置"目标点"参数：2027.6,527.3,2944，"位置"参数：987.1,471.3,2936.7。系统自动为"摄像机1"图层的目标点和位置设置关键帧。

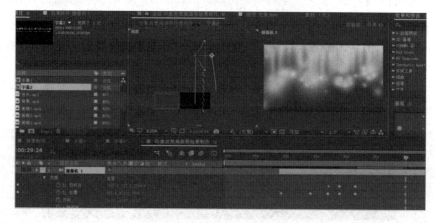

图3-70　在30秒时摄像机的位置

4.添加音乐

步骤 **01**：把时间指针放到第0帧，将项目窗口的素材"音乐.mp3"拖到时间线窗口的最下面一层，即添加了背景音乐。

步骤 **02**：参照1.4.1的效果预览步骤或按空格键进行预览。

5.渲染输出

步骤 **01**：参照1.4.1的预渲染步骤，打开渲染队列窗口。

步骤 **02**：在渲染队列窗口里单击"输出到："下拉列表，打开"将影片输出到"对话框，确定制作的场景渲染输出时的文件名、存放地址和文件类型。本任务为："D:／第3章／任务

5／印象派梵高画展场景制作 .avi"。

步骤 03：渲染设置完成后，在渲染队列窗口中单击"渲染"按钮渲染输出，完成后在"D：／第 3 章／任务 5／"文件夹下查看最终文件"印象派梵高画展场景制作 .avi"。

3.4.4　制作要点

本任务利用 AE 中的摄像机将 8 张三维图画依次呈现。对本任务稍作修改，把 8 幅梵高的名画，改为 8 个电影视频片段，就可以制作成《经典电影》栏目的片头。这种展示性的场景非常常见，比如虚拟博物馆、电子相册等，都可以采用相似的设计来完成。再进一步扩展，把 8 个三维画框改为 8 座建筑物，让摄像机在其中穿行，可以制作场景游历动画，这种场景游历动画广泛应用在游戏、电视栏目片头和房地产广告中。

关于摄像机的使用，要将视图切换到摄像机视图，使用工具栏中的统一摄像机工具█可以直接在视图中操作当前的摄像机。按住鼠标左键可以摇移摄像机，按住鼠标右键可以推拉摄像机，按住鼠标中键可以平移摄像机。关于运动镜头的使用，有如下 4 种，在摄像机的使用过程中应注意加以把握。

1. 推镜头

推镜头就是让画面中的对象变小，在 AE 中通过增大摄像机图层的 Z 位置属性来向前推摄像机，或者改变缩放值来实现推镜头，从而达到突出主体的目的。

2. 拉镜头

拉镜头就是使摄像机画面中的物体变大，主要是为了体现主体所处的环境。拉镜头也有移动的摄像机位置和摄像机变焦两种方法，其操作过程正好与推镜头相反。

3. 摇镜头

摇镜头就是保持主体物体、摄像机的位置以及视角都不变，通过改变镜头拍摄的轴线方向来摇动画面。在 AE 中，可以先定位好摄像机，保持位置不变，然后改变目标点来模拟摇镜头效果。

4. 移镜头

移镜头能够较好地展示环境和人物，常用的拍摄方法有水平方向的横移、垂直方向的升降和沿弧线方向的环移等。

最后一点，自定义视图里的视图仅仅是我们观察合成中的图层关系的一个角度，而不是最终的摄像机拍摄视频。三维合成中，最后输出的一定是活动摄像机或者架设的摄像机拍摄到的画面。所以在观看制作效果时，一定要切换到摄像机视图，而不是自定义视图，这是初学者在制作三维合成中最容易犯的错误。

3.5　任务 6　城市夜景灯光秀场景的制作

本任务应用三维动画与灯光技术实现城市夜景的制作。通过本任务的学习，读者应掌握三

视频

任务6分析

维动画中灯光的基本概念、主要实现方法与操作步骤。任务完成如图 3-71 所示的灯光秀效果。

图3-71　城市夜景灯光秀的效果

3.5.1　任务需求分析与设计

在影视制作过程中，实景拍摄的优点是不用搭景，画面不真实，缺点是光线无法控制，意外情况多。例如，如果需要某个特定角度的太阳光，那么一天的拍摄时间较短，拍摄成本高，花费比较贵。而 AE 中三维场景搭建可以使光线可控，摄影也对画面拥有更高的控制力，而且能很好地还原剧本描述的环境和氛围，而且成本很低。利用灯光技术可以创造出更为丰富生动的画面效果。这项技术在动画合成及后期制作中广泛应用，特别是和实拍场景进行合成时，能很好地匹配场景中的光照效果，使画面更统一完美。本任务用3张简单的图片：一张城市夜景图、一张高楼正面图和一张房顶图，再加上灯光秀字幕和音乐，配合摄像机和灯光动画，就成功地模拟搭建出一个繁华的城市夜景灯光秀的效果。

本任务搭建了一个三维城市夜景，并运用 AE 的灯光技术，模拟真实世界环境中的光影效果。本任务分镜头制作脚本如表 3-3 所示，场景设计如下：

- 本任务建立合成9个："城市夜场景"、"building1"、"加油"，时长都是 30 秒，其中"城市夜场景"是总合成，"building2"，"building3"，"building4"，"building5"，"building6"都是通过复制粘贴合成"building1"得到，其他合成都嵌套在"城市夜场景"合成中；
- 素材5个：建筑物外墙素材"Building_side.jpg"、建筑物屋顶素材"roof.jpg"、城市背景素材"City_BG.jpg"、灯光秀素材"武汉加油 .PSD"、音乐素材"音乐 .mp3"；
- 三维城市搭建：搭建建筑6座，分成两排，地面有光影，再配合城市背景图，搭建一个三维城市；
- 灯光秀动画：建筑物外墙打上灯光，武汉加油字幕造型灯光秀在建筑物外墙滚动，体现灯光秀主题；
- 音乐采用《我和我的祖国》配乐。

表3-3 城市夜景灯光秀场景分镜头脚本与基本参数表

影片制式	帧速率	宽度/px	高度/px	时长/s	用途	导出格式
HDTV1080 25	25	1920	1080	30	宣传片片头	avi
脚本	镜头1：第一排灯饰亮起的移镜头。景别：远景。时长：4秒。 00:00：三维建筑出现，音乐响起。 00:00—04:00：字幕灯饰1从右到左在第一排建筑物前面滚动。 镜头2：字幕灯饰在两排建筑物闪亮的摇镜头。景别：远景。时长：27秒。 03:05—07:05：字幕灯饰2从右到左在第二排建筑物前面滚动。 03:00—30:00：摄像机摇镜头动画					

3.5.2 制作思路与流程

本任务是 3D 中摄像机和灯光的综合运用，通过城市夜景灯光秀场景的制作使读者进一步熟练掌握三维动画的常用操作以及灯光的制作技巧。本任务创建的图层较多，在制作过程中需创建 9 个合成进行嵌套。本任务合成之间的嵌套关系如图 3-72 所示。

本任务首先需要用图片搭建一座大楼：将外墙素材 Building_side.jpg 复制 3 次，使用"旋转"参数和"位

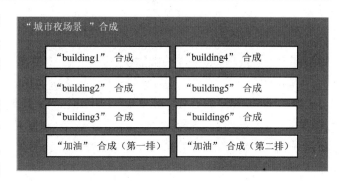

图3-72 合成之间的嵌套关系

置"参数围成四个面；顶上再使用屋顶素材"roof.jpg"完成第一座大楼的搭建。注意楼房的四个面要紧密，和背景要有空间感。复制这座大楼 5 次，分别调整缩放大小，分成两排，搭建一个高楼林立的现代城市场景。然后，在建筑物前面添加字幕滚动造型，让第一排的"武汉加油"字幕在第 0 帧、第 4 秒进行 X 轴位置的关键帧平移，第二排的"武汉加油"错开 3 秒 5 帧做相同的运动。利用蒙版遮盖建筑物之间的空间，这样字幕就只投射到建筑物外墙上，达到模拟城市灯光秀的效果。架设灯光让建筑大楼外墙产生聚光效果，并制作阴影，让场景更加真实，最后架设摄像机进行拍摄，本任务的制作流程如图 3-73 所示 。

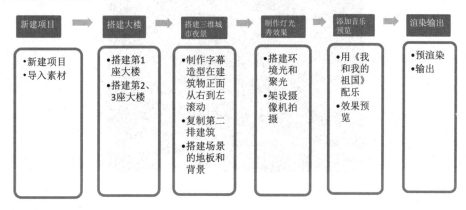

图3-73 城市夜景灯光秀制作流程

3.5.3　制作任务实施

1.新建项目、导入素材

步骤 **01**：参照 1.4.1 的新建项目步骤，建立项目"城市灯光秀 .aep"。

步骤 **02**：参照 1.4.1 的导入素材步骤，导入如图 3-74 所示的本书电子教学资源包"第 3 章 / 任务 6/ 素材"文件夹中的全部素材。

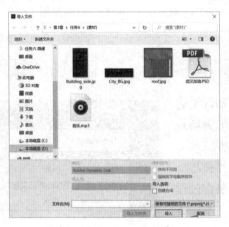

图3-74　导入任务6素材

视频

大楼搭建

2.搭建大楼

步骤 **01**：搭建第一座大楼。

（1）新建一个合成，合成名称：building 1。如图 3-75 所示，在"合成设置"对话框中将合成预设设置为 HDTV 1080 25 格式，宽度为 1920，高度为 1080，像素长宽比为方形像素，持续时间为 30 秒，单击"确认"按钮完成创建合成。

图3-75　创建名为building1的合成项目

（2）将素材 Building_side.jpg 从项目窗口拖动到时间线上。单击图 3-76 箭头所在位置将它设为三维图层。

图3-76　设置图层Building_side.jpg为三维图层

（3）在合成窗口选择"选择视图布局"视图，如图 3-77 所示选择"2 个视图－水平"，单击左视图并设置为顶视图，单击右视图并设置为自定义视图，方便后期搭建三维楼房时观察。

顶视图是垂直观察合成中图层的视角，一栋房子从正顶上观察，其实就是一个正方形，在搭建楼房时，用顶视图把房屋的四个面围成一个正方形，再用自定义视图观察搭建的实际效果，就可以又快又好地搭建好一栋楼房。

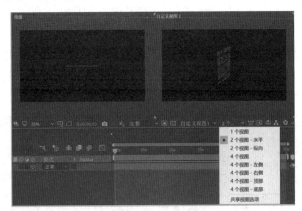

图3-77　合成窗口选择"2个视图-水平"选项

（4）在时间线窗口单击 Building_side.jpg 图层，按【Ctrl+D】组合键复制图层，形成新的图层，选中这个图层，按回车键，如图 3-78 所示更改新图层的名称为 SIDE2。

图3-78　复制图层并重命名

（5）在时间线窗口单击排在第一层的图层 SIDE2，按【R】键，打开如图 3-79 方框所示图层的"旋转"参数，"Y 轴旋转"参数设置为 90。在合成窗口的顶视图，拖放到如图 3-79 箭头所示顶部视图的位置，从自定义视图可以看到，楼房的两个面做好了。

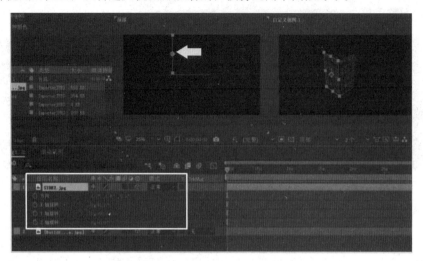

图3—79　旋转移动图层制作楼房的两个面

（6）在时间线窗口单击排在第一层的图层 SIDE2，按【Ctrl+D】组合键复制图层，形成新的图层，选中这个图层，按回车键，更改新图层的名称为 SIDE3，在顶视图中直接把 SIDE3 拖到如图 3-80 所示的位置，完成楼房第 3 个面的制作。

在顶视图中用手动的方法直接拖拉图层，难免有细节处理不到位的地方，可以选中需要微调的图层，用键盘上的上下左右键对图层的 X 轴和 Z 轴位置进行微调。这样在合成窗口中直接拖动图层确定它的位置比在时间线中输入参数更直观和便捷。

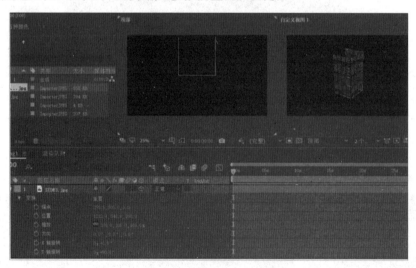

图3-80　完成楼房第3个面的制作

（7）时间线窗口单击 Building_side.jpg 图层，按【Ctrl+D】组合键复制图层，形成新的图层，选中这个图层，按回车键，更改新图层的名称为 SIDE4，在顶视图中直接把 SIDE4 用鼠标拖到如图 3-81 所示的位置，完成楼房第 4 个面的制作。

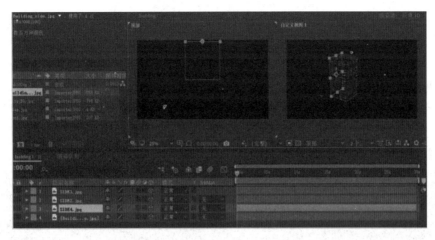

图3-81　完成楼房第4个面的制作

（8）把素材 roof.jpg 从项目窗口拖放到时间线窗口的第一层，单击图层的三维按钮设为三维图层。

（9）在时间线窗口，单击 roof.jpg 图层，按【R】键，打开"旋转"参数，"X 轴旋转"参数设置为 90，按【Shift+S】组合键，在顶视图拖放 roof.jpg 图层线框，把图层大小拖放到正方形大小，同时观察自定义视图，发现 roof.jpg 图层此时在楼房的半中腰位置，在自定义视图单击 roof.jpg 图层，沿坐标 Z 轴把它拖放到楼顶。如图 3-82 所示，搭建好一栋楼房。

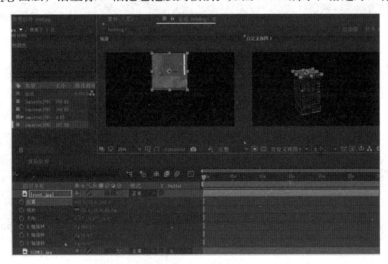

图3-82　完成楼房楼顶的制作

步骤 **02**：搭建另外两座大楼。

（1）参照 3.5.3 新建一个合成，合成名称为"城市夜场景"，将合成预设置设置为 HDTV 1080 25 格式，宽度为 1920，高度为 1080，持续时间为 30 秒，单击"确认"按钮完成创建合成。

（2）在合成窗口中拖放合成 building 1 到合成"城市夜场景"，发现以前做的三维图层消失了，合成窗口中显示的 building 1 仅为一张二维图片。这时，需要单击时间线窗口中图层的"三

视频 ●

楼群的搭建

维"按钮和"塌陷"开关■，如图3-83箭头所示，合成窗口中显示的楼房又会恢复到在合成
building 1中的样子。

嵌套是把一个合成放入另一个合成，当一个图层使用。嵌套合成显示为包含的合成中的一
个图层。嵌套合成有时又称为预合成。

"塌陷"开关打开时：AE 会回到预合成中，将其中的全部图层带回到当前合成。如果把
一个三维合成拖放到另一个新的合成，就会变成一个平面的二维素材，而打开"塌陷"开关后，
就能变回三维的状态，同时能再次受到外面摄像机和灯光等的影响。

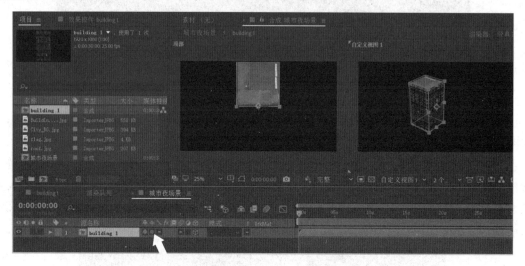

图3-83　合成building 1嵌套到合成"城市夜场景"

（3）在时间线窗口选中图层 building 1，按【Ctrl+D】组合键复制图层二次，形成两个新
的图层，分别选中它们并右击，选择"重命名"命令，如图3-84所示，分别命名为 building 2
和 building 3。这样就增加了两栋大楼。

图3-84　复制图层，共搭建了3座大楼

（4）在合成窗口顶视图拖动 building 2图层与 building 3图层，将 building 2图层与
building 3图层的位置沿 X 轴分离。单击工具栏统一摄像机工具，如图3-85所示调整自定义
视图1的观察视角。

（5）在时间线窗口中选中 building 2图层，按【S】键，打开它的"缩放"参数，取消选
中参数前面的"缩放约束比例"开关，单独改变图层在 X 轴、Y 轴、Z 轴上的大小。设置图层
缩放大小为：110,130,100，使楼房变大变高。

图3-85 调整building 2图层的缩放，使房屋变大

（6）在时间线窗口中选中building 3图层，按【S】键，打开它的"缩放"参数，单击参数前面的"缩放约束比例"开关，单独改变图层在X轴、Y轴、Z轴上的大小。设置图层缩放大小为：100,120,100，使楼房变高。

（7）单击合成窗口的顶视图，单击如图3-86箭头所示3D视图弹出式菜单，转换为左视图，用键盘上下左右箭头进行位置微调，让这3栋楼的底部在同一水平线上。

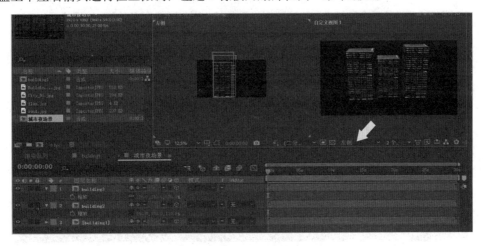

图3-86 3栋楼的底部在同一水平线上

3. 搭建三维城市夜景

视频 ●

步骤 01：制作武汉加油秀效果。

（1）参照3.5.3新建一个合成，合成名称："加油"。将合成预设设置为HDTV 1080 25格式，宽度为1920，高度为1080，持续时间为30秒，单击"确认"按钮完成创建合成。

（2）把素材"武汉加油.PSD"从时间线窗口拖放到时间线窗口。在合成窗口单击"选择视图布局"按钮，把视图设为一个视图。

灯光秀效果

（3）在时间线窗口单击图层"武汉加油 .PSD"，按【P】键，打开图层的"位置"参数，按【Shift+S】键，打开图层的"缩放"参数。如图 3-87 所示，在第 0 帧设置图层的缩放参数为 255,334.1。"位置"参数为 2548,544。单击位置参数前面的码表，为"位置"参数添加第一个关键帧。

图3-87　设置图层的"缩放"参数和"位置"参数

（4）如图 3-88 所示把时间指针移到 5 秒处，图层"武汉加油 .PSD"的"位置"参数设置为 −636,512。

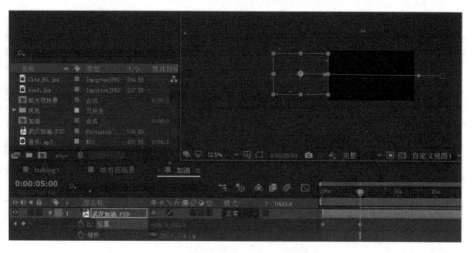

图3-88　5秒处图层"武汉加油.PSD"的"位置"参数

（5）在"加油"合成窗口中按【Ctrl+D】组合键复制图层"武汉加油 .PSD"，如图 3-89 所示把它的开始位置拖放到 3 秒 22 帧。

（6）把合成"加油"从项目窗口中拖放到合成"城市夜场景"中的第一层。单击图层的"三维"按钮，把"加油"图层设为三维图层。把左视图变换为顶视图，以观察合成中图层之间空间位置关系。在顶视图中选中"加油"图层并沿 Z 轴向下拖动，如图 3-90 所示，使图层在 3 栋楼的正前方。

图 3-89 复制图层"武汉加油 .PSD"

图3-90 使图层在3栋楼的正前方

（7）在合成"城市夜场景"的时间线窗口中选中"加油"图层，时间指针放在第 0 帧。单击工具栏中的矩形工具，在合成窗口的自定义窗口拖动鼠标左键，在楼房之间的空隙处添加蒙版 1、蒙版 2，如图 3-91 所示。

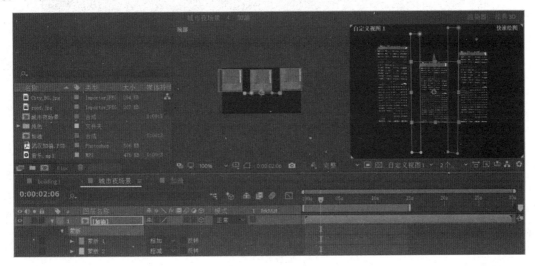

图3-91 在楼房之间的空隙处添加2个蒙版

（8）在时间线窗口，图层"加油"出现蒙版参数，如图3-92方框所示把蒙版1、蒙版2的合成模式设为"相减"。这样，武汉加油字幕就只印在大楼上，而楼房之间的空隙就没有字幕出现了。

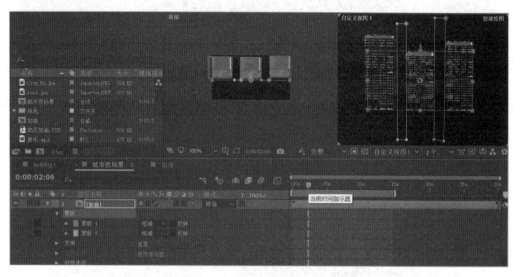

图3-92　字幕就只印在大楼上

（9）在时间线窗口，把图层"加油"的合成模式设为如图3-93箭头所示的"排除"，这样灯光秀效果就出来了。

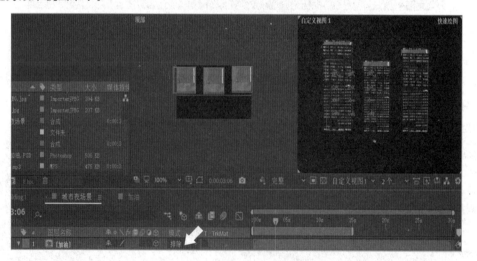

图3-93　图层"加油"与图层building 3的合成模式设为"排除"

（10）为了效果更接近真实，按【Ctrl+A】组合键选中"城市夜场景"合成中的所有图层，按【Ctrl+D】组合键复制所有的图层，在顶视图中拖动复制的图层到最先制作的3栋楼房后面并放置在楼距之间，切换自定义视图查看，如图3-94所示，保证这些图层在同一水平线上。

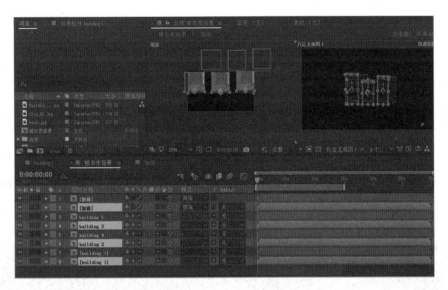

图3-94 复制图层并排列在同一水平线上

步骤 **02**：搭建场景的地板和背景。

（1）从项目窗口中把背景素材 City_BG.jpg 拖放时间线窗口的最后一层，设置变为三维图层。如图 3-95 所示设置参数，"缩放"参数设置为：1377.3,1058.6,100，"位置"参数为1056,540,3936。

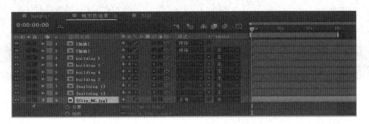

图3-95 设置背景City_BG.jpg图层的参数

（2）执行"图层"→"新建"→"纯色"菜单命令，新建一个纯色图层用作地面。如图 3-96 所示设置参数，名称为 floor，大小 1920*1080，颜色为灰黑色。此纯色是用来做地板的，要承载楼房的阴影，颜色不能为纯黑色，否则阴影印不上去。

（3）在时间线窗口把 floor 图层放在 City_BG.jpg 上，并且打开 floor 图层的三维开关，把 floor 图层设为三维图层。

（4）在时间线窗口打开 floor 图层参数，如图 3-97所示，把"X 轴旋转"设置为：90，把图层沿 Z 轴向下拖到楼房的底部地板；"位置"参数为：960,1068,0；把图层的"缩放"设置为：284.5,401.6,100。

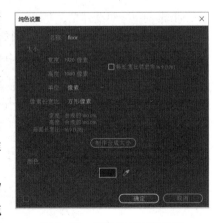

图 3-96 纯色图层参数设置

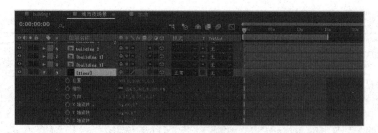

图3-97　设置floor图层参数

（5）继续选中时间线窗口中的floor图层，单击工具栏中的椭圆工具，在合成窗口中floor图层上画一个大大的椭圆，如图3-98所示在时间线窗口中floor图层出现蒙版，设置"蒙版羽化"为127，"蒙版扩展"为-32。

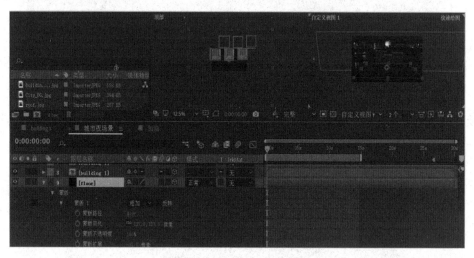

图3-98　floor图层蒙版参数

4. 搭建灯光秀场景

步骤 **01**：架设灯光。

·······●视频

架设灯光

（1）执行如图3-99所示的"图层"→"新建"→"灯光"菜单命令，出现如图3-100所示的"灯光设置"对话框，在合成窗口中架设一台灯光。

图3-99　执行"图层"→"新建"→"灯光"菜单命令

（2）在如图3-100所示的"灯光设置"对话框里设置灯光参数，名称为"灯光1"，"灯光类型"设置为环境光，"强度"为60，颜色按默认值，按"确定"按钮完成设置。环境光起一个辅助光源的作用，一般不要高于80。

（3）用同样的方法再架设一台灯光名为"聚光1"，如图3-101所示设置，"灯光类型"为聚光，"强度"为180，"锥形角度"为110度，勾选投影效果，其他参数为默认，按"确定"按钮完成设置。

图3-100 "灯光设置"对话框

图3-101 架设一台灯光名为"聚光1"

（4）在时间线窗口把"聚光1"放在最上面的位置，下面是"灯光1"。单击"聚光1"图层，把它的位置设置在如图3-102所示合成窗口的右上角位置，具体"位置"参数为：4872.2，-2286，3027.3。

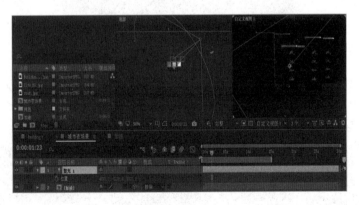
图3-102 设置"聚光1"图层的位置

（5）选中时间线窗口中的两个"加油"图层，打开"材质选项"参数，如图3-103所示，设置"投影"为开，"透光率"为100。"加油"图层的投影已经在地板上了。

三维场景中灯光有阴影有三大要点满足：（1）灯光设置时勾选投影；（2）要有阴影的承载体：地板（地板的颜色不能为纯黑色）；（3）被照射物体的材质选项中"投影"为开，"透光率"不能为零。

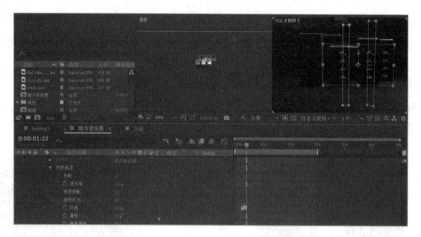

图3-103　设置"加油"图层的投影

步骤 **02**：架设摄像机进行拍摄。

（1）执行"图层"→"新建"→"摄像机"菜单命令，在合成窗口中架设一台摄像机1，参数设置如图 3-104 所示的默认值，按"确定"按钮。

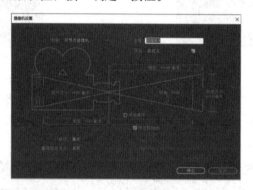

图3-104　新建摄像机

（2）在时间线窗口，选中"摄像机1"图层，调整左视图为顶视图，右视图为摄像机1。把时间指针放在第0帧，如图 3-105 所示调整摄像机"位置"参数为 1525.1，191.3，-1550.9，"目标点"参数设置为 972.4，361.2，-32.5。

图3-105　第0帧摄像机"位置"参数

（3）继续选中"摄像机1"图层，把时间指针放在3秒，拖动鼠标的左键拍摄一个摇镜头，如图3-106所示设置摄像机"位置"参数为2021,278，−1250，"目标点"参数设置为1018.6,361.2，−171.5。

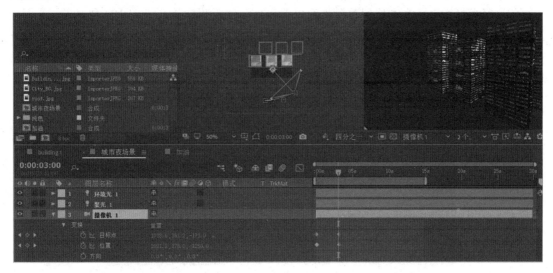

图3-106　第3秒时摄像机的"位置"参数

5. 添加音乐

步骤 01：把时间指针放到第0帧，将项目窗口的素材"音乐.mp3"拖到时间线窗口的最下面一层，即添加了背景音乐。

步骤 02：参照1.4.1的效果预览步骤或按空格键进行预览。

6. 渲染输出

步骤 01：参照1.4.1的预渲染步骤，打开渲染队列窗口。

步骤 02：在渲染队列窗口里单击"输出到："下拉列表，打开"将影片输出到"对话框，确定制作的场景渲染输出时的文件名、存放地址和文件类型。本任务为："D：／第3章／任务6/城市灯光秀.avi"。

步骤 03：渲染设置完成后，在渲染队列窗口中单击"渲染"按钮渲染输出，完成后在"D：／第3章／任务3/"文件夹下查看最终文件"城市灯光秀.avi"。

3.5.4　制作要点

本任务展现了AE如何搭建3D建筑物场景，并建立了光照方案。通过打光、光线的变化与摄像机的运动，营造具有丰富细节的真实夜景场景。参照本任务的制作过程，将本任务的字幕换成其他文字，就可以制作成户外灯光文字广告，还可以灵活运用各类灯光生动地表现出场景所处的环境，如月光、不同时间的太阳光、室内光源、舞台聚光等。在灯光的制作过程中，应注意以下几个环节：

（1）要想灯光有影，满足三个条件：

- 架设灯光时，灯光的参数勾选"投影"；
- 灯光投射到的素材材质也要打开投影；
- 光影一定要有承载体，所以有阴影的项目一般都会加上地板。最后，架设摄像机进行拍摄。

（2）聚光灯和平行光的位置包含光源位置和目标位置两部分。图 3-107 是聚光灯光源示意图，箭头所指分别为光源位置和目标位置。可以在合成窗口直接用鼠标拖动这两个点的位置来调整光线及范围。移动灯光的同时按住【Ctrl】键可以只移动灯光本身的位置而不会改变目标点的位置。

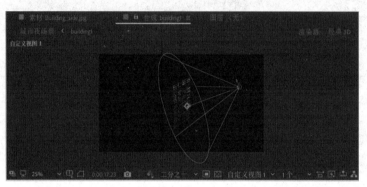

图3-107　聚光灯光源示意图

（3）顶视图可以看到素材之间在 Z 轴上的空间距离，左视图和右视图可以看到素材是否在同一个水平面上，在制作三维场景的时候，要经常在这几个视图形式中切换，以获得正确的空间位置关系。

（4）自定义视图一定与工具栏中统一摄像机工具一起用，自定义视图只能 360° 范围内观察素材空间位置关系，而不能改变素材的空间位置。

思考与练习

1. 选中 3D 图层开关后，图层将发生什么变化？
2. 为什么说用多视图查看包含 3D 图层的合成图像非常重要？
3. 什么是摄像机图层？
4. 用 12 张婚庆图片制作一部 1 分 30 秒的视频相册。

要求：（1）这 12 张图片转为 3D 图层。

（2）使用摄像机拍摄。

（3）使用灯光技术。

（4）成片保存为"结婚相册 .mp4"，供第 5 章任务 10 作素材使用。

5. 制作 3D 多米诺骨牌动画。

要求：（1）对多米诺骨牌进行 3D 建模。

（2）制作骨牌动画 5 秒。

（3）架设摄像机拍摄。

（4）成片以 MP4 格式输出。

6. 制作建筑物闪烁的霓虹灯。

要求：（1）对建筑物进行 3D 建模。

（2）使用灯光技术。

（3）制作建筑物上的霓虹灯动画 5 秒。

（4）成片以 MP4 格式输出。

第4章
文字动画特效

4.1　文字动画特效制作概述

在影视动画节目制作中，文字动画占有非常重要的地位。影视作品中的文字主要集中在片头和片尾。片头文字包括厂标文字、片名文字、演（职）员表等。片尾文字包括最后的补充说明字幕、片终文字、一般演（职）员表、制片人和出品人信息等。影视作品主要通过视听语言来表达主题，所以中间一般不用文字。有些影视作品有翻译字幕，电视节目有滚动新闻字幕，MTV 会有歌词字幕等，它们贯彻作品的始终，通常是在最后的编辑合成阶段由非线性编辑软件如 Premiere 去完成。与完整的影视作品不同，宣传片、预告片、栏目片花、广告片等由于时间长度较短，通常会运用文字配合视听语言表达主题内容。文字动画是影视动画作品中画面和声音的补充与延伸，具有说明、强调、渲染和美化的作用。文字动画的添加大大丰富了视频画面，清晰地表达了主题。

影视节目的片头文字（包括电影制片厂标文字）是运用文字动画特效最多的部分，集中体现了文字动画特效在影视动画制作中的应用。因为它的形象是整部作品给观众的第一印象，体现了整部作品的价值，起到画龙点睛的作用。作为片头重要组成部分的文字，其造型方式需丰富而立体，集科技、文化、艺术于一体，通过技术手段把影视色彩、字体、音效等与画面和谐融合在一起，在非常浓缩的时间里创作出美轮美奂的艺术作品。

文字动画特效的设计制作有四个方面的内容：

一是文字本身的基本样式，包括字体、颜色、大小等属性的设计。文字是为整部作品服务的，文字的颜色、字体、大小都应该根据作品主题而定。

二是文字材质的设计。通过设置光线的发光度、反射率、折射率等，形成光线与文字色彩和纹理的交互，让文字表面呈现出一定的光滑度和透明度，使之具有某种材料的质感。文字材质的设计要与文字周边的环境搭配。

三是文字特效的实施，配合画面的内容、构图采用适当的处理方法实施各种文字特效。在制作文字特效时需注意的是，文字不仅表达影片的信息内容，还要符合影片氛围和整体艺术造型。

四是文字的运动形式，也就是文字动画的制作。文字动画的运动节奏要与画面、音乐的表现相互配合，力求达到完美的艺术表现效果。常见的文字运动形式有：

- 直入式：文字直接出入画面，不采用过渡手法。
- 渐变式：文字从画面中逐渐显示或消失。
- 缩放式：文字由小变大或由大变小进出画面。
- 飞入式：文字从上、下、左、右飞入或飞出画面。
- 拉帘式：文字本身不动，像拉帘一样逐字逐行从左右或上下显现。
- 跳动式：文字逐字逐行快速跳动进入画面。

本章用 3 个任务展现文字动画特效在影视动画制作中的应用。任务 7 主要介绍了文字图层特有的操作手段，即文字动画制作器的基本操作；任务 8 介绍了逐字动画和 3D 文字的实现，同时还集中应用了多种文字特效；任务 9 介绍了如何在 3D 文字表面添加材质以增强文字的表现力以及文字图层"路径选项"的应用。在此过程中，读者应具备文字动画的基本知识；了解如何给文字添加特效和预设动画。这些文字特效技术的应用将主题内容在场景中得到充分的展现。

4.2　知　识　点

在文字动画特效制作过程中，涉及的主要知识点包括文本图层的概念、文字动画制作器的使用以及文字特效的实施三个方面。

4.2.1　文本图层的概念

在影视动画中加入文字需要使用文本图层并实施文字动画特效。文本图层是合成图层，这意味着文本图层不使用素材项目作为其来源，文本图层也是矢量图层，缩放图层或改变文本大小时，它会保持清晰，不会失真。

AE 使用两种类型的文本：点文本和段落文本。点文本适用于输入单个词或一行字符，输入点文本时，每行文本都是独立的；在编辑文本时，行的长度会随之增加或减少，但它不会换到下一行。段落文本适用于将文本输入和格式化为一个或多个段落。输入段落文本时，文本基于定界框的尺寸换行。可以输入多个段落并应用段落格式；可以随时调整定界框的大小，这会导致文本在调整后的矩形内重排。在输入段落文本时，它将具有在"字符"面板和"段落"面板中设置的属性；可以通过选择文本并在"字符"面板和"段落"面板中修改设置来更改这些属性。

AE 可以用工具栏上的文字工具直接输入文本创建文字，也可以执行"图层"→"新建"→"文本"菜单命令来创建文字，还可以用添加特效的方式创建特殊的文本：编号和时间码。执行"效果"→"文本"→"编号"菜单命令，可以创建编号、数字、日期、时间和十六进制数字；执行"效果"→"文本"→"时间码"菜单命令可以创建时间码。

文本图层的结构与其他图层不同，它增加了文本属性参数设置和动画属性参数的设置。可以直接在时间线窗口展开文本图层的文本属性和动画属性进行文本动画的制作。文本属性包括

"源文本""路径选项""更多选项"三个参数；动画属性可以打开动画属性菜单，选择需要集中处理的属性。

4.2.2　文字动画制作器

AE 为文本图层提供了有别于其他图层的文字动画制作功能，即文字动画制作器。文字动画制作器由一个或多个"动画制作工具"组成。"动画制作工具"通过范围选择器、摇摆选择器和表达式选择器对文本进行属性参数设置，从而产生文字动画。文字动画制作器可以对文本的所有属性进行集中设置，并且控制动画的影响范围，因而简化了实际操作的步骤；还可对文本进行局部动画、逐字动画的制作，这无疑为创建丰富多彩的文字效果提供了更多的选择，让影片画面更加鲜活，更具生命力。

1. 动画属性

单击时间线窗口中文本图层名称前的小三角图标，展开文本图层属性参数，单击"动画"属性选项后面的小箭头▁▁，打开如图 4-1 所示的动画属性菜单。在菜单中选择其中一个动画属性后，文本图层将增加该属性的动画制作工具。动画菜单包含以下 17 种动画属性，说明如下：

- 使用逐字 3D 化：控制是否开启三维文字功能。如果开启了该功能，在文本图层属性中将新增一个材质选项，用来设置文字的漫反射、高光，以及是否产生阴影等效果，同时变换属性也会从二维变换属性转换为三维变换属性。
- 锚点：用于制作文字中心定位点的变换动画。
- 位置：用于制作文字的位移动画。
- 缩放：用于制作文字的缩放动画。
- 倾斜：用于制作文字的倾斜动画。
- 旋转：用于制作文字的旋转动画。
- 不透明度：用于制作文字的不透明度变化动画。
- 全部变换属性：将所有的属性一次性添加到动画器中。
- 填充颜色：用于制作文字的颜色变化动画，包括 RGB、色相、饱和度、亮度和不透明度 5 个选项。
- 描边颜色：用于制作文字描边的颜色变化动画，包括 RGB、色相、饱和度、亮度和不透明度 5 个选项。
- 描边宽度：用于制作文字描边粗细的变化动画。
- 字符间距：用于制作文字之间的间距变化动画。
- 行距：用于制作多行文字的行距变化动画。
- 行锚点：用于制作文字的对齐动画。值为 0% 时，表示左对齐；值为 50% 时，表示居中对齐；值为 100% 时，表示右对齐。
- 字符位移：按照统一的字符编码标准（即 Unicode 标准）为选择的文字制作偏移动画。
- 字符值：按照 Unicode 文字编码形式将设置的 Character　Value(字符数值) 所代表的字符统一将原来的文字进行替换。
- 模糊：用于制作文字的模糊动画。可以单独设置文字在水平和垂直方向的模糊数值。

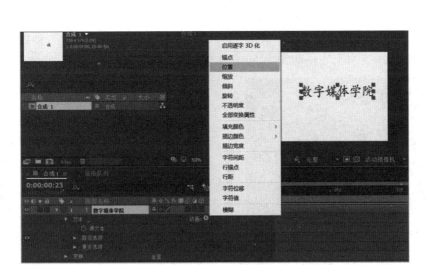

图4-1　动画属性菜单

2．动画制作工具

动画制作工具是文本动画制作的全新手段。在动画属性菜单中选择一种动画属性，会在文本图层出现"动画制作工具"。"动画制作工具"包括范围选择器、摆动选择器、表达式选择器。

（1）范围选择器

每个动画制作工具中都默认包含至少一个范围选择器。范围选择器的作用是控制各种动画属性在文本图层中实施的程度，包括起始、结束、偏移、高级等参数。起始参数用来设置选择器的开始位置；结束参数用来设置选择器的结束位置，偏移参数用来设置选择器的整体偏移量。文字动画和图层动画不一样，文字动画（如位置、缩放、字符间距）的运动是靠范围选择器来控制的。范围选择器中的三个参数起始、结束和偏移，用来设定动画作用的范围。起始是0，代表动画效果作用于整个文字，起始是100，代表动画效果不再起作用；结束是100，代表动画效果作用于整个文字，结束是0，代表动画效果不再起作用；偏移是0，代表动画效果作用于整个文字，偏移是100，代表动画效果不再起作用。

例如，在动画菜单中选择"位置"属性后，会在文本图层中出现如图4-2所示的"动画制作工具1"。在"动画制作工具1"下出现了第1个动画制作工具：范围选择器1。此时，文字的初始位置为（0.0,0.0），此时还没有对图层实施位置上的改变。

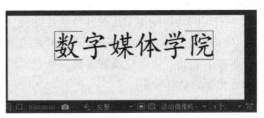

图4-2　文本图层中出现"动画制作工具1"，文字初始位置为（0.0,0.0）

如图 4-3 所示，修改"位置"参数为（150.0,0.0），此时由于"偏移"参数为0，位置改变被完全实施，文字整体向右移动到（150.0,0.0）的位置。

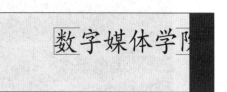

图4-3 "偏移"参数为0，位置改变被完全实施

如图 4-4 所示，调整"偏移"参数为 50，位置改变只有一半被执行。

图4-4 "偏移"参数为50，位置改变只实施了一半

如图 4-5 所示，调整"偏移"参数为 100，位置改变完全不被执行，其位置与（0.0,0.0）相同。

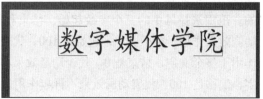

图4-5 "偏移"参数为100，位置改变完全不被实施

通过调整"起始"参数或"结束"参数也可进行相似的操作。图 4-6 同时对位置和缩放（参数设置为 40）两个属性进行改变，将"起始"参数设置为 50，"结束"参数为 100，"偏移"参数为 0，本来位置和缩放的改变应该被完全实施的，但由于是从 50% 开始，所以实际只有一半的文字向右移动并且缩小为 40%。

文本图层的动画制作工具对其他属性的操作也一样是通过范围选择器来指定想影响文本范围的哪个部分以及影响程度。这可以理解成给文字添加了一个魔法（动画属性），然后改变范围选择器里的起始、结束或偏移参数，为它们设置关键帧，让魔法从头结束或者从尾解除，就可以形成想要的动画效果。

图4-6　"起始"参数为50，位置改变只实施了一半

（2）摆动选择器

动画制作工具中除了范围选择器之外，还可以选择添加摆动选择器和表达式选择器。使用摆动选择器可以让选择器在指定的时间段产生摆动动画，这种摆动可以是位置上的摆动，也可以是其他属性作用范围的摆动。如图 4-7 所示，设置"位置"参数为（0.0,50.0），然后在"动画制作工具中"添加摆动选择器，在默认参数下，文本在时间轴不同的时间点逐字在 50 px 的幅度上下摆动。

图4-7　使用摆动选择器使文字上下摆动

（3）表达式选择器

表达式用于制作个性化的复杂动画或用于处理大量重复性的操作。AE 中的表达式基于 JavaScript 脚本语言。在使用过程中 AE 提供了"表达式语言菜单"以及"表达式关联器"等以降低对 JavaScript 脚本语言语法的依赖。以位置属性为例，按住【Alt】键并单击图 4-8 中箭头所示的位置，即属性前面小码表，可以在图 4-8 方框所示的"时间轴"面板中输入表达式：

temp = text.animator（"动画制作工具 1"）.property.position[1]；

[0，50]

以上表达式使"位置"参数由（0.0,0.0）改为（0.0,50.0），然后在"动画制作工具 1"中添加表达式选择器。在"依据"选项选择"字符"，文本将如图 4-8 合成窗口所示作倾斜排列，幅度从 0 ~ 50 px。展开"表达式选择器"下的"数量"属性，可以在"时间轴"面板中显示表达式字段，在此可以编写"数量"属性的脚本程序。

图4-8　使用表达式选择器使文本倾斜排列

4.2.3　常用文字特效与动画预设

AE在制作过程中需对文字实施特效，以达到美化文字、优化画面的目的，将观众注意力吸引到想展示的部分。表4-1是一些常用的文字特效列表。此外在AE中，系统提供了更多、更加丰富的动画预设来创建文字动画效果。执行"窗口"→"效果和预设"菜单命令，打开"效果和预设"面板，找到合适的动画效果，直接将该预设的效果拖动到文本图层上，即对该文本图层实施了动画预设所产生的效果。

表4-1　常用的文字特效列表

特效名称	菜单命令	功能说明	示例及用途
CC light Rays	效果→生成→CC light Rays	用来制作辉光效果	数字媒体学院
斜面Alpha	效果→透视→斜面Alpha	使图像出现边沿分界，形成三维立体的外观效果。	数字媒体学院
快速方框模糊	效果→模糊和锐化→快速方框模糊	快速生成更加精确的焦外成像效果	数字媒体学院
梯度渐变	效果→生成→梯度渐变	梯度渐变用来设置两种颜色的渐变过渡	数字媒体学院
四色渐变	效果→生成→四色渐变	采用四种颜色进行渐变，丰富过渡渐变颜色	数字媒体学院
投影	效果→透视→投影	为对象添加阴影，增加景深感，从而使对象具有一个逼真的外观效果	数字媒体学院

视频

任务7分析

4.3 任务7 电影《末日拯救》预告片的制作

本任务制作一个精简版的电影预告片。通过本任务的学习，读者应掌握文本图层的基本概念和特点，以及文字动画的主要实现方法与操作步骤。本任务完成如图4-9所展示的具有文字动态排版的效果。

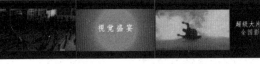

图4-9 电影《末日拯救》预告片文字动态排版效果

4.3.1 任务需求分析与设计

电影预告片是电影未上映之前展出的精华片段。由于时间上的限制，用文字配合画面和声音将影片内容准确地表达出来就显得至关重要。它既要引人注意，又要言简意赅。为此，本任务运用文字的动态排版技巧来达到这种要求。所谓文字的动态排版是将文本打散成若干关键词，分散到不同的画面之中。通过文字的动态排版配合音效来掌控画面的整体节奏这是电影宣传片的一种典型手法。一段文字连接一段精华片段，文字和片段进行交叉剪辑，用最短的时间，引起观众的兴趣。目的只有一个，让人感觉这个电影太好看，赶快买票。所以宣传预告片中要把最精彩的部分给展现出来，但是又不告诉观众结局，这个预告片引发的好奇心会促使观众去电影院观影。本任务分镜头制作脚本如表4-2所示，场景设计如下：

- 本任务建立合成5个："总合成"时长20秒，text、text 2、text 3、text 4嵌套在"总合成"中，时长都是4秒。
- 视频素材3个：KongBu.avi、TaoWang.avi、ShiJue.avi与4段文字动画形成间隔播放。
- 音乐素材1个：Promo.wav。
- 出入屏文字动画：从大到小再从小到大，淡入和淡出效果。
- 文字背景：金色辉光慢慢放大然后变小到消失。
- 整体实现16:9宽银幕效果。

表4-2 电影《末日拯救》预告片分镜头脚本与基本参数表

影片制式	帧速率	宽度/px	高度/px	时长/s	用途	导出格式
PAL D1/DV	25	720	576	15	动画片	avi
脚本	镜头1：文字"恐怖"入屏出屏的镜头。景别：近景。时长：00:00—02:04。					
	镜头2：人群在草地上四散逃亡的移镜头。景别：中景。时长：02:04—03:00。					
	镜头3：文字"逃亡"入屏出屏的镜头。景别：中景。时长：03:00—05:09。					
	镜头4：人群在街道四散逃亡的移镜头。景别：中景。时长：05:09—06:05。					

续表

影片制式	帧速率	宽度	高度	时长	用途	导出格式
PAL D1/DV	25	720px	576px	15秒	动画片	avi

脚本	镜头5：文字"视觉盛宴"入屏出屏镜头。景别：中景。时长：06:05—08:15
	镜头6：大楼焚毁，英雄出现的推镜头。景别：中景。时长：08:15—11:15
	镜头7：文字"年度大片《末日拯救》全国影院正在热映"入屏镜头。景别：中景。时长：3秒10帧。 11:15—14:19：文字"年度大片《末日拯救》全国影院正在热映"入屏。 14:19—15:00：黑场

4.3.2　制作思路与流程

本任务将4个带有文本图层的合成嵌套在总合成中，中间插入3段视频。AE文本图层中的动画采用文字动画制作器来制作。文字动画制作器可以对文字的所有属性进行集中设置，并且控制动画的影响范围。在文本图层里，选定一个动画属性，比如位置、缩放、旋转等。这时在文字动画制作器就有了一个范围选择器。文字动画制作器的动画实施，是先设置文字动画的状态，然后用范围选择器中的起始、结束、偏移为动画影响的范围设置关键帧，这和在时间轴上用关键帧制作的文字动画思路是不太一样的。

本任务中的文字动画共4段，每段4秒时长，分别在"00:00""00:01""02:00""02:10"进行从大到小再从小到大的缩放；设置"不透明度"参数以实现淡入和淡出效果；运用CC light Rays特效营造绚丽的辉光场景，然后将文字带入和带出场景，这是电影宣传片中经常用到的出字方式。本任务文字动画和视频按播放顺序分层排列，上一个层结束的时间就是下一个层开始的时间。文字动画与视频之间增加过渡效果，添加声音并且整体加蒙版实现16:9宽荧幕效果，最后进行渲染输出。本任务的制作流程如图4-10所示。

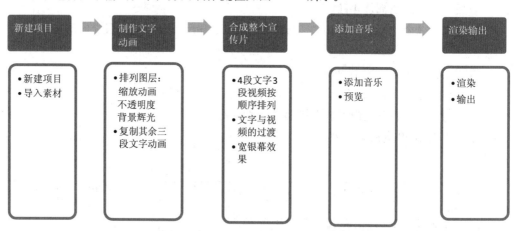

图4-10　电影《末日拯救》宣传片制作流程

4.3.3 制作任务实施

1. 新建项目、导入素材

步骤 **01**：参照 1.4.1 的新建项目步骤，建立项目"《末日拯救》宣传片 .aep"。

步骤 **02**：参照 1.4.1 的导入素材步骤，如图 4-11 所示，导入本书电子教学资源包"第 4 章 / 任务 7/ 素材"文件夹中的全部素材。

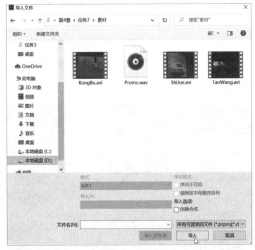

图4-11 导入电影《末日拯救》宣传片制作素材

2. 制作文字出入屏动画

步骤 **01**：参照 1.4.1 的新建合成步骤，建立名称为 text 的合成。在"合成设置"对话框中将合成预设设置为标清电视格式 PAL D1/DV，合成持续时间设置为 4 秒；设置完成单击右下角"确认"按钮。

步骤 **02**：在工具栏单击文字工具 **T**，在合成窗口中输入"恐怖"文字，时间线窗口如图 4-12 方框所示，自动新建了一个文本图层"恐怖"。在字符窗口中调整字体大小为 80 像素，间距为 200。

视频 ●······

文字出入屏
动画
······

图4-12 输入文字

步骤 **03**：制作文字的入屏和出屏动画。

（1）文本图层建立之后都会出现"文本"属性（包含源文本、路径选项和更多选项）和"动画"属性。在时间线窗口中单击文本图层"恐怖"文字，参照4.2.2的第2小节打开动画属性菜单。

（2）时间指针定位在0帧处，单击动画菜单中的"缩放"参数。时间线窗口文本图层参数多了"动画制作工具1"，设置"缩放"参数为1000，打开"范围选择器1"，单击图4-13方框中"偏移"前面的码表，给"偏移"设置第一个关键帧。

注意，此时是给"范围选择器1"的"偏移"设置关键帧，并不是给"缩放"参数设置关键帧。文本图层建立时文字的大小已经被计算机记录下来，此处修改"缩放"参数为1000，是文本图层中文字添加了动画后呈现的状态。"偏移"参数是用来控制文字动画持续状态的，当"偏移"参数为0，缩放为1000的状态会一直持续；当"偏移"参数为100，缩放的状态变为最初没有添加"动画"时文字的大小状态。

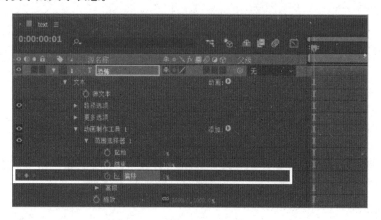

图4-13　设置第一个关键帧

（3）时间指针移到00:10处，如图4-14所示，设置"偏移"参数为100，计算机自动记录第二个关键帧，文本中的文字恢复到最初的状态。

图4-14　设置"偏移"参数为100

（4）时间指针向后移到02:00处，将"偏移"参数设为100不变，单击图4-15中"偏移"参数前面的 ，手动设置第三个关键帧。

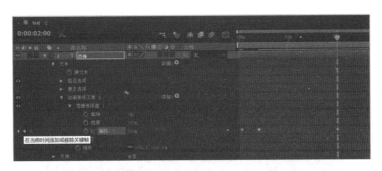

图4-15 手动设置第三个关键帧

（5）时间指针向后移到 02：10 处，如图 4-16 所示，将"偏移"参数设为 0，计算机自动设置第四个关键帧。

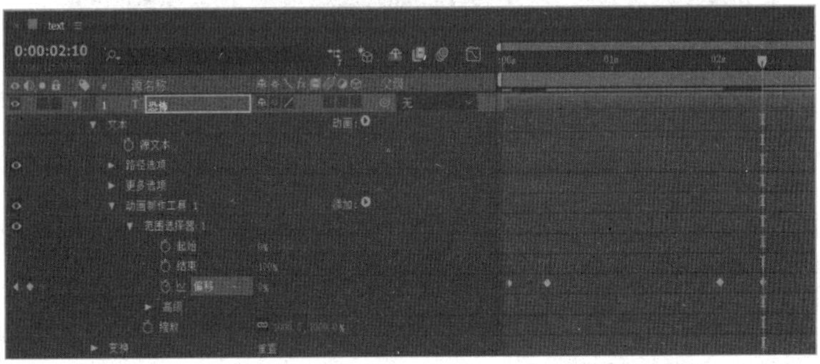

图4-16 设置"偏移"参数为0

（6）如图 4-17 所示，在时间线窗口设置文本图层"恐怖""不透明度"参数的关键帧，在文字出屏和入屏时加淡入和淡出效果。

时间指针定位在 00：00 处，设置"不透明度"参数为 0，并手动设置一个关键帧。

时间指针定位在 00：10 处，设置"不透明度"参数为 100，计算机自动设置一个关键帧。

时间指针定位在 02：00 处，设置"不透明度"参数为 100，单击图层小码表前面的，手动设置一个关键帧。

时间指针定位在 02：10 处，设置"不透明度"参数为 0，计算机自动设置一个关键帧。

图4-17 设置文本图层"不透明度"参数的关键帧

····· 视频

文字特效

步骤 **04**：添加特效。

（1）在项目窗口选中合成 text，按【Ctrl+Y】组合键，在合成 text 中新建一个纯色图层，背景颜色用黑色，命名为 Glow，其他参数值设为默认。

（2）执行"效果"→"生成"→CC light Rays 菜单命令，如图 4-18 所示，为 Glow 图层添加辉光特效。在合成窗口中将光源位置移动到窗口中心，颜色设为橙黄色，Shape 光斑类型设为 Round。

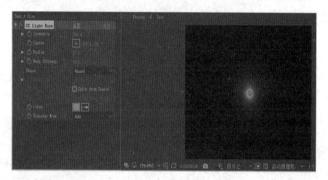

图4-18　为Glow图层添加辉光特效

（3）在时间线窗口选中 Glow 图层，打开其"效果"参数，如图 4-19 所示，为 Glow 图层的光斑强度 Intensity 参数和光斑半径 Radius 参数设置关键帧。

指针在 00：00 处，设置光斑强度 Intensity：386，光斑半径 Radius：17，手动设置关键帧。

指针在 00：10 处，设置光斑强度 Intensity：600，光斑半径 Radius：110，系统自动设置关键帧。

指针在 02：00 处，设置光斑强度 Intensity：600，光斑半径 Radius：110，手动设置关键帧。

指针在 02：10 处，设置光斑强度 Intensity：0，光斑半径 Radius：0，系统自动设置关键帧。

图4-19　为Brightness和Scale设置关键帧

（4）单击 Glow 图层，如图 4-20 方框所示把图层的合成模式设为"屏幕"模式。

图4-20　切换Glow图层的合成模式

（5）如图4-21方框所示，把合成text中的两个图层的"运动模糊"开关打开。添加运动模糊可使运动更逼真，因为可以模拟由摄像头在拍摄时产生的模糊。

图4-21 把合成text中的两个图层的运动模糊开关打开

步骤 05 ：制作宣传片中的其他文字动画。

（1）在项目窗口中单击Text合成，执行"编辑"→"重复"的菜单命令三次，如图4-22所示，将Text合成文件复制3次，在项目窗口中就可以得到如图4-23方框所示的Text、Text 2、Text 3、Text 4 4个合成。

图4-22 复制Text合成文件

图4-23 Text、Text 2、Text 3、Text 4 4个合成

（2）在项目窗口中双击合成 Text 2，合成 Text 2 在时间线窗口打开。在时间轴拖动指针放置在文字出现的地方，单击合成 Text 2 的时间线窗口里的文本图层"恐怖"，在合成窗口中选中这两个字，然后输入"逃亡"二字替代"恐怖"二字。这是在时间线窗口中替换文字的方法。如图 4-24 所示，时间线窗口中"恐怖"图层改为"逃亡"图层，原图层的所有动画都保留在"逃亡"图层中。

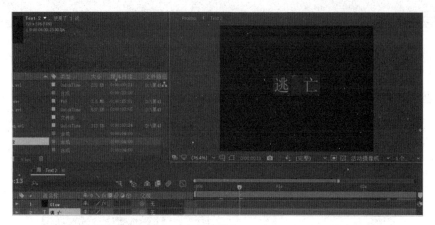

图4-24　时间线窗口中"恐怖"图层改为"逃亡"图层

（3）用同样的方法将 Text 3 合成文件里的文本图层改为"视觉盛宴"，将 Text 4 合成文件里的文本图层改为图 4-25 所示的"超级大片《末日拯救》全国影院正在热映"。

图4-25　更改各文本图层的文字

步骤 06：处理关键帧。

（1）由于 Text 4 合成是整个工程文件中的最后一个落幅镜头，所以不需要出屏效果。又因为 Text 4 图层是通过 Text 图层复制而来，所以需要删除图层上原有的关键帧。选中文本图层和 Glow 图层，按【U】键，显示出图 4-26 所示图层中所有的关键帧，框选时间线 02：10 位置上的 4 个关键帧，按下【Delete】键删除。

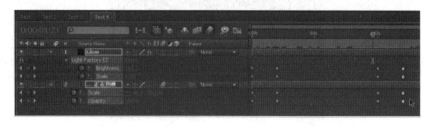

图4-26　删除01：20位置上的关键帧

（2）框选时间线 02:00 位置上的 4 个关键帧，如图 4-27 所示，将其移动到时间线最尾部 04:00 处。

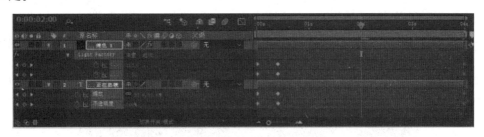

图4-27 移动关键帧到04:00处

3. 合成整个预告片

步骤 **01**：整体合成。

视频 ●

作品合成

（1）参照 1.4.1 的新建合成步骤，建立名称为"总合成"的合成。在"合成设置"对话框中将合成预设设置为 PAL D1/DV，持续时间为 20 秒，帧速率为 25，其他参数设为默认。

（2）将项目窗口中的合成 Text 和视频文件 KongBu.avi 拖到"总合成"窗口的时间线上。Text 图层在第一层，从 0 帧开始，在 2 秒 4 帧处，字幕飞出屏后 Text 图层还有一部分多余的黑场，这时需要把鼠标放在图层的末端，这时鼠标会自动变为 <> 形，这个符号到 2 秒 4 帧处，后面的黑场就自动剪掉了。

（3）整体向右拖动第二层 KongBu.avi 的持续时间条到 2 秒 4 帧处，如图 4-28 所示，将 KongBu.avi 图层设置从 2 秒 4 帧处开始。

图4-28 将KongBu.avi图层设置为从2秒4帧处开始

（4）用同样的方法把素材 Text 2、TaoWang.avi、Text 3、ShiJue.avi、Text 4 从项目窗口按顺序拖放到时间线窗口。如图 4-29 所示，上一个图层结束的时间就是下一个图层开始的时间。

图4-29 按顺序排列素材

（5）按空格键预览，发现文字与视频之间过渡有些生硬。

步骤 02：文字与视频之间增加过渡效果。

（1）在 3 个文字层的末尾添加一个不透明度由 100% 到 0% 的淡出效果。在时间线窗口选中 Text 图层，把时间指针移到 2 秒处，按下【T】键，打开 Text 图层"不透明度"参数，此时透明度为 100，单击码表，设置第一个关键帧。

（2）然后把时间指针移到 2 秒 4 帧处，把"不透明度"参数设置为 0，计算机自动设置一个关键帧，如图 4-30 所示，Text 图层有了一个淡出的效果。

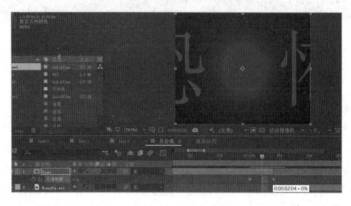

图4-30　添加淡出效果

（3）用同样的方法为"总合成"合成时间线窗口的 Text 1 图层、Text 2 图层、Text 3 图层末尾都添加一个不透明度由 100% 到 0% 的淡出效果。

步骤 03：把整个节目设计成宽荧幕的效果。

（1）新建纯色图层，命名为 Mask，颜色设为纯黑色，其他参数设为默认。

（2）单击工具栏上的矩形工具，如图 4-31 所示，在合成窗口为 Mask 图层添加一个矩形蒙版。

图4-31　在合成窗口为Mask图层添加一个矩形蒙版

（3）在合成窗口中双击矩形蒙版边框，此时可以拖动控制点调节蒙版大小和形状。

（4）在时间线窗口展开 Mask 图层左边的扩展按钮，选中蒙版 1 右边的"反转"复选框将蒙版 1 反转，制作了一个黑条蒙版如图 4-32 所示。在实际工作中，经常会用到这种方法模拟 16 ：9 的宽屏效果。

图4-32 制作黑条蒙版

4．添加音乐

步骤 **01**：如图 4-33 所示，把声音素材 Promo.wav 文件从项目窗口拖动到 Promo 时间线的最下一层。

图4-33 导入声音文件

步骤 **02**：设置工作区域。如图 4-34 所示，把鼠标拖动到时间线 15：00 处，按下【N】键设置工作区域的出点。按下【0】键预览。

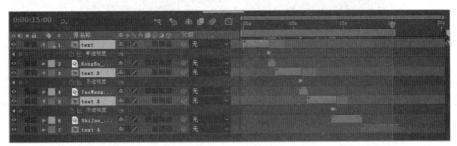

图4-34 设置工作区域

步骤 **03**：预览效果如图 4-35 所示。

图4-35　预览效果截图

5. 渲染输出

步骤 **01**：参照 1.4.1 的预渲染步骤，打开渲染队列窗口。在渲染队列窗口"输出模块"参数单击"无损"，打开如图 4-36 所示的"输出模块设置"对话框。由于该项目应用了音频，所以要在"输出模块设置"对话框中选择"自动音频输出"按钮。

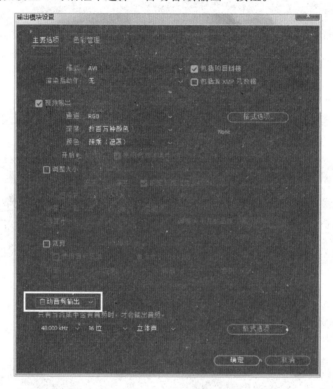

图4-36　自动音频输出

步骤 **02**：在渲染队列窗口里单击"输出到："下拉列表，打开"将影片输出到"对话框，确定制作的场景渲染输出时的文件名、存放地址和文件类型。本任务为："D：／第4章／任务7／电影《末日拯救》宣传预告片 .avi"。

步骤 **03**：渲染设置完成后，在渲染队列窗口中单击"渲染"按钮渲染输出，完成后在"D：／第4章／任务7／"文件夹下查看最终文件"电影《末日拯救》宣传预告片 .avi"。

4.3.4 制作要点

本任务运用文字的动态排版为电影《末日拯救》制作宣传预告片。这种电影宣传片的制作一定要注意节奏感，每段文字、每段画面出现的时间要差不多，出现的形式要一致，片段的内部节奏要一致，配合音乐才能形成统一的外部节奏，给人以美感。参照本任务的制作步骤可以制作出一系列风格类似的电影预告片、企业宣传片、产品广告片等。

在文字动画的制作过程中需要注意以下几个环节：

1. 文字的编辑修改

文字编辑修改时一定要先将指针定位在文字出现的时间段内，否则合成窗口不会出现需要编辑修改的文字。然后在工具栏中单击文字工具，在合成窗口中单击需要修改的文字；接着选择需要修改的部分，被选中的部分将会以高亮反色的形式显示出来，最后只需要输入新的文字信息即可。

2. 慎用"基本文字"特效

为了和 AE 的旧版本兼容，After Effects CC 2018 保留了使用菜单命令"效果"→"过时"→"基本文字"执行"基本文字"特效创建文字的功能，此方法不会形成文本图层，不推荐使用。

3. 使用"编辑"→"重复"菜单复制合成

在 AE 制作过程中，如果几个合成的动画和特效样，不同的仅仅是素材，像这样的情况只需要把一个合成动画特效做出来，其他的用"编辑"→"重复"的方法复制合成，最后再替换素材，非常方便快捷。

视频

任务8分析

4.4 任务8 学校宣传片文字动画场景的制作

本任务制作一个学校宣传片片头场景。通过本任务的学习，读者应熟练掌握文本图层逐字动画的实现方法，掌握常用文字特效的作用与实施。本任务完成如图 4-37 所示的效果。

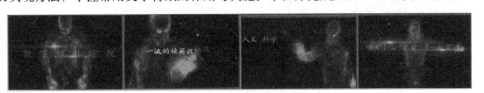

图4-37 "数码人"代言加文字效果

4.4.1 任务需求分析与设计

宣传片是目前宣传学校形象的好手段之一。它能非常有效地把学校形象提升到一个新的层次。宣传片的形式多种多样，代言人加文字动画的表现手法是目前比较常见的表现手法。宣传片的文字应叙事干净利落，语言通畅明白，词句短小简洁，语言力求口语化、形象化。本任务用一个虚拟的 3D 数码人做出一系列的动作，带出 4 段体现学校办学方向的宣传文字，构思精巧、形式新颖。该片头用虚拟 3D 数码人为数字媒体学院代言，科技感十足，其内容与形式可谓相得益彰。本任务分镜头制作脚本如表 4-3 所示，场景设计如下：

- 本任务建立合成 5 个："总合成"时长 30 秒，"文本 1""文本 2""文本 3""文本 4"嵌套在"总合成"中，时长都是 10 秒。
- 视频素材 3 个："数码人 .mp4""星星 1.mp4""星星 2.mp4""球的发光 .mp4""发光球 .mp4""字光 .mp4"。
- 音频素材 1 个："配音 .mp3"。
- "文本 1""文本 4"效果相同，文字从中间向两边扩散，然后逐字飞出。
- "文本 2""文本 3"效果相同，文字逐个从屏幕外飞入，然后淡出。

表4-3 学校宣传片分镜头脚本与基本参数表

影片制式	帧速率	宽度/px	高度/px	时长/s	用途	导出格式
PAL D1/DV	25	720	576	20	动画片	avi

脚本	镜头1：文字1入屏出屏的平镜头。景别：中景。时长：5秒。 00:00—05:00：文字1入屏，出屏动画；数码人正面蹲起；音乐响起 04:12：发光球出现
	镜头2：文字2入屏出屏的平镜头。景别：中景。时长：5秒。 05:00—10:00：文字2入屏，出屏动画；数码人抬右手指向文字2
	镜头3：文字3入屏出屏的平镜头。推镜头；景别：中景。时长：5秒。 10:00—15:00：文字3入屏，出屏动画；数码人抬左手指向文字3
	镜头4：文字4入屏出屏的平镜头，推镜头；景别：中景时长：5秒。 14:15—19:15：文字3入屏，出屏动画；数码人拉开双手中间为文字4； 19:15—20:00：文字消失，只剩下背景光，音乐结束

4.4.2 制作思路与流程

AE 的文字动画制作器功能几乎能对文字的所有属性进行动画制作。除了常用的缩放、旋转、不透明度属性外还包括字间距、行间距、填充色、描边色等，甚至是文字内容。本任务给文本图层加上多个文字动画制作器，相互配合使用，达到想要的效果。

本任务的重点在于制作逐字动画。在 AE 的文字动画里，除了对文本图层的属性设置动画外，还可利用 AE 的文字动画功能，实现对文本的每个字的动画。其制作效果与传统图层文字动画的制作效果不同。传统图层文字动画是图层中所有的文字一起进行位置、大小、缩放、旋转、不透明度等五种基本动画。而文字动画制作器中每个文字的动画可以独立进行，不用和其他的字符一起运动。这就意味着文本图层里的每个字符可以在同一时间点进行不同的变化。

本任务"文本 1"和"文本 4"是通过"启用逐字 3D 化"属性和"字符间距"属性来实现文本拉伸效果的。出屏动画则使用了动画制作器对文本位置、不透明度、模糊、缩放等属性进行控制，达到逐字飞出的动画效果。表 4-4 是使用动画制作器制作"文本 1"和"文本 4"出屏动画的参数，当偏移参数设置为 100 时，意味着这些动画效果处于冻结状态，文字还是最初没有添加这些效果时的样子。如果偏移参数设置为 0，则表示动画效果全面作用于该文本图层。"文本 2"和"文本 3"的动画与"文本 1"出屏动画类似，只是方向相反，达到文字从屏外飞入的效果。

表4-4 使用动画制作器制作"文本1"和"文本4"出屏动画的参数

指针		偏移关键帧	位置	不透明度	模糊	缩放
0秒		原状态	390.8，314.6	100	0	0
4秒	100	动画不起作用，保持原状态	−532，−373	0	63	500
5秒	0	动画完全起作用	−532，−373	0	63	500
效果		文字从画面飞出模糊放大消失	从画面内到画面外	从有到无	清晰到模糊	放大

本任务还对文本实施了一系列的特效以增强文字的表现力。"文本 1"和"文本 4"使用了"梯度渐变""快速方框模糊""斜面 Alpha"等文字特效；"文本 2"和"文本 3"使用了"梯度渐变""快速方框模糊""斜面 Alpha""残影"等文字特效。

本任务的制作流程如图 4-38 所示。

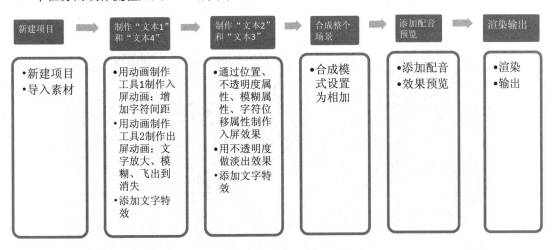

图4-38 学校宣传片场景制作流程

4.4.3 制作任务实施

1. 新建项目、导入素材

步骤 **01**：参照 1.4.1 的新建项目步骤，建立项目"学校宣传片场景制作 .aep"。

步骤 **02**：参照 1.4.1 的导入素材步骤，如图 4-39 所示，导入本书电子教学资源包"第 4 章 / 任务 8/ 素材"文件夹中的全部素材。

2. 制作"文本 1"合成、"文本 4"合成

步骤 **01**：参照 1.4.1 的新建合成步骤，建立名称为"文本 1"的合成。在"合成设置"对话框中将合成预设设置为标清电视格式 PAL D1/DV，合成长度持续时间设置为 10 秒；设置完成单击右下角"确认"按钮。

● 视频

数媒学院文字
动画（1）

步骤 **02**：单击工具栏的文字工具 T，然后在合成窗口中输入"数字媒体学院"。时间线窗口自动生成文本图层"数字媒体学院"。如图 4-40 所示，在"字符"面板设置字符参数：字符大小为 56，颜色为白色，字体为楷体，其他参数为默认。在键盘上按下【P】键，设置"位置"参数为：390.8，314.6。

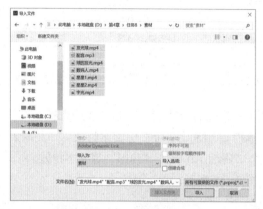

图4-39　导入学校宣传片场景制作素材

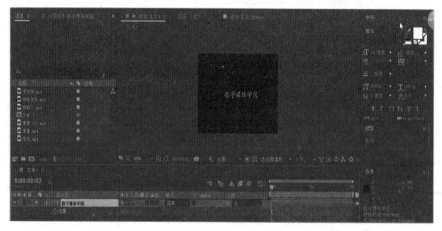

图4-40　设置文本图层"数字媒体学院"的参数

步骤 **03**：在时间线窗口中单击文本图层"数字媒体学院"，将时间指针移到时间线 00：00 处。打开动画属性菜单。在动画菜单中选择"启用逐字 3D 化"属性。然后再在动画菜单中选择"字符间距"属性。这时在时间线窗口展开文本图层的"变换"参数，如图 4-41 所示，图层已经转换为 3D 图层。

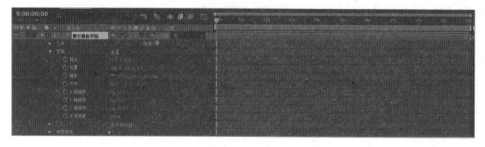

图4-41　图层已经转换为3D图层

步骤 **04**：执行如图4-42所示的"窗口"→"段落"菜单命令，打开如图4-43所示的"段落"面板。选择居中对齐按钮 ，下一步进行文字字距的改变时，字距就会从中间向两边扩散。

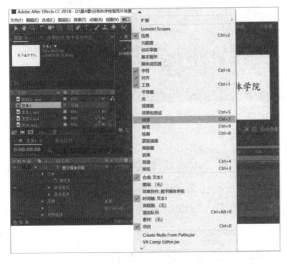

图4-42 "窗口"→"段落"菜单命令

图4-43 "段落"面板

步骤 **05**：制作入屏动画

（1）选择"字符间距"属性后，时间线窗口的文本图层多了一个"动画制作工具1"选项。展开"动画制作工具1"选项，出现"字符间距大小"属性参数。

（2）时间指针放在0帧处，"字符间距大小"参数设置为0，单击图层前面的码表，手动设置第一个关键帧。

（3）然后把时间指针放在4秒10帧处，如图4-44中方框所示，设置"字符间距大小"参数为125，系统自动设置第二个关键帧。

图4-44 系统自动设置"字符间距大小"的第二个关键帧

步骤 **06**：打开动画属性菜单，在动画属性菜单中选择"位置"属性，如图4-45所示，时间线窗口文本图层多了参数"动画制作工具2"。

图4-45 时间线窗口文本图层"动画制作工具2"

步骤 **07**：单击文本图层"动画制作工具2"右侧"添加"后的小箭头，打开如图4-46的动画属性菜单，为"动画制作工具2"选择添加缩放属性、不透明度属性和模糊属性。此处在"动画制作工具2"属性面板里添加的动画属性将和最初的位置参数一起共用一个范围选择器。这意味着"动画制作工具2"下的位置、缩放、不透明度、模糊动画将在同一个时间段让图层文字同时发生位置变化、大小变化、不透明度变化和模糊变化。

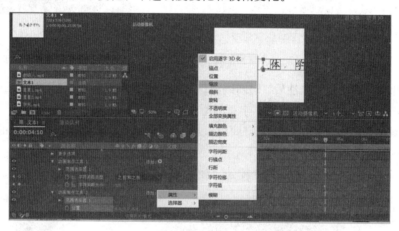

图4-46 "动画制作工具2"添加属性

步骤 **08**：把时间指针移至4秒处，在"动画制作工具2"内设置"位置"参数：-532，-373,0。"缩放"参数：500。"不透明度"参数：0。"模糊"参数：63。单击"动画制作工具2"的"范围选择器1"左边的扩展按钮，展开"范围选择器1"并设置"偏移"参数为100，单击偏移前面的码表，如图4-47所示，为"偏移"参数设置第一个关键帧。此时文本图层的文字都加上了如图4-48所示的动画效果。

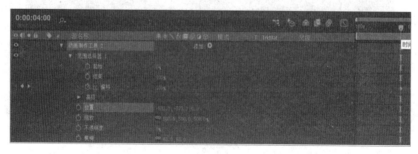

图4-47 为"偏移"参数设置第一个关键帧

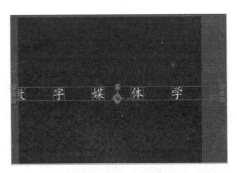

图4-48　文本图层的文字都加上了动画效果

步骤 **09**：把时间指针移至5秒处，在"动画制作工具2"的"范围选择器1"中设置"偏移"参数为0。如图4-49所示，系统自动设置关键帧。"偏移"参数为0，意味着在"动画制作工具2"设置的位置、缩放、不透明度、模糊效果在4秒到5秒之间都体现出来。

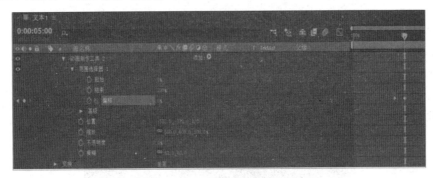

图4-49　在5秒处设置"偏移"参数为0

步骤 **10**：在时间线窗口选中文本图层，执行"效果"→"生成"→"梯度渐变"菜单命令，为文本图层添加梯度渐变特效。梯度渐变特效可以为文字添加从一种颜色过渡到另一种颜色的渐变，分为线性渐变和径向渐变两类。参数设置如图4-50所示。起始颜色设置为深蓝色；渐变起点在374,227的位置；结束颜色为浅蓝色；渐变终点在382,337的位置；渐变形状为线性渐变。此时看不到作用于图层的特效，如图4-49方框所示单击合成窗口"渲染器"面板，在如图4-51所示的"合成设置"对话框中把渲染器由"光线追踪3D"修改为"经典3D"，这时特效就可以看到了。

视频 ●

数媒文字动画（2）

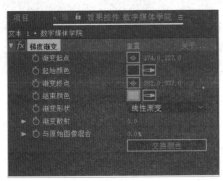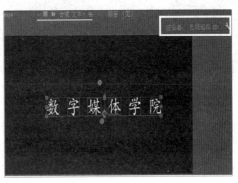

图4-50　为文本图层添加梯度渐变特效

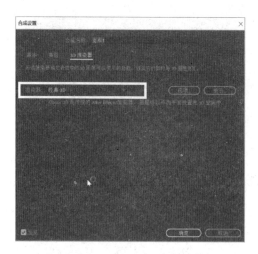

图4-51　把渲染器由"光线追踪3D"设置为"经典3D"

步骤 ⑪：在时间线窗口选中文本图层，执行"效果"→"模糊和锐化"→"快速方框模糊"命令为文本图层添加快速方框模糊特效。快速方框模糊特效能快速生成精确的焦外成像效果。如图 4-52 所示，在项目窗口的"效果控件"面板中设置参数：时间指针在 3 秒 17 帧处，设置"模糊半径"参数为 0，手动设置第一个关键帧。时间指针在 5 秒处，设置"模糊半径"参数为 2。在时间线窗口中展开"效果"扩展按钮，如图 4-53 所示，再展开"快速方框模糊"扩展按钮，可以看到系统自动给"模糊半径"设置一个关键帧。

图4-52　快速方框模糊特效参数

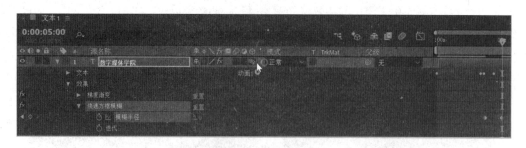

图4-53　设置"模糊半径"参数

步骤 ⑫：在时间线窗口选中文本图层，执行"效果"→"透视"→"斜面 Alpha"菜单命令为文本图层添加斜面 Alpha 特效。斜面 Alpha 特效使文字出现边沿分界，形成三维立体的外观效果。如图 4-54 所示，在项目窗口的"效果控件"面板中设置参数：设置边缘厚度为 3，灯光角度为 60，灯光强度为 0.8。

步骤 **13**：单击文本图层前面的扩展按钮将文本图层收缩，在项目窗口中单击"项目"面板，把素材"字光.mp4"从项目窗口拖放到时间线窗口的第二层。在键盘中按【P】键和【Shift+S】组合键，设置"字光"图层的"缩放"参数为122.5,137和"位置"参数为360,300。在如图4-55箭头所示的时间轴上拖动"字光.mp4"图层的持续时间条，使第0帧时出现两个光点。

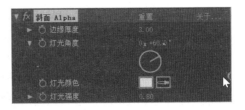

图4-54 "斜面Alpha"特效参数

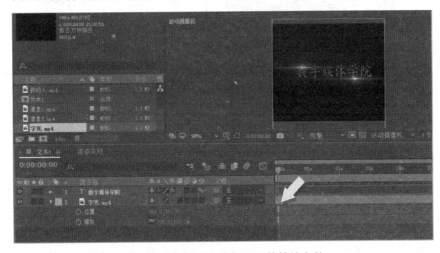

图4-55 设置"字光"图层的缩放参数

步骤 **14**：用同样的方法，制作合成"文本4"。文字为"自由探索个性发展"。

3. 制作"文本2""文本3"合成

步骤 **01**：参照1.4.1的新建合成步骤，建立名称为"文本2"的合成。在"合成设置"对话框中将合成预设设置为标清电视格式PAL D1/DV，合成长度持续时间设置为10秒；设置完成单击右下角"确认"按钮。

步骤 **02**：单击工具栏的文字工具按钮，然后在合成窗口中输入"一流的精英教师团队"。时间线窗口自动生成文本图层"一流的精英教师团队"。如图4-56所示，在"字符"面板设置字符参数：字符大小为56，颜色为白色，字体为楷体，其他参数为默认。在键盘上按下【P】键，如图4-56所示，设置"位置"参数为：358,306。

视频 ●
一流教师文字动画

图4-56 "一流的精英教师团队"文本图层的设置

步骤 **03**：在时间线窗口单击"文本2"合成的文本图层"一流的精英教师团队"，将时间指针移到时间线00:00处。参照4.2.2打开动画属性菜单，选择"位置"属性。

步骤 **04**：合成"文本2"的时间线窗口的文本图层多了一个"动画制作工具1"参数。单击文本图层参数"动画制作工具1"右侧的"添加"后的小箭头，打开如图4-57所示的属性菜单，分别选择"不透明度"属性、"模糊"属性、"字符位移"属性。

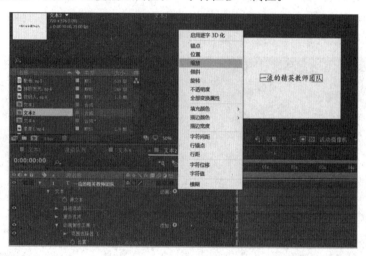

图4-57　打开属性菜单

步骤 **05**：把时间指针移至0秒处，在"动画制作工具1"中设置位置参数：0，-335。"不透明度"参数：0。"模糊"参数：23。字符位移：45。单击"动画制作工具1"的"范围选择器1"左边的扩展按钮，展开并设置"偏移"参数为0，并且单击偏移前的码表，如图4-58所示，手动为"偏移"参数设置第一个关键帧。

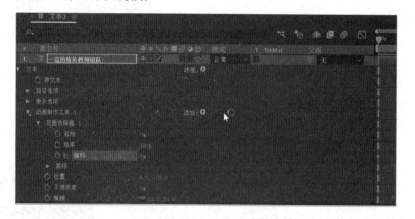

图4-58　手动为"偏移"参数设置第一个关键帧

步骤 **06**：把时间指针移至2秒20帧处，如图4-59所示，设置"范围选择器1"的"偏移"参数为100。系统系统自动设置偏移关键帧。"偏移"参数为100，意味着在"动画制作工具1"设置的位置、不透明度、模糊效果在1秒到2秒20帧逐步减少、消失。

图4-59 设置"偏移"参数为100

步骤 **07**：把时间指针移至4秒15帧处，按下【T】键，打开"不透明度"参数，设置为100，单击文本图层前的码表，手动设置一个关键帧。把时间指针移到5秒处，如图4-60所示，设置"不透明度"参数为0，系统自动设置一个关键帧，这样为图层做了一个淡出效果。

图4-60 设置"不透明度"参数为0

步骤 **08**：在时间线窗口选中文本图层，执行"效果"→"生成"→"梯度渐变"菜单命令，为文本图层添加梯度渐变特效，参数设置如图4-61所示。起始颜色设置为深蓝色，渐变起点在374,227的位置，结束颜色为浅蓝色，渐变终点在382,337的位置。

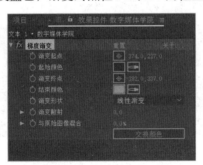

图4-61 梯度渐变特效设置

步骤 **09**：在时间线窗口选中文本图层，执行"效果"→"模糊和锐化"→"快速方框模糊"菜单命令，为文本图层添加特效，参数设置如图4-62所示。时间指针移至4秒处，设置"模糊半径"参数为0，手动设置第一个关键帧。时间指针移至5秒处，设置"模糊半径"参数为2。在时间线窗口中展开文本图层"效果"下的"快速方框模糊"参数，可以看到系统自动给"模糊半径"设置一个关键帧。

步骤 **10**：在时间线窗口选中文本图层，执行"效果"→"透视"→"斜面Alpha"菜单命令，为文本图层添加斜面Alpha特效，参数设置如图4-63所示，"边缘厚度"设置为3，"灯光角度"为60，灯光强度为0.8。

图4-62　文本图层添加快速方框模糊特效

图4-63　斜面Alpha特效参数

步骤 **11**：在时间线窗口选中文本图层，执行"效果"→"时间"→"残影"菜单命令，为文本图层添加残影特效。残影是指画面在显示器上的残留的影像，在进行画面切换时，前一个画面不会立刻消失，视觉效果与第二个画面同时出现，并且会慢慢消失。残影参数设置如图 4-64 所示，残影时间：-0.433。残影数量：38。

图4-64　残影特效参数

步骤 **12**：用同样的方法，制作合成"文本 3"。文字为"人文、科学、创新的统一"。

4. 合成整个场景

步骤 **01**：参照 1.4.1 的新建合成步骤，建立名称为"总合成"的合成。在"合成设置"对话框中将合成预设设置为标清电视格式 PAL D1/DV，合成长度持续时间设置为 30 秒；设置完成单击右下角"确认"按钮。

步骤 **02**：把素材"星星 1.mp4""星星 2.mp4""数码人.mp4"从项目窗口拖放到时间线窗口，"数码人.mp4"放在第一层，"星星 2.mp4"放在第二层，"星星 1.mp4"放在第三层。把鼠标移至在图 4-65 箭头所示位置，单击"列数"→"模式"命令，如图 4-66 所示，设置第 1 层、第 2 层图层的合成模式为相加。

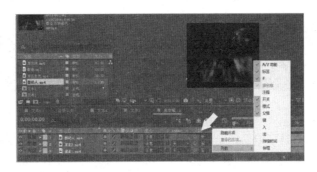

图4-65 "模式"命令

图4-66 设置两层图层的合成模式为"相加"

步骤 **03**：在时间线窗口选中图层"数码人.mp4"，按下【S】键，如图4-67所示，调整图层"数码人.mp4"的"缩放"参数为126,127（去掉约束比例），使它的大小和合成窗口一致。

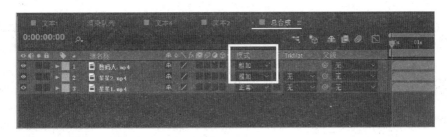

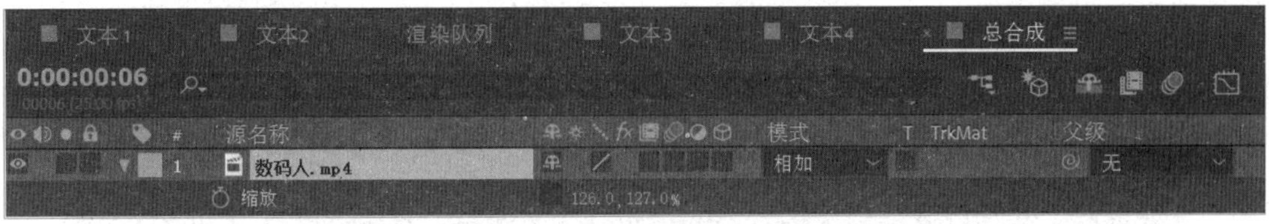

图4-67 调整图层"数码人.mp4"的"缩放"参数

步骤 **04**：从项目窗口中拖放"文本1"合成到时间线窗口的第一层，图层从第0帧开始。如图4-68所示，合成模式设置为相加。

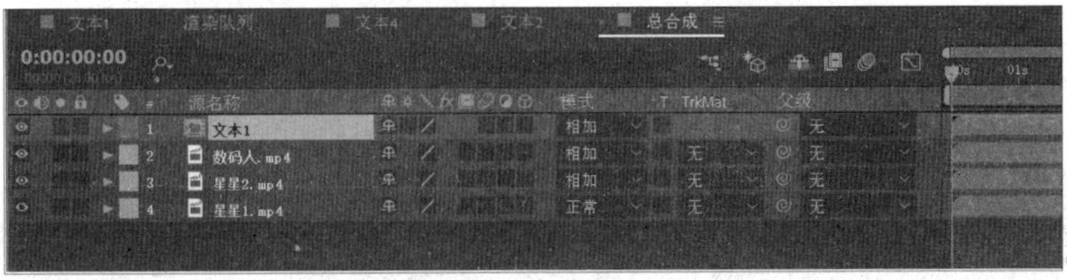

图4-68 合成模式设置为"相加"

步骤 **05**：单击时间线窗口的"文本1"，按下【S】键，打开图层的"缩放"参数，如图4-69所示，设置缩放参数为134,134。适当放大字幕。

图4-69　设置"缩放"参数

步骤 06：把时间指针移至 4 秒 12 帧处，从项目窗口把素材"球的发光 .mp4""发光球 .mp4"拖放到时间线窗口，"球的发光 .mp4"在第一层，"发光球 .mp4"在第二层，分别拖动如图 4-70 箭头所示的持续时间条，把这两个图层拖放在 4 秒 12 帧处，再把这两个图层的合成模式都设置为相加。

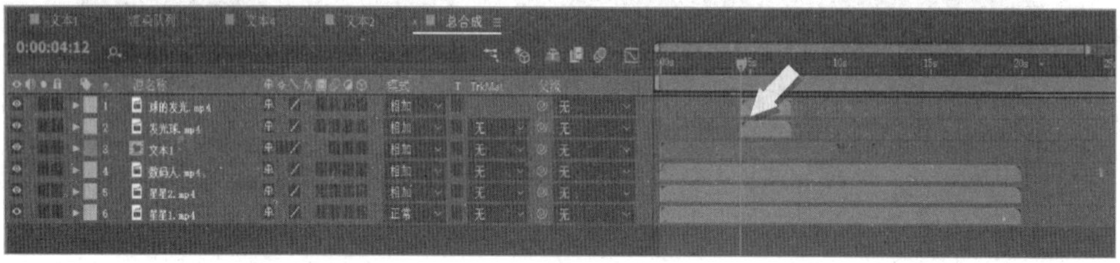

图4-70　设置图层的合成模式

步骤 07：此时，总合成窗口选中的是图层"球的发光 .mp4"，按住【Ctrl】键并同时单击"发光球 .mp4"图层，同时选中两个图层，按【Shift+S+T】组合键，同时打开两个图层的"缩放""不透明度"参数，设置"发光球 .mp4"的"缩放"参数为 128，"不透明度"参数为 20。如图 4-71 所示，可以看到另一个图层"球的发光 .mp4"的"缩放"参数也自动设为 128，"不透明度"为 20。此时两个图层的大小和合成窗口一致。

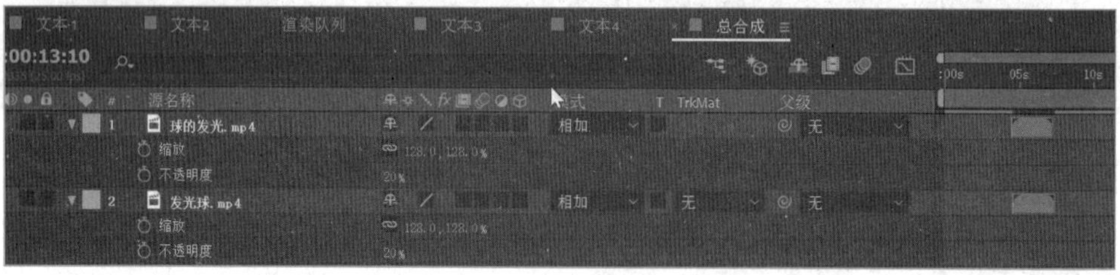

图4-71　图层"球的发光.mp4"的缩放也自动设为128，不透明度为20

步骤 08：从项目窗口中拖放"文本 2"到"总合成"合成的时间线窗口的第一层。拖动"文本 2"的持续时间条，使图层从第 5 秒开始。如图 4-72 所示，将合成模式设置为相加。

图4-72　合成模式设置为"相加"

步骤 **09**：从项目窗口中拖放"文本3"到"总合成"合成的时间线窗口的第一层，拖动"文本3"的持续时间条，使图层从第 10 秒开始。合成模式设置为相加。按【P】键，如图 4-73 所示，设置图层"文本 3"的"位置"参数为 254，170，让字幕移至数码人手掌的位置。

图4-73 设置图层"文本3"的"位置"参数

步骤 **10**：从项目窗口中拖放"文本 4"到"总合成"合成的时间线窗口的第一层，图层从第 14 秒 15 帧开始，合成模式设置为相加。按【P】键，如图 4-74 所示，设置图层"文本 4"的"位置"参数为 364，264。

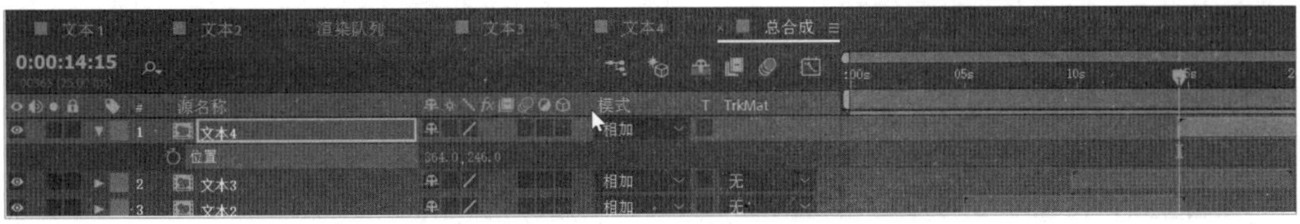

图4-74 设置图层"文本4"的"位置"参数

5．添加配音

步骤 **01**：把时间指针移至第 0 帧，将项目窗口的素材"配音 .mp3"拖到时间线窗口的最下面一层，即添加了配音。

步骤 **02**：参照 1.4.1 的效果预览步骤或按空格键进行预览。

6．渲染输出

步骤 **01**：参照 1.4.1 的预渲染步骤，打开渲染队列窗口。

步骤 **02**：在渲染队列窗口里单击"输出到："下拉列表，打开"将影片输出到"对话框，确定制作的场景渲染输出时的文件名、存放地址和文件类型。本任务为："D：/ 第 4 章 / 任务 8/ 学校宣传片场景制作 .avi"。

步骤 **03**：渲染设置完成后，在渲染队列窗口中单击"渲染"按钮渲染输出，完成后在"D：/ 第 4 章 / 任务 8/"文件夹下查看最终文件"学校宣传片场景制作 .avi"。

4.4.4 制作要点

代言人加文字动画的表现手法广泛运用在各类宣传片、广告片中。代言人可以是真实的人物代言，也可以是虚拟的卡通形象，本任务用的是虚拟 3D 数码人为"数字媒体学院"代言。如果将本任务的 4 段文字与文字特效进行更换，就可以为相关科技类企业制作出宣传片、产品推广片；如果用一个真实的人物做出与本任务中数码人相似的动作，则可以完成真人代言的宣传片。

本任务对文本图层采用了多种特效加强文本的表现效果，在使用特效时应注意参数的设置。

（1）CC light Rays 产生辉光效果，参数说明如下：

Intensity：光束强度；

Center：光束中心 Radius；光束半径；

Warp Softness：经纱柔软度；Shape：光束形状，有 Round（圆形）选项和 Square（方形）选项；

Color from Source：光束颜色来自源文本，在该选项下可设置；Allow Brightening：允许加强；

Color：自定义光束颜色；

Transfer Mode：传递方式，有 None、Add、Lighten、Screen 4 种选项。

（2）斜面 Alpha 使图像出现边沿分界，形成三维立体的外观效果，参数说明如下：

边缘厚度：设置图像边缘的厚度；

灯光角度：设置灯光的角度；

灯光颜色：设置灯光的颜色；

灯光强度：设置灯光的强度。

（3）梯度渐变设置两种颜色的渐变过渡，参数说明如下：

渐变起点：设置渐变的开始位置；

起始颜色：设置渐变的开始色；

渐变终点：设置渐变的结束位置；

结束颜色：设置渐变的结束色；

渐变形状：设置渐变的类型，可以设置为线性渐变和径向渐变；

渐变散射：设置颗粒度；

与原始图像混合：设置渐变的颜色和图层的混合强度。

（4）四色渐变采用四种颜色进行渐变，参数说明如下：

位置和颜色：点 1、点 2、点 3 和点 4 可以分别设置渐变颜色的 4 个不同的位置属性；

颜色 1、颜色 2、颜色 3 和颜色 4：可以分别设置 4 种不同的颜色；

混合：设置 4 种颜色混合程度的百分比；

抖动：设置混合颜色的颗粒度；

不透明度：设置颜色的不透明度；

混合模式：设置渐变的颜色和图层的叠加方式。

（5）投影为对象添加下拉阴影，增加景深感，从而使对象具有一个逼真的外观效果，参数说明如下：

阴影颜色：设置阴影的颜色；

不透明度：设置阴影的透明度；

方向：设置阴影的方向；

距离：设置阴影到原始物体的距离；

柔和度：设置阴影的柔化效果；

仅阴影：单独显示阴影，原始的物体自动隐藏。

4.5　任务 9　电视栏目片花文字的制作

视频 ●
任务9分析

本任务制作一个电视栏目片花场景。通过学习制作一个 3D 文字镜头，读者应掌握"光线跟踪 3D"渲染功能以及它的实现方法，掌握用环境图层模拟文字材质的方法；掌握文本图层中路径选项的概念及相关操作。本任务完成如图 4-75 所示的效果。

图4-75　"焦点访谈"片花文字效果

4.5.1　任务需求分析与设计

在电视节目的整体包装中，片花一般指切换镜头时使用的一种固定模式的转场效果。也就是指在电视栏目中插播的宣传本节目的一小段艺术广告，一般一个节目会有 3 个以上片花插播在片子中间，播完片花才播放商业广告。片花一般与栏目的片头相同，类似于平面设计中的 Logo，用于展示栏目的形象。比如"百家讲坛"栏目每三五分钟就播放的解说性的片花，为栏目增添了感染力和艺术效果，提升了栏目本身在观众中的形象，也提升了栏目的收视率。栏目片花必须做到短小精悍，其文字动画的制作更需要构思巧妙、制作精良，才能配合画面，使整个节目充满活力。本任务为电视栏目"焦点访谈"制作片头和片花的文字动画，其制作脚本见表 4-5，场景设计如下：

- 本任务建立合成 2 个："庆祝"合成时长 10 秒；"背景"合成时长 10 秒，嵌套在"庆祝"合成中。
- 图像素材 3 个："反射 .jpg"用作标题文字"焦点访谈"的反射材质；Lens.png 用作镜头图像；Bg01.jpg 用作光晕背景。
- 音乐素材 1 个："背景音乐 .mp3"。
- 栏目标题动画：制作"焦点访谈"这几个字为三维文字，同时旋转变小出场。
- 背景文字动画：在背景镜头边缘的两圈文字 JIAODIANFANGTAN 分别作顺时针和逆时针运动。

表4-5　"焦点访谈"片花脚本与基本参数表

影片制式	帧速率	宽度/px	高度/px	时长/s	用途	导出格式
PAL D1/DV	25	720	576	10	栏目片花	avi

脚本	镜头：文字"焦点访谈"入屏的摇镜头。景别：近景。时长：10秒。
	00:00—00:13："相机镜头"图像由大到小飞入。
	00:00—05:00："相机镜头"图像缓慢自转。
	00:13—02:00：文字JIAODIANFANGTAN在相机镜头边缘的两圈逐个显现出来。
	00:13—08:00：文字JIAODIANFANGTAN在相机镜头边缘的两圈分别作顺时针和逆时针运动。
	00:00—02:00：文字"焦点访谈"整体旋转入屏。
	02:00—03:23：光晕随镜头摇动。
	08:00—10:00：画面定格。

4.5.2 制作思路与流程

三维图层自带"材质选项"。材质用于三维文字的表面，而材质选项是这些表面的属性，支配着文字与光线交互的方式。AE 有多种材质选项属性，以及将材质应用于凸出文本的方法。

另外一种给文字加上材质的方法是使用"环境图层"。AE 可以利用"光线跟踪 3D"渲染功能直接创建带厚度和材质属性的三维文字。该功能还能创建环境图层，为文字模型提供反射，得到更为真实的材质效果。在光线追踪渲染器中，可使用三维素材或嵌套合成图层作为场景周围的球状映射环境，并且反射到文字对象的表面上，这就是环境图层。执行"图层"→"环境图层"菜单命令可创建环境图层，该图层将变为一个三维图层，为三维文字提供表面反射环境。本任务中的标题文字"焦点访谈"就采用"光线跟踪 3D"渲染功能来制作三维文字，将素材"反射.jpg"作为环境图层，形成文字的材质。这比三维图层自带的"材质选项"更富有个性化。其制作思路是：先制作三维立体文字"焦点访谈"，并为其添加灯光以及反射材质，然后为文字制作动画，最后制作摄像机动画。

本任务的背景文字 JIAODIANFANGTAN 分布在背景镜头边缘的两圈，分别作顺时针和逆时针运动。这要制作文字路径动画来实现：首先输入文字，选中这个文本图层，为它绘制圆形蒙版。然后在文本图层的"路径选项"中选择画好的蒙版，让文字位置跳到绘制的圆形上，逐个沿指定路径排列并运动。

本任务在完成标题文字动画和背景文字动画制作之后，再添加音乐进行整体合成，最后渲染输出。本任务的制作流程如图 4-76 所示。

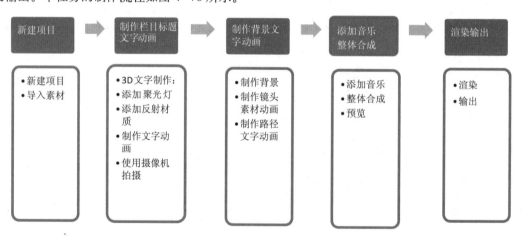

图4-76 "焦点访谈"片花文字制作流程

4.5.3 制作任务实施

1. 新建项目、导入素材

步骤 **01**：参照 1.4.1 的新建项目步骤，建立项目"电视栏目片花.aep"。

步骤 **02**：参照 1.4.1 的导入素材步骤，如图 4-77 所示，导入本书电子教学资源包"第 4

章／任务9／素材"文件夹中的全部素材。

2. 制作栏目标题文字动画

步骤 **01**：参照1.4.1的新建合成步骤，建立名称为"庆祝"的合成。在"合成设置"对话框中将合成预设设置为PAL D1/DV，合成长度持续时间设置为10秒，设置完成单击右下角"确认"按钮。

步骤 **02**：选中"庆祝"合成，单击工具栏中的文字工具，在合成窗口中输入文字"焦点访谈"。如图4-78所示，在"字符"面板中选择稍粗一点的字体"华文隶书"，并设置字体大小为75像素，颜色为橙黄色。

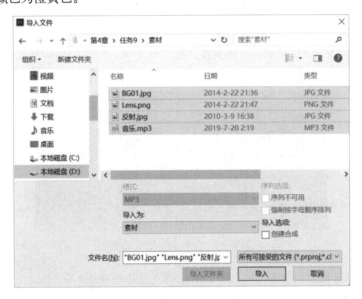

图4-77　导入"焦点访谈"片花制作素材

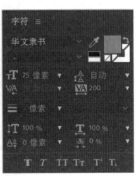

图4-78　设置字符基本属性

步骤 **03**：在时间线窗口中单击文本图层的三维按钮，使该文本图层转为三维图层。按下【P】键，打开如图4-79所示的"位置"参数，设置文本图层的"位置"参数为256，292，0.0。

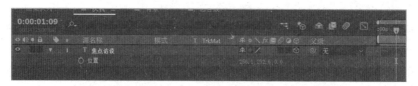

图4-79 设置文本图层的"位置"参数

步骤 **04**：参照 3.3.3 的添加摄像机步骤，或同时按下【Ctrl+Shift+Alt+C】组合键，新建一个摄像机 1，参数设置为默认。

步骤 **05**：制作 3D 文字的厚度。

（1）在合成窗口中，单击"3D 视图弹出式菜单"→"摄像机 1"选项，然后单击工具栏中的"统一摄像机工具"选项，鼠标变为摄像机，在摄像机 1 视图中用鼠标左右键将文字调整到 45°左右的角度，如图 4-80 所示。一般来说，做三维文字，文字的侧面是最容易观察到文字的立体感，侧 45°左右是最好看的角度。

图4-80 调整3D文字的角度

（2）在合成窗口右上角单击"渲染器"下拉列表，如图 4-80 箭头所示，弹出如图 4-81 所示的"合成设置"对话框，将渲染器切换为"光线追踪 3D"渲染方式（该步骤亦可在一开始创建合成时进行设置），单击"确定"按钮。

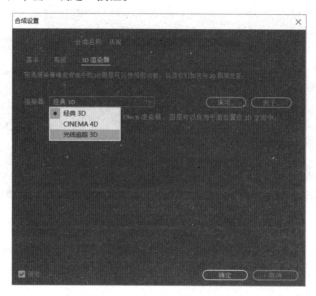

图4-81 "合成设置"对话框

（3）切换为"光线追踪 3D"渲染方式后，文本图层出现了一个几何选项属性，如图 4-82 所示，将其展开并进行设置：斜面样式设置为凸面，凸出深度设置为 25，如图 4-83 所示，文字已经有了厚度，但只有轮廓而没有细节，这是因为没有灯光的原因，

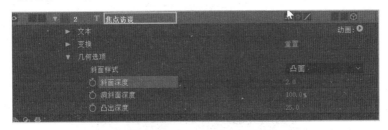

图4-82 设置文本图层的"几何选项"

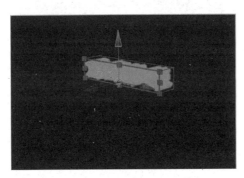

图4-83 文字已经有了厚度，但只有轮廓而没有细节

（4）参照 3.5.3 的"搭建灯光秀场景"步骤，建立灯光"聚光 1"。在"灯光设置"对话框中设置灯光类型为聚光灯，灯光强度设置为 200，颜色为白色，锥形角度为 90，锥形羽化为 50，选中"投影"，其他为默认参数，单击"确定"按钮。

（5）创建灯光后，文字已经正常显示了，可以使用统一摄像机工具拖动视图进行查看。用鼠标直接调整光源位置和目标位置。如果交互速度太慢，可以在合成窗口右下角单击图 4-84 箭头所示的"快速预览"按钮 ，将视图预览切换到"快速绘图"模式，在该模式下可以大大加快操作速度，其缺点是无法显示反射，在后面步骤中调整材质时切换回"关（最终品质）"模式。

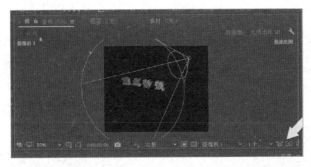

图4-84 文字已经正常显示

视频

3D文字（2）

步骤 06：制作 3D 文字的材质。

（1）将素材"反射 .jpg"从项目窗口拖到时间线窗口文本图层"焦点访谈"的上一层，然

后执行如图 4-85 所示的"图层"→"环境图层"菜单命令，将"反射.jpg"设为环境图层，如图 4-86 所示，时间线窗口的"反射.jpg"图层自动设为三维。

图4-85　"图层"→"环境图层"菜单命令

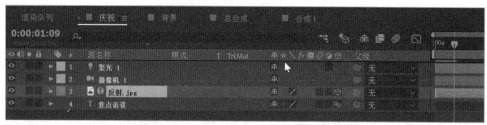

图4-86　时间线窗口的"反射.jpg"图层自动设为三维

（2）展开文本图层"焦点访谈"的材质选项，如图 4-87 所示，设置"反射强度"为 90%，这样文字就具有反射效果了，视图中的文字已经反射到了环境图层的信息。

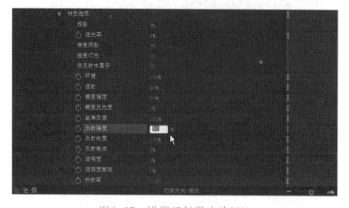

图4-87　设置反射强度为90%

（3）展开环境图层"反射 .jpg"的选项属性，如图4-88所示设置"在反射中显示"为"仅"，关闭它的自身显示，这样环境图层就不在视图中显示，但反射信息被保留。

图4-88 设置"在反射中显示"为"仅"

步骤 **07**：制作文字动画效果。

（1）在时间线窗口单击文本图层"焦点访谈"，将时间指针移到时间线 00:00 处。参照 4.2.2 打开动画属性菜单，先后选择"启用逐字 3D 化"和"旋转"两个动画属性。

（2）参照 4.2.2 打开动画属性菜单，选择"缩放"、"不透明度"和"模糊"属性。如图 4-89 所示。此处在"动画制作工具 1"属性面板里添加的动画参数将和最初的旋转参数一起共用一个范围选择器。

视频 ●········

焦点访谈文字
动画

图4-89 "动画制作工具1"属性面板

（3）把时间指针移至在 0 秒处，如图 4-90 所示，设置"动画制作工具 1"的"缩放"参数为 249，"不透明度"参数：0，"模糊"参数：80，"Y 轴旋转"参数为 360。单击这几个参数前面的小码表，为它们设置第一个关键帧。注意，此时设计的是"焦点访谈"这几个字同时旋转变小出场，不能用偏移参数来设置关键帧了。如果是用偏移参数来设置关键帧就会出现"焦点访谈"这几个字依次旋转出场的情况。

图4-90 设置第0秒"动画制作工具1"的参数

（4）把时间指针移至2秒处，如图4-91所示，设置"动画制作工具1"的"缩放"参数：100，"不透明度"参数：100，"模糊"参数：0，系统自动设置一个关键帧。

图4-91　设置第2秒"动画制作工具1"的参数

3. 制作背景文字动画

步骤 **01**：制作背景。

（1）参照1.4.1的新建合成步骤，建立名称为"背景"的合成。在"合成设置"对话框中将合成预设设置为PAL D1/DV，合成长度持续时间设置为30秒；将像素比修改为方形像素，因为该项目涉及圆形物体的旋转动画，在非方形像素合成下容易产生扭曲变形，设置好后单击"确定"按钮。

（2）从项目窗口把素材"BG01.jpg"拖动到合成"背景"的时间线窗口，并执行如图4-92所示的"效果"→"颜色校正"→"曲线"菜单命令，为其添加一个曲线调色工具。在"效果控件"面板出现如图4-93所示的曲线特效。曲线左下角的端点代表暗调，暗调黑色的极限是0，曲线右上角的端点代表高光，高光白色的极限是255，沿着曲线往下移动是加暗，往上移动是加亮。曲线表格水平方向从左边黑色到右边白色为输入值，曲线垂直方向从下边黑色到上边白色为输出值。

图4-92　添加曲线特效

（3）在"效果控件"面板中对曲线特效进行设置，将颜色通道切换到如图 4-93 所示的蓝色通道，按住鼠标把曲线从中间位置向下拖动，降低画面的蓝色值，这样画面就变成暖色调。

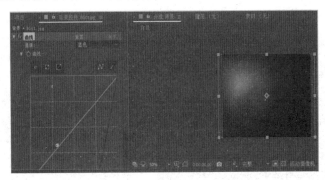

图4-93　调整曲线的蓝色通道曲线

步骤 **02**：制作镜头素材的动画。

（1）将素材 Lens.png 从项目窗口拖动到合成"背景"的时间线窗口第一层，按下【S】键，打开"缩放"参数，设置参数为80，将其稍微缩小一些。如图 4-94 所示，把时间线指针移至13 帧处，单击"缩放"参数前的码表，设置第一个关键帧。

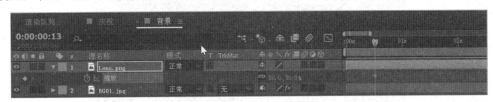

图4-94　设置Lens.png图层13帧时缩放关键帧

（2）将时间线指针移至 0 秒处，设置缩放为 800，系统自动添加关键帧，这样就能产生由大到小的飞入效果。再按住【Shift+R】组合键，如图 4-95 所示，将"旋转"参数显示出来，单击其码表设置关键帧。

图4-95　设置Lens.png图层0秒时缩放及旋转关键帧

（3）将时间线指针移至 5 秒处，设置"旋转"参数为 45。如图 4-96 所示，系统自动添加关键帧。这样镜头素材就会一直缓慢转动，丰富视觉效果。

图4-96　设置Lens.png图层5秒时的旋转关键帧

视频

文字路径动画

步骤 **03**：制作路径文字动画。

（1）单击工具栏的文字工具![T]，在"背景"合成窗口中输入 JIAODIANFANGTAN，添加一个文本图层。如图 4-97 所示，设置字符大小为 30，字距为 200。

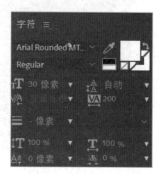

图4-97　用文字工具为"背景"合成添加文本图层

（2）单击"背景"合成时间线窗口的文本图层，在工具栏中单蒙版工具![蒙版]　3 秒，出现如图 4-98 所示的"蒙版工具"面板，选择椭圆工具。

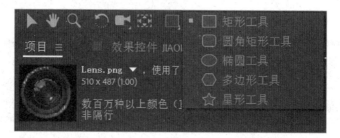

图4-98　选择椭圆工具

（3）按住键盘上的【Shift】键，在"背景"合成窗口中，拖放鼠标就可以拖出一个正圆线框（注意在结束画正圆时，要先松开鼠标，再松开【Shift】，否则画出来的还是椭圆），这个圆形线框就是为文字图层添加一个圆形的蒙版，即文字行走的路径。用鼠标轻轻拖动圆的线框边沿，如图 4-99 所示，把这个圆的中心和图层的镜头中心对齐。

图4-99　用椭圆工具为文本图层添加圆形蒙版

（4）展开文本图层前的扩展按钮，再依次展开文本和路径选项的隐藏参数，如图 4-100 所示，在"路径"参数的下拉列表中选择刚绘制好的"蒙版 1"，"蒙版 1"就成为文字的路径。设置

"反转路径"参数为"开","强制对齐"参数为"开",其他参数为默认值。在合成窗口中,可以看到文字已经沿着该路径排列好。

图4-100 设置文字路径

(5)将时间线指针移动到13帧处,单击"首字边距"和"末字边距"参数前的小秒表设置关键帧,再将时间线指针移动到8秒处,如图4-101所示,将"首字边距"和"末字边距"参数设置为-339.6,系统自动添加关键帧,让文字沿着路径运动。

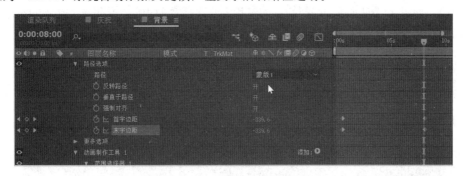

图4-101 设置"首字边距"和"末字边距"参数的关键帧制作路径动画

(6)单击文字属性右边的"动画"按钮,弹出如图4-102所示的快捷菜单,选择"不透明度"命令,为文本图层加入文字动画的不透明度属性。

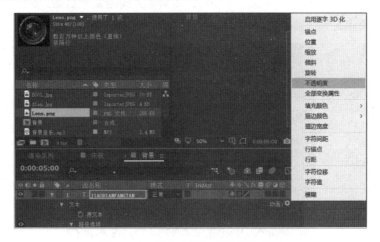

图4-102 为文字添加不透明度动画

（7）展开文本图层下的"范围选择器 1"，将"不透明度"参数设置为 0，文字变为完全透明。把时间线指针移动到 13 帧处，如图 4-103 所示，展开"动画制作工具 1"下的"范围选择器 1"，单击开始"起始"参数前的小秒表添加第一个关键帧。

图4-103　展开"范围选择器 1"

（8）再把指针移动到 2 秒处，将"范围选择器 1"的"起始"参数设置为 100，系统自动添加关键帧，如图 4-104 所示。"起始"的参数由 0 逐渐变为 100，说明文字动画的不透明效果作用范围逐渐减少直到完全不起作用，不起作用时就是文字将逐个显现出来。

图4-104　设置文字动画中的选区动画

（9）使用同样的方法再制作一层文字动画，将运动方向设置为相反，如图 4-105 所示，这样看起来画面会更丰富有节奏感。

图4-105　再制作一层沿路径运动的文字

4. 合成整个片花

步骤 **01**：把合成"背景"从项目窗口拖放到合成"庆祝"时间线窗口的最后一层。

步骤 **02**：选中"庆祝"合成时间线窗口中的"背景"图层，执行如图 4−106 所示的"效果"→"生成"→"镜头光晕"菜单命令。

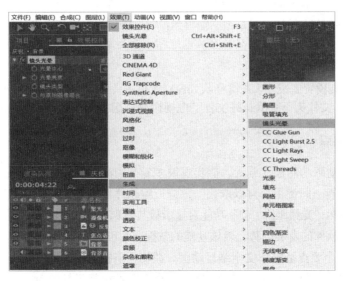

图4−106 "效果"→"生成"→"镜头光晕"菜单命令

步骤 **03**：在时间线窗口单击"背景"图层，把时间指针移至 2 秒处，如图 4−107 所示，设置镜头光晕的光晕中心参数为 101.6,212.1，手动给光晕中心参数添加关键帧。

图4−107 指针在2秒处设置镜头光晕的光晕中心

步骤 **04**：在时间线窗口单击"背景"图层，把时间指针移至 03:23 秒处，如图 4−108 所示，设置镜头光晕的光晕中心参数为 558.6，179.1，系统自动给光晕中心参数添加关键帧。

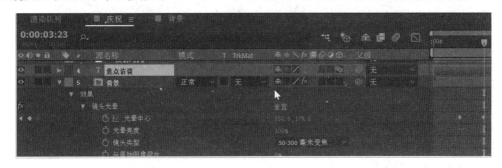

图4−108 指针在3:23秒处设置镜头光晕的光晕中心

步骤 **05**：把素材"音乐 .mp3"从项目窗口拖放到合成"庆祝"时间线窗口的最后一层。

步骤 **06**：预览。

5. 渲染输出

步骤 **01**：参照 1.4.1 的预渲染步骤，打开渲染队列窗口。

步骤 **02**：在渲染队列窗口里单击"输出到："下拉列表，打开"将影片输出到"对话框，确定制作的场景渲染输出时的文件名、存放地址和文件类型。本任务为："D：／第 4 章／任务 9／电视栏目片花 .avi"。

步骤 **03**：渲染设置完成后，在渲染队列窗口中单击"渲染"按钮渲染输出。完成后在"D：／第 4 章／任务 9／"文件夹下查看最终文件"电视栏目片花 .avi"。

4.5.4 制作要点

AE 中的文字动画功能极其强大，能实现很多复杂的和极具创意的效果。将其配合"光线跟踪 3D"渲染功能一同使用，可以取代一部分三维软件中的文字制作功能，精简工作流程，提高制作效率。虽然"光线跟踪 3D"功能对显卡极其挑剔，制作时的视图交互速度也比较慢，但无论如何，这是软件的发展趋势，对该功能的掌握还是很有必要。

本任务的另一个要点是制作文字路径动画。在使用路径选项之前需要用蒙版来制作好文字的路径。除了可以用蒙版工具为文字绘制路径，也可以用钢笔工具绘制。开放与封闭路径均可作为文字路经使用。将本任务的圆形路径改为其他形状的路径，就可以制作出沿不同路径排列的文字动画，例如可以制作出文字沿彩虹排列，文字沿弯弯的小河流淌等。

为了和 AE 的旧版本兼容，After Effects CC 2018 保留了使用菜单命令"效果"→"过时"→"基本文字"执行"路径文本"的功能，不推荐大家使用。

路径选项的参数说明如下：

- 反转路径：可以改变文字排列方向。
- 垂直到路径：可以将文字与路径垂直。
- 强制对齐：可以改变文字的字间距强制其对齐到路径的首尾端。
- 首端余量和尾端余量：可以改变文字的位置，对它们设置关键帧可以制作文字沿路径运动的动画。

思考与练习

1. 说说对文本图层实施了"启用逐字 3D 化"属性后，图层将发生什么变化？

2. 举例说明文本图层中的范围选择器在文字动画制作器中的作用？

3. 文本图层与其他图层有什么区别？

4. 制作一部 30 秒的电影预告片。

要求：（1）使用文本图层中的文字动画制作器。

（2）包含 3 段说明文字动画。

（3）成片以 MP4 格式输出。

5.　设计并制作"SZIIT"文字视频。

要求：（1）使用 3D 立体文字。

（2）设计并制作文字的材质。

（3）时长 5 秒。

（4）成片以 MP4 格式输出。

6.　制作"回首 2019 颁奖典礼"栏目片花。

要求：（1）使用 3D 立体文字。

（2）使用环境图层作材质。

（3）使用摄像机推镜头。

（4）片花时长 5 秒。

（5）成片保存为"回首 2019.avi"供第 5 章任务 12 作素材使用。

第5章

粒子动画特效

5.1 粒子动画特效制作概述

粒子是一种微小的物体，比如像我们周边环境中的雪花、火星等物体。它们各自运动又相互制约，整体相似个体不同。众多粒子的集合就形成了粒子系统，粒子系统一般具有粒子的更新、显示、销毁及其创建粒子等性质。不同的粒子系统具有不同的粒子行为，所以所具有的性质会略有区别。在影视动画中一般都用粒子特效来模拟现实生活中的许多自然现象。这些现象与时间和速度的关系非常紧密，是带有一些特定模糊的动态现象，用其他传统的渲染技术难以实现其真实感。经常使用粒子特效模拟的现象有火、爆炸、烟、水流、火花、落叶、云、雾、雪、尘、流星尾迹或者像发光轨迹这样的抽象视觉效果等。

随着影视题材的多元化，画面所呈现的内容越来越远离现实，这都为粒子系统提供了解决空间。粒子特效有丰富的模仿自然物理现象和进行空间扭曲的优势，可以完成现实中无法完成的特殊镜头效果，可以制作出大量现实中并不存在的物理形象，因此粒子系统的应用大大丰富了影视动画场景的造型，让场景的空间表现层次更加丰富，让整个场景视觉效果更具有趣味性、生动性和艺术感，更具视觉冲击力。粒子特效的运用为场景的表现注入了新鲜的活力，让不变的、凝固性的场景动态化。粒子动画特效在影视动画中的应用，创造出以往影视制作技术难以实现的画面和叙事语言，创造出一个又一个视觉奇迹。特效设计师通过粒子系统模拟出来的效果具有无限重复的可操作性，更具有细节感，对观众的心理引导产生很大的影响。此外，粒子动画特效还大大节约了拍摄成本，使原本危险性比较高的爆炸等场面不再通过现场拍摄，大大改善了演职人员的安全度。

本章用3个任务展现粒子动画特效在影视动画制作中的应用。任务10主要介绍了粒子运动场效果的基本应用，利用是其图形映射功能，使用花瓣图层替换点粒子制作花瓣飞舞的场景；任务11介绍了使用CC particle world效果模拟烟雾的方法；任务12介绍了使用CC Star Burst效果制作动态星空的方法；还介绍了如何利用CC Ball Action效果制作粒子聚拢成图案，以及利用CC Pixel Polly效果制作图案文字炸裂等方法。

AE 的粒子特效功能非常强大，除了有泡沫、波形环境、碎片、粒子运动场等效果外，还内置了第三方粒子特效，还可以安装粒子特效插件，它们集成在 AE 中，能够借助 AE 的强大功能发挥出威力。

5.2.1　粒子运动场效果

粒子运动场效果是 AE 主要的粒子特效，可以独立地为大量相似的对象设置动画。它包含"发射""网格""图层爆炸""粒子爆炸""图层映射""重力""排斥""墙""永久属性映射器""短暂属性映射器"等控件。粒子运动场效果可生成三种类型的粒子：点粒子、图层粒子和文本字符粒子。使用"发射""网格""图层爆炸"和"粒子爆炸"控件可生成粒子："发射"控件射出一连串特定效果的粒子；"网格"控件生成一个完整的粒子面，"图层爆炸"控件在现有图层中创建粒子；如果已经创建了粒子，则可应用"粒子爆炸"将它们爆炸为更多新粒子。使用"重力""排斥""墙"控件可影响整体粒子特性；使用"属性映射器"控件可影响粒子属性。

粒子运动场的"图层映射"控件可将点粒子替换为合成中的图层。粒子源图层可以是静止图像、纯色图像或嵌套的 AE 合成。"图层映射"的"使用图层"参数指定要用作粒子的图层；然后设置"时间偏移"参数、"最大随机时间"参数与"时间偏移类型"参数。"时间偏移类型"参数有"相对""绝对""相对随机""绝对随机"四个选项：

（1）"相对"选项：粒子根据指定的"时间偏移"并相对于效果图层的当前时间从某帧开始播放。如果指定 0 作为"时间偏移"，则所有粒子都会显示与效果图层当前时间对应的帧。如果选择 0.1 作为"时间偏移"，则每个新粒子都会从前一个粒子的帧之后 0.1 秒的帧开始显示。不管指定的"时间偏移"为何，第一个粒子始终会显示源图层中与效果图层当前时间对应的帧。

（2）"绝对"选项：不管当前时间为何，粒子均根据指定的"时间偏移"显示源图层的帧。如果希望粒子在其整个寿命中都显示多帧源图层的同一帧，则选择"绝对"选项。例如，如果选择"绝对"并指定 0 作为"时间偏移"，则每个粒子都会在其整个寿命中显示源图层的第一帧。如果指定 0.1 作为"时间偏移"，则每个新粒子都会显示前一个粒子的帧之后 0.1 秒的帧。

（3）"相对随机"选项：粒子在指定的"最大随机时间"的范围内从源图层随机选择的帧开始播放。例如，如果选择"相对随机"选项，并指定 1 作为"最大随机时间"，则每个粒子都会从当前时间和当前时间后 1 秒之间随机选择的图层帧开始播放。

（4）"绝对随机"选项：在指定的"最大随机时间"的范围内的某个时间点从源图层随机获取帧作为粒子源。如果希望每个粒子都表示多帧图层的不同单帧，则选择"绝对随机"。例如，如果选择"绝对随机"选项，并指定 1 作为"最大随机时间"，则每个粒子都会显示图层持续时间内 0 秒和 1 秒之间的随机时间中的图层帧。

在 AE 中执行"效果"→"模拟"→"粒子运动场"菜单命令即建立粒子图层。粒子图层

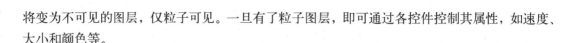

将变为不可见的图层，仅粒子可见。一旦有了粒子图层，即可通过各控件控制其属性，如速度、大小和颜色等。

5.2.2 内置第三方粒子效果简介

AE内置的粒子效果有CC Particle World效果、CC Star Burst效果、CC Ball Action效果、CC Pixel Polly 效果等。

1. CC Particle World 效果

CC Particle World 粒子仿真世界效果是一种常用的三维粒子效果，该效果可通过相应的控件参数设置制作出如烟雾、礼花、飞灰等粒子特效。

在AE中执行"效果"→"模拟"→CC Particle World 菜单命令可实施CC Particle World 效果。它包含 Grid & Guides（网格与参考线）、Birth Rate（出生率）、Longevity（寿命）、Producer（发生器）、Physics（物理性质）、Paticle（粒子）、Extra（追加）等控件。其中，Birth Rate（出生率）控件用来设置粒子产生的数量；Longevity（寿命）控件用来设置粒子的存活时间；Producer（发生器）控件用来设置粒子产生的位置及范围；Physics（物理性质）控件用于设置粒子的运动效果；Paticle（粒子）控件用于设置粒子的纹理、形状以及颜色等；Extra（追加）控件用于设置粒子的扭曲程度。

2. CC Star Burst 效果

CC Star Burst 星空爆炸效果是一个根据指定层的特征分割画面的三维效果。在AE中执行"效果"→"模拟"→CC Star Burst 菜单命令即对图层实施了CC Star Burst 效果。它包括 Scatter（扩散）、Speed（速度）、Phase（相位）、Grid Spacing（网格间隔）、Size（尺寸）、Blend w.Original（混合程度）等参数。在该效果的X、Y、Z轴上调整图像的Position（位置）、Rotation（旋转）、Scale（缩放）等参数可以使画面产生星空爆炸效果。CC Star Burst 效果常用来产生星空背景。

3. CC Ball Action 效果

CC Ball Action 滚珠运动效果是将图像使用虚拟网格划分，以小球填充网格，每个小球的颜色是所在图像位置的像素颜色。该效果可以制作图像散成珠子的效果，或者由颗粒最终组成图像的效果。

在AE中执行"效果"→"模拟"→CC Ball Action 菜单命令即对图层实施了CC Ball Action 效果。它包括 Scatter（分散）、Rotation Axis（旋转轴）、Rotation（旋转）、Twist Property（扭曲属性）、Twist Angle（扭曲角度）、Grid Spacing（网格间隔）、Ball Size（球尺寸）、Instability State（不稳定性）等参数。

4. CC Pixel Polly 效果

CC Pixel Polly 画面破碎效果可以按照网格分割图像，产生画面散列破碎的效果。在AE中执行"效果"→"模拟"→CC Pixel Polly 菜单命令即对图层实施了CC Pixel Polly 效果。它包括 Force（力量）、Gravity（重力）、Spinning（旋转）、Force Center（力量中心）、

Direction Randomness（方向随机）、Speed Randomness（速度随机）、Grid Spaxing（网格间距）、Object（物体）、Enable Depth Sort（使用深度排序）、Start Time（开始时间）等参数。CC Pixel Polly 画面破碎效果可以通过 Object（物体）参数从各种碎块形状中选择形状（或创建自定义形状），并挤压这些碎块，以使其具有容积和深度，还可以精确控制爆炸的时间安排等，实际参数操作调整起来比较简单。

5.2.3 Particular（粒子）插件

Particular 插件是 Trapcode 套装插件的其中一项，是影视动画特效必备插件之一。它功能强大，可调整的参数很多，反映在效果上就是有更丰富的细节，可制作出更多不同的粒子特效。Particular 插件的安装方法如下：

（1）把已经打包好的 Trapcode 文件，直接复制到 AE 软件所在盘的 Plug-ins 文件夹里，Plug-ins 是存放 AE 效果和外置插件的一个目录。

（2）复制进去就代表安装了，安装完成后，重新打开 AE 软件，会在"效果"→RG Trapcode 级联菜单上看到 Particular 特效。如果想知道安装好的插件能不能正常使用，就新建一个合成，再新建一个纯色层，对该纯色层执行"效果"→"RG Trapcode"→Particular 菜单命令，实施 Particular 特效，如果合成窗口出现"对角线"交叉线，则说明这个插件还没有注册，需要注册后才可以完全地使用。

5.3 任务 10 花瓣飞舞婚庆视频的制作

视频 ●⋯⋯⋯

任务10分析

本任务制作花瓣飞舞的婚庆视频。通过本任务的学习，读者应掌握粒子运动场效果的基本应用，能用粒子运动场效果的"图层映射"控件制作图层粒子特效。本任务完成如图 5-1 所示的效果。

图5-1 花瓣飞舞动画场景效果

5.3.1 任务需求分析与设计

很多新人结婚时，会在婚礼上播放一部婚礼视频，向来贺的亲朋好友们分享喜悦，同时可以记录下新人恋爱时的点点滴滴，把照片做成视频作为纪念。本任务为婚礼制作一个花瓣飞舞的动画场景，配合新人的相册，给婚礼增加浪漫而温馨的氛围。

在影视动画特效中，粒子动画特效常用来制作需要大量重复和数量庞大的群体。在第1章的案例中我们已经使用了粒子特效制作出大雪纷飞的场景。与第1章案例用粒子模拟大雪不同，本任务需要大量重复的粒子是花瓣，在场景中能清晰看到单个粒子的具体形状，属于宽大的粒子源。这种宽大粒子源的特效在影视动画场景中是经常应用的，而且都是大场面。比如动画片《花木兰》中突然在雪山之巅出现的奔流而下的匈奴战马；又比如动画片《狮子王》中踩死老辛巴的牛群；再比如电影《黑客帝国》中开场的字符雨等。

本任务镜头制作脚本如表5-1所示，场景设计如下：

- 建立合成2个："飞舞"和"花瓣"，时长都是1分30秒，"花瓣"合成嵌套在"飞舞"合成中。
- 视频素材2个："花瓣.psd"和第3章"思考与练习"第4题制作的"结婚相册.mp4"。
- 音乐素材1个："音乐.mp3"。
- 花瓣变色动画：花瓣颜色随机渐变，每个花瓣颜色各不相同。
- 花瓣飞舞动画：花瓣源源不断从空中掉下来。
- 整体集成：添加第3章"思考与练习"第4题制作"结婚相册.mp4"作素材，并配上音乐。

表5-1　花瓣飞舞动画场景镜头脚本与基本参数表

影片制式	帧速率	宽度/px	高度/px	时长	用途	导出格式
PAL D1/DV	25	720	576	1分30秒	婚庆视频	mp4
脚本	镜头：电子相册翻页，花瓣飞舞的平镜头。景别：近景。时长：1分30秒。 00:00:00：电子相册背景出现。 背景音乐响起。 花瓣开始出现。 00:00—1分30秒：电子相册包含12张照片，一页一页往后翻页；花瓣不断变色飞舞，花瓣在飞舞时颜色不同并且各自变化					

5.3.2　制作思路与流程

本任务运用粒子运动场效果制作花瓣飞舞的场景。粒子源为嵌套在"飞舞"合成中的"花瓣"合成，而"花瓣"合成本身是一个颜色渐变的动画。为了对每个粒子（花瓣）作差异化处理，需在"花瓣"合成对导入的花瓣素材添加色彩平衡（HLS）效果并制作成为多彩渐变的花瓣动画。而要将点粒子源更换为已做好的"花瓣"合成，就需要使用粒子运动场效果的"图层映射"控件。通过"图层映射"控件的"使用图层"参数去指定"花瓣"合成作为要用作粒子的图层；然后设置"时间偏移类型"参数、"最大随机时间"参数或"时间偏移"参数。本任务的关键是设置粒子运动场"图层映射"控件的"时间偏移类型"参数。"时间偏移类型"参数有"相对"、"绝对"、"相对随机"、"绝对随机"四个选项。 其中：

- "相对"选项：从指定的"时间偏移"参数值开始播放"花瓣"合成，花瓣粒子在飞舞的时候发生颜色变化。
- "绝对"选项：根据指定的"时间偏移"参数选取"花瓣"合成的某一帧，花瓣粒子在飞舞的时候颜色相同。

- "相对随机"选项：在指定的"最大随机时间"参数的范围内，随机选择"花瓣"合成的某一帧开始播放图层，花瓣在飞舞的时候有颜色变化，并且颜色各不相同。
- "绝对随机"选项：在指定的"最大随机时间"参数的范围内，随机选择"花瓣"合成的某一帧，花瓣是彩色的，但是在飞舞的时候颜色没有变化。

本任务的"时间偏移类型"参数设置为"相对随机"，花瓣在飞舞的时候颜色不同且各自变化。本任务的制作流程如图 5-2 所示。

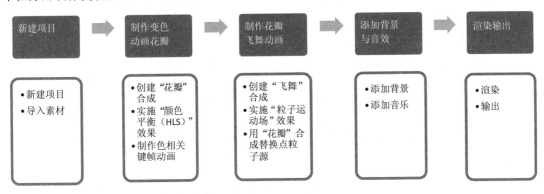

图5-2　花瓣飞舞动画场景制作流程

5.3.3　制作任务实施

1. 新建项目、导入素材

步骤 **01**：参照 1.4.1 的新建项目步骤，建立项目"婚庆视频 .aep"。

步骤 **02**：参照 1.4.1 的导入素材步骤，导入如图 5-3 所示的本书电子教学资源包"第 5 章 / 任务 10/ 素材"文件夹中的全部素材。

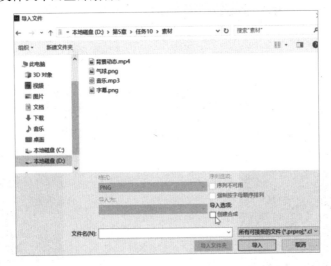

图5-3　导入任务10素材

●视频

花瓣变色

2．制作变色花瓣

步骤 01：参照 1.4.1 的新建合成步骤，建立名称为"花瓣"的合成。在"合成设置"对话框中将合成预设设置为 PAL D1/DV，合成长度持续时间设置为 1 分 30 秒，设置完成后单击右下角"确认"按钮。

步骤 02：设置色相关键帧。

（1）从项目窗口把素材"花瓣 .psd"拖入时间线窗口，执行如图 5-4 所示的"效果"→"颜色校正"→"颜色平衡（HLS）"菜单命令，项目窗口下的"效果控件"面板出现如图 5-5 所示的"颜色平衡（HLS）"控件。

图5-4　颜色平衡（HLS）特效的菜单路径

（2）在时间线窗口中把时间指针移至 0 帧处。在如图 5-5 所示的"效果控件"中，单击"颜色平衡（HLS）"下方的参数"色相"旁边的小三角形，再单击"色相"前面的 ，为图层的"色相"参数添加第一个关键帧。此时，色相的参数并没有改变，如图 5-6 所示，花瓣的起始颜色是花瓣本身的默认颜色。

图5-5　"效果控件"面板

图5-6　花瓣的起始颜色

（3）将时间指针移动到 1 分 30 秒处，然后修改色相的参数为"10×+0.00"，如图 5-7 所示，时间线自动添加一个关键帧。此时，在视频窗口中花瓣的颜色并没有发生改变。这是因为调整的参数使颜色的改变正好是个整周期。把时间指针向前移动，就会发现花瓣的颜色在不同的时间点会有不同的变化。

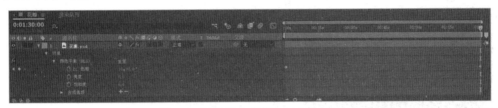

图5-7 时间线自动添加一个关键帧

（4）按下【S】键，打开图层"花瓣"的"缩放"参数，如图 5-8 所示，设置"缩放"参数为 42。

图5-8 设置"花瓣"的"缩放"参数

3. 用粒子运动场效果实现花瓣飞舞的效果

步骤 **01**：参照 1.4.1 的新建合成步骤，建立名称为"飞舞"的合成。在"合成设置"对话框中将合成预设设置为 PAL D1/DV，合成长度持续时间设置为 1 分 30 秒，设置完成单击右下角"确认"按钮。

步骤 **02**：添加粒子特效。

（1）在时间线窗口单击"飞舞"合成，建立名为"粒子"的纯色图层，其他参数使用系统默认值。

（2）执行如图 5-9 所示的"效果"→"模拟"→"粒子运动场"菜单命令，为图层"粒子"添加粒子运动场效果。

视频

花瓣飘落

图5-9 为图层"粒子"添加粒子运动场效果

（3）调整特效面板中粒子运动场的参数。如图5-10所示，设置"发射"控件的参数。位置：-196，-62；圆筒半径：400；每秒粒子数：2；方向0x+48°；随机扩散方向：20；速率：123。"重力"控件参数设置，力：53；方向：0x+180°。

步骤 **03**：按下空格键进行预览，如图5-11所示，可以看到粒子在慢慢地向右下方飘移，这就是将来花瓣移动的路径。

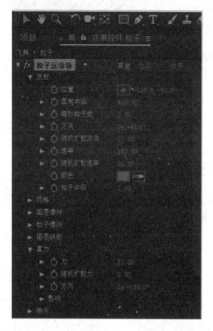

图5-10 调整特效面板中粒子运动场的参数

图5-11 调整后的粒子效果

步骤 **04**：导入变色花瓣，替换粒子。

（1）从项目窗口中把合成"花瓣"拖放到合成"飞舞"的时间线窗口的第二层，放置在纯色层"粒子"的下方。

（2）在时间线窗口中单击图5-12箭头所示的"花瓣"图层前面的视频开关 ，不在合成窗口中显示"花瓣"图层。

图5-12 不在合成窗口中显示"花瓣"图层

（3）单击"粒子"图层，在粒子图层的"效果控件"面板中，如图5-13方框所示，设置"粒子"图层粒子运动场效果的"图层映射"控件，使用图层："2.花瓣"；时间偏移类型：相对随机；最大随机时间：2。

（4）按下空格键预览，如图5-14所示，可以看到缤纷飞舞的花瓣。

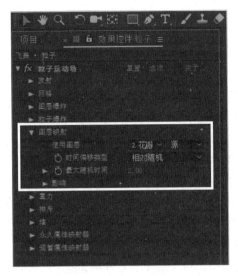

图5-13 调整"纯色"图层粒子运动场效果的"图层映射"控件　　图5-14 缤纷飞舞的花瓣

4. 添加背景与音效

步骤 01：从项目窗口中拖放素材"结婚相册 .mp4"到合成"飞舞"的时间线窗口，并放置在时间线的最底层。

步骤 02：按下【S】键，调整素材"结婚相册 .mp4"大小，如图 5-15 所示，设置"缩放"参数为 2，82.8。使素材大小和合成窗口大小匹配。

图5-15 设置"缩放"参数

步骤 03：从项目窗口中拖放素材"音乐 .mp3"到合成"飞舞"并放置在时间线的最后一层。

步骤 04：按下空格键预览，可以看到彩色的花瓣飞舞的场景（见图 5-1）。

5. 渲染输出

步骤 01：参照 1.4.1 的输出动画步骤，打开渲染队列窗口。

步骤 02：在渲染队列窗口里单击"输出到："下拉列表，打开"将影片输出到"对话框，确定制作的场景渲染输出时的文件名、存放地址和文件类型。本任务为："第 5 章／任务 10/婚庆视频 .mp4"。

步骤 03：渲染设置完成后，在渲染队列窗口中单击"渲染"按钮渲染输出，完成后在"第5 章／任务 10/"文件夹下查看最终文件"婚庆视频 .mp4"。

5.3.4 制作要点

本任务使用粒子运动场的"图层映射"控件，将点粒子源替换成"花瓣"动画。使用图层映射控件可以将任何造型作为粒子。例如，使用单个鸟拍打翅膀的影片作为粒子源图层，则 AE 会将所有点替换为鸟影片的实例，从而创建一群鸟。使用这种技法，可以用来表现成群的蚂蚁、蜜蜂、热带鱼、吹散的蒲公英等动画效果。在使用粒子运动场动画的时候应注意以下几个环节：

- "发射"控件用于创建一连串连续的粒子，默认情况下，"发射"控件都是已开启的。如果要使用其他的方法来创建粒子，例如要通过"网格"创建一个连续的粒子面，要先在"发射"控件将"每秒粒子数"参数设置为 0 来关闭"发射"。

- "发射"控件的"圆筒半径"对于狭小的发射源（如射线枪），需指定较低的值。对于宽大的发射源（如鱼群），需指定较高的值。对于高聚焦流（如射线枪），需指定较低的值。对于快速加宽的粒子流，需指定较高的值，最多可以指定 360°。

- 使用"重力"控件可在指定方向拉现有粒子。粒子会在重力方向加速。在垂直方向应用此控件，可创建下降的粒子（如雨或雪）或上升的粒子（如香槟酒气泡）。在水平方向应用此控件可模拟风。

- "图层爆炸"控件的"分散速度"参数设置为较高的值可创建更分散的或云雾状的爆炸。而较低的值可使新粒子更紧密，并使爆炸的粒子像光环或激波。

- "图层映射"控件的"时间偏移类型"在知识点已经作了详细介绍。如果使用一个鸟拍打其翅膀的图层，并选择"相对"作为"时间偏移类型"，同时将"时间偏移"设置为 0，则可使此鸟所有实例的拍打翅膀同步。虽然此效果对行进的乐队可能有用，但对一群鸟却不实际。要使每只鸟从图层中的不同帧开始拍打其翅膀，需要使用"相对随机"。

- 可以将默认点粒子替换为现有图层中要创建的图像，例如，单个雪花图层中的整个暴风雪，也可以使用文本字符作为粒子。例如，可以跨屏幕射出单词，也可以创建一片文本，其中一些字母会改变颜色，从而显示消息。

视频

任务11分析

5.4　任务 11　仙女化作烟雾消失场景制作

本任务为电影《牛郎织女》制作仙女化作烟雾消失的场景，通过本任务的学习，读者应掌握 CC Particle World 粒子仿真世界效果的基本应用和特点，任务完成如图 5-16 所示的效果。

图5-16　仙女化作烟雾消失场景效果

5.4.1　任务需求分析与设计

在影视动画后期特效制作中，粒子特效对影视场景的表现效果起着至关重要的作用。粒子系统主要是用来创建雨、雪、爆炸、灰尘、泡沫、火花、气流等。而烟雾一直是粒子仿真领域的重要分支之一，在影视作品中具有丰富多样的表现形式与意象内涵。它传递着电影导演的特定艺术构想，将影像时空模糊处理，营造特殊的时空氛围及人与环境的互动关系。烟雾与布光、色调的配合，在影视特效和广告中的应用越来越广泛。使用了后期特效烟雾之后，烟雾表现形式更容易得到实现。仙女化作烟雾消失的场景在许多国产影视作品中屡屡出现。《聊斋》《白娘子传》《西游记》等影视剧中由一个形象变到另一形象时也往往会使用烟雾进行过渡和掩饰，使两个形象的变化不至于那么生硬。

本任务分镜头制作脚本如表5-2所示，场景设计如下：

- 本任务建立合成2个："烟雾""总合成"，时长都是10秒。
- 视频素材2个："人物.mp4""森林背景.mp4"。
- 仙女动画：仙女随着烟雾升起而慢慢由下而上原地消失。
- 烟雾动画：烟雾从下往上升，直到移出画面外部消失。

表5-2　仙女化作烟雾消失场景分镜头脚本与基本参数表

影片制式	帧速率	宽度/px	高度/px	时长/s	用途	导出格式
D1/DV PAL（1.09）	25	1024	576	10	电影场景	avi
脚本	镜头：仙女在森林中随烟雾消失的平镜头。景别：中景。时长：10秒。 00:00：背景出现森林小鹿动画，仙女出现。 00:00—02:03：仙女慢慢从下而上原地消失，烟雾随仙女消失的部分慢慢从下而上升腾。 02:03：仙女在2秒3帧处完全消失，仙女消失时烟雾继续在仙女所在位置存在。 02:03—06:05：烟雾渐渐移出画面。 06:05—10:00：森林恢复原样					

5.4.2　制作思路与流程

本任务制作的关键是用粒子特效模拟烟雾。本任务采用了CC Partcle World粒子仿真世界效果来制作烟雾。CC Partcle World效果的特点是可以直接用Physics（物理性质）控件来设置粒子的运动效果以及用Paticle（粒子）控件设置粒子的纹理、形状以及颜色等，再配合高斯模糊效果和CC Vector Blur（CC矢量模糊）效果就可模拟烟雾。为了让烟雾更有层次感、更加逼真，本任务制作了内外两重烟雾进行叠加。两重烟雾分别用两个纯色图层实施CC Partcle World效果来制作，但这两个粒子图层的参数是不一样的，因而外在的细节也是不一样，当它们叠加起来后就会显得比较真实和自然。

仙女消失的动画制作首先要建立蒙版，然后分别在第0秒和2秒3帧处建立蒙版路径关键帧，让蒙版高度收缩到0，从而让仙女消失；烟雾升腾的动画制作也要建立蒙版，配合仙女慢慢从下往上消失的画面，分别在第0秒和6秒5帧处建立蒙版路径关键帧，让整个蒙版向上方移动，直至移出屏幕，从而有向上升腾的效果。

本任务首先创建"烟雾"合成，在"烟雾"合成中用粒子特效制作外部烟雾图层和内部烟雾图层，然后将"烟雾"合成嵌套在"总合成"中，并制作仙女消失的动画和烟雾升腾的动画。本任务制作流程如图 5-17 所示。

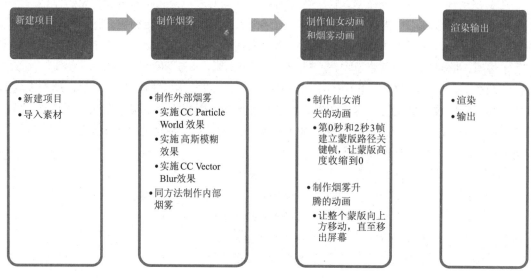

图5-17　仙女化作烟雾消失场景制作流程

5.4.3　制作任务实施

1. 新建项目、导入素材

步骤 **01**：参照 1.4.1 的新建项目步骤，建立项目"仙女化作烟雾消失 .aep"。

步骤 **02**：参照 1.4.1 的导入素材步骤，导入如图 5-18 所示的本书电子教学资源包"第 5 章 / 任务 11/ 素材"文件夹中的全部素材。

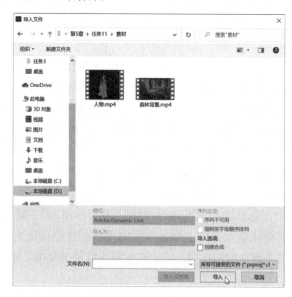

图5-18　导入任务11素材

2. 制作烟雾

步骤 **01**：参照1.4.1的建合成步骤，建立名称为"烟雾"的合成。在"合成设置"对话框中设置宽度为1 024 px，高度为576 px，帧速率为25，并设置持续时间为10秒。设置完成单击右下角"确认"按钮。

步骤 **02**：执行"图层"→"新建"→"纯色"菜单命令，建立名为"外部烟雾"的纯色图层。设置宽度数值为1 024 px，高度数值为576 px，颜色值为白色，其他参数设置为默认值。

步骤 **03**：在时间线窗口中选中"外部烟雾"图层，执行如图5-19所示的"效果"→"模拟"→CC Particle World菜单命令。CC Particle World效果参数出现在如图5-20所示的项目窗口"效果控件"面板中。

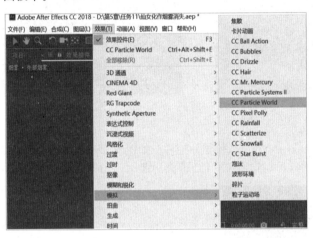

图5-19　"效果→模拟→CC Particle World"菜单命令

步骤 **04**：如图5-20所示，在"效果控件"面板中设置Birth Rate（出生率）数值为7，Longevity（寿命）值为1；展开Producer（发生器）控件，设置Position X（X轴位置）数值为0.15，Position Y（Y轴位置）数值为0.17，Radius Y（Y轴半径）数值为0.15。完成设置后的效果如图5-21所示。

图5-20　CC Particle World参数设置

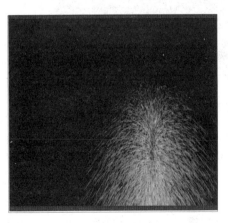

图5-21　CC Particle World参数设置后的效果

步骤 **05**：展开"外部烟雾"图层的"效果控件"面板 Physics（物理）控件，如图 5-22 所示，设置 Velocity（速度）数值为 0.7。Gravity（重力）数值为 0。完成设置后的效果如图 5-23 所示。

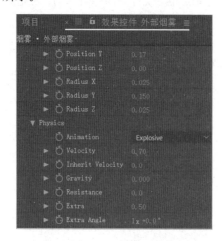

图5-22　设置Physics控件参数

图5-23　Physics控件参数设置后的效果

步骤 **06**：继续展开 Particle（粒子）控件，如图 5-24 所示，从 Particle Type（粒子类型）右侧下拉列表框中选择 Lens Convex（凸透镜）选项。完成设置后的效果如图 5-25 所示。

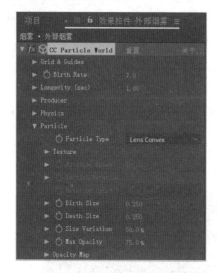

图5-24　设置Particle控件参数

图5-25　Particle控件参数设置后的效果

步骤 **07**：在时间线窗口中单击"外部烟雾"图层，执行如图 5-26 所示的"效果"→"模糊和锐化"→"高斯模糊"菜单命令，对"外部烟雾"图层的粒子进行高斯模糊处理。高斯模糊效果参数出现在如图 5-27 所示的项目窗口"效果控件"面板中。

步骤 **08**：在如图 5-27 所示的效果控件中设置高斯模糊特效的"模糊度"参数为14。

步骤 **09**：单击时间线窗口中的"外部烟雾"图层，执行如图 5-28 所示的"效果"→"模糊和锐化"→ CC Vector Bur 菜单命令，CC Vector Bur 矢量模糊效果，参数如图 5-29 所示的项目窗口"效果控件"面板中。

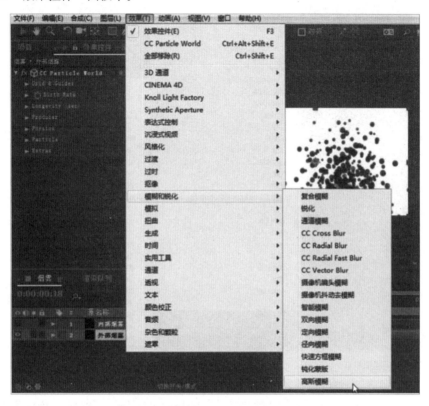

图5-26 "效果"→"模糊和锐化"→"高斯模糊"菜单命令

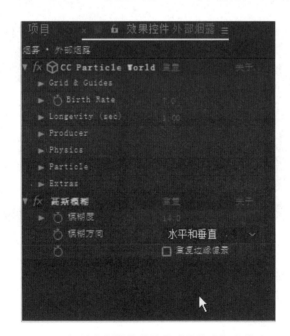

图5-27 设置高斯模糊特效的"模糊度"参数为14

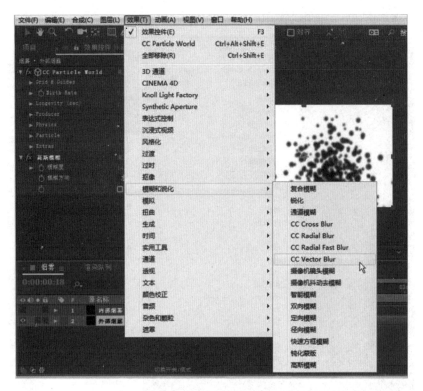

图5-28 "效果" → "模糊和锐化" →CC Vector Bur菜单命令

步骤 ⑩：在如图5-29所示的"效果控件"面板中设置CC Vector Bur效果的参数，Amount（数量）：10；Property（参数）：Alpha。完成矢量模糊设置后的效果如图5-30所示。

图5-29 CC Vector Bur特效参数

图5-30 完成设置后的模糊效果

步骤 ⑪：制作内部烟雾。

参照本节步骤02至步骤10，用同样的方法在"烟雾"合成中建立"内部烟雾"图层。其中：

(1) CC Particle World 效果参数设置为：

Birth Rate：8。

Longevity：1。

Producer 控件设置：Position X（X轴位置），0.15；Position Y（Y轴置），0.16；Radius Y（Y轴半径），0.16。

Physics 控件设置：Velocity，0.7；Gravity，0。

Particle 控件设置：Particle Type，Lens convex。

（2）高斯模糊效果设置：模糊度，14。

（3）CC Vector Bur 效果设置：Amount（数量），91；Property（参数），Alpha。完成特效参数设置后，"烟雾"合成包含如图 5-31 所示的两个图层。

图5-31 "烟雾"合成包含两个图层

3. 制作仙女动画和烟雾动画

步骤 **01**：参照 1.4.1 节的创建合成步骤，建立名称为"总合成"的合成。设置宽度：1 024 px，高度：576 px，帧速率为 25，并设置持续时间为 10 秒，其他参数设为默认值。

步骤 **02**：在项目窗口选中"人物 .mp4""森林背景 .mp4"素材，将它们拖到"总合成"的时间线窗口中，如图 5-32 所示，"人物 .mp4"在第一层，"森林背景 .mp4"在第二层。

视频

仙女消失

图5-32 在"总合成"中加入外部素材

步骤 **03**：单击"人物 .mp4"图层，选择工具栏中的矩形工具 ，如图 5-33 所示，在"总合成"窗口拖动鼠标绘制一个矩形蒙版。

图5-33　在"总合成"窗口中绘制一个矩形蒙版

步骤 04：在合成"总合成"的时间线窗口中，图层"人物.mp4"多了"蒙版1"参数，选中"蒙版1"，单击旁边的扩展按钮，如图5-34所示，设置蒙版羽化参数数值为50。

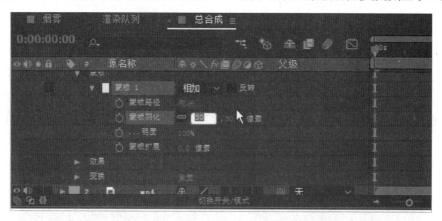

图5-34　设置蒙版羽化参数数值为50

步骤 05：设置蒙版的关键帧，制作仙女消失的动画。

（1）继续选中图层"人物.mp4"，将时间指针放置在0帧处，单击蒙版路径左侧的码表按钮，给蒙版路径手动添加关键帧。

（2）将时间指针移至2秒3帧处，在合成窗口将鼠标放到蒙版下方的边框中心点上，拖动边框向上移动，直到拖动到与最上方的边框线重合的位置，如图5-35所示，这时系统会自动为蒙版路径关键帧。仙女在2秒3帧处完全消失。

步骤 06：在如图5-36所示的项目窗口中选择

图5-35　拖动蒙版下方的中心点与最上方的
边框线重合

"烟雾"合成，将其拖动到"总合成"时间线窗口的第一层。

步骤 **07**：选中"烟雾"合成，执行如图 5-37 所示"效果"→"颜色校正"→"色调"菜单命令，给"烟雾"合成实施"色调"效果。

图5-36 将"烟雾"合成拖动到"总合成"时间线窗口的第一层

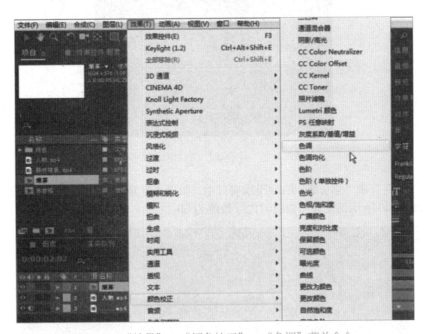

图5-37 "效果"→"颜色校正"→"色调"菜单命令

步骤 **08**：选中"总合成"时间线窗口的"烟雾"图层，在"效果控件"面板中设置"色调"效果，如图 5-38 所示，设置"将黑色映射到"颜色为灰色（R：207，G：207，B：207）。

步骤 **09**：选中"烟雾"图层。选择工具栏中的钢笔工具，此时鼠标工具变为了一支钢笔工具，如图 5-39 所示，在"总合成"窗口中绘制一个闭合蒙版（头尾重合）。

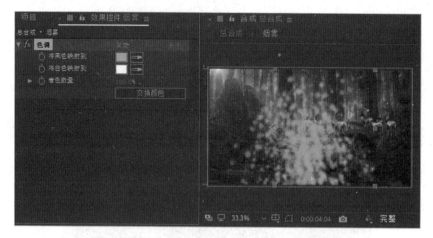

图5-38　设置"将黑色映射到"颜色为灰色

图5-39　用钢笔在"总合成"窗口中绘制一个闭合蒙版

　　步骤 ⑩：在合成"总合成"的时间线窗口中，图层"烟雾"多了"蒙版 1"参数。选中"蒙版 1"，如图 5-40 所示，设置"蒙版羽化"数值为 50。

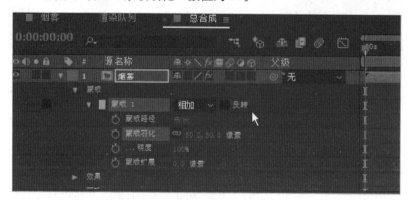

图5-40　设置"蒙版羽化"数值为50

步骤 **11**：制作"烟雾"图层的运动。

（1）在"总合成"合成的时间线窗口，将时间指针调整到 0 帧处，单击蒙版路径左侧的码表，在当前位置添加关键帧。

（2）将时间指针调整到 6 秒 5 帧处，双击蒙版线框，选中整个线框，拖动整个蒙版向上方移动出屏幕，系统会自动创建关键帧，出现如图 5-41 所示的动画效果。

图5-41 蒙版向上方移动出屏幕后的动画效果

步骤 **12**：按空格键预览，完成仙女化作烟雾的效果。

4．渲染输出

步骤 **01**：参照 1.4.1 的输出动画步骤，打开渲染队列窗口。

步骤 **02**：在渲染队列窗口里单击"输出到："下拉列表，打开"将影片输出到"对话框，确定制作的场景渲染输出时的文件名、存放地址和文件类型。本任务为："第 5 章／任务 11／仙女化作烟雾消失 .avi"。

步骤 **03**：渲染设置完成后，在渲染队列窗口中单击"渲染"按钮渲染输出。完成后在"第5 章／任务 11／"文件夹下查看最终文件"仙女化作烟雾消失 .avi"。

5.4.4 制作要点

在烟雾特效制作中，粒子特效的模拟起着至关重要的作用。粒子特效结合其他特效和工具可以制作更加特别的效果，包括雨、雪、爆炸、灰尘、泡沫、火花、气流等。本任务用 C C Particle World 效果、高斯模糊效果和 CC Vector Blur 效果制作烟雾，在制作过程中应把握 CC Particle World 效果的两个主要控件：Physics 和 Paticle 参数的设置。

1. Physics 控件

- Animation（动画）：在右侧的下拉列表中可以选择粒子的运动方式。
- Velocity（速度）：设置粒子的发射速度。数值越大，粒子就飞散得越高越远；反之，粒子就飞散得越低越近。
- Inherity Velocity %（继承的速率）：控制粒子从主粒子继承的速率大小。
- Gravity（重力）：为粒子添加重力。当数值为负数时，粒子就向上运动。
- Resistance（阻力）：设置粒子产生时的阻力。数值越大，粒子发射速度就越小。

2. Paticle 控件

- Paticle Type（粒子类型）：在右侧的下拉列表中可以选择其中一种类型作为要产生的粒子的类型。
- Texture（纹理）：设置粒子的材质贴图。该项只有当 Paticle Type（粒子类型）为纹理时才可以使用。
- Max Opacity（最大不透明度）：设置粒子的不透明度。
- Color Map（颜色贴图）：在右侧的下拉列表中可以选择粒子贴图的类型。
- Birth Color（产生颜色）：设置刚产生的粒子的颜色。
- Death Color（死亡颜色）：设置即将死亡的粒子的颜色。
- Volume Shade（体积阴影）：设置粒子的阴影。
- Transfer Mode（叠加模式）：设置粒子之间的叠加模式。

······● 视频

任务12分析

5.5　任务 12　颁奖典礼片头场景的制作

本任务为某颁奖典礼制作片头场景，通过本任务的学习，读者应熟练掌握 CC Star Burst 效果、CC Ball Action 效果、CC Pixel Polly 效果等粒子特效的基本应用和特点，任务完成如图 5-42 所示的效果。

图5-42　颁奖典礼片头场景效果

5.5.1　任务需求分析与设计

离散的粒子逐渐聚拢成图像、文字或图案，然后又在爆炸中逝去，这是我们在栏目片头和广告节目中经常看到的特技效果，在许多科幻题材的影片中也经常看到类似的场景。这些场景并非是对现实中自然现象的模拟，而是完全通过计算机虚拟构造而成。如《超能陆战队》甚至直接设计了粒子机器人的形象。本任务使用粒子特效制作的颁奖典礼片头场景也是属于虚拟的场景。粒子时而聚拢成巨大的锤子，时而飞散消失，时而聚拢成奖杯，时而炸裂消散。再配合音乐的节奏，给人耳目一新的视听体验。此外，本任务在设计标题文字的时候还使用了星空粒子背景作为衬托。

本任务分镜头制作脚本如表5-3所示，场景设计如下：

- 本任务建立合成5个："总合成""回首2019""2020""巨锤飞散""奖杯飞散"嵌套在"总合成"内，时长都是10秒。
- 图像素材3个："星空粒子.jpg""奖杯.psd""巨锤.psd"。
- 视频素材3个："2020.avi""回首2019.avi""颁奖典礼.avi"。
- 音频素材1个："音乐.mp3"。
- 星空背景下的标题文字动画：用第4章"思考与练习"第6题制作的文字动画"回首2019.avi"作素材，衬托在星空背景之中。
- 粒子聚拢飞散的动画：粒子聚拢成巨大的锤子，然后消失；再聚拢成奖杯，然后消失。
- 主题文字动画：文字像下雨一样从上到下进入，最后炸裂消散。

表5-3 颁奖典礼片头场景分镜头脚本与基本参数表

影片制式	帧速率	宽度/px	高度/px	时长	用途	导出格式
PAL D1/DV	25	720	576	25秒17帧	栏目片头	mp4

脚 本	镜头1：标题文字1由远而近的推镜头。景别：近景。时长：4秒20帧。 00:00：开始出现动态星空背景。 00:24：出现"回首2019"文字。 01:24—04:20：推镜头文字动画至文字模糊消失
	镜头2：宣传文字1进入，粒子聚拢成巨锤形状。景别：中景。时长：4秒21帧。 04:20：出现粒子，文字图层"团结奋进"呈下雨状进入。 06:05：巨锤画面开始出现。 06:10：巨锤慢慢显现，粒子逐渐向巨锤聚拢。 08:20：粒子聚拢成巨锤形状，文字飞散出画。 09:00：巨锤完全显现。 09:16：粒子飞散
	镜头3：标题文字2由远而近的推镜头。景别：近景。时长：4秒24帧。 09:16：出现动态星空背景。 10:20："2020"淡入出现。 12:00—14:15：推镜头文字动画至文字模糊消失
	镜头4：宣传文字2进入，粒子聚拢成巨锤形状。景别：中景。时长：5秒11帧。 14:15：出现粒子，文字图层"开拓创新"呈下雨状进入。 16:00：奖杯画面开始出现。 16:15：奖杯慢慢显现，粒子逐渐向奖杯聚拢。 18:15：粒子聚拢成奖杯形状，文字飞散出画。 18:20：奖杯完全显现。 20:06：粒子飞散
	镜头5：颁奖典礼主体文字进入。景别：中景。时长：5秒11帧。 20:06—25:17："颁奖典礼.avi"

5.5.2　制作思路与流程

本任务首先对图层"星空粒子.jpg"使用 CC Star Burst 效果，分别调整 Scatter 参数和 Grid Spacing 参数来设置粒子的分散程度和粒子之间的距离，打造动态星空背景，在星空背景下显示"回首 2019"文字动画及"2020"文字动画；接着对"巨锤.psd"图层使用发光效果，同时实施 CC Ball Action 滚珠运动效果，通过建立 Scatter（分散）参数的关键帧动画，让粒子逐渐聚拢，形成巨大的锤子，再建立不透明度动画让巨锤逐渐消失；"奖杯.psd"图层的做法和"巨锤.psd"图层相同；中英文竖排文字"团结奋进"和"开拓创新"是通过动画预设实施"下雨字符入"进入画面的，然后实施 CC Pixel Polly 画面破碎效果，让粒子飞散消失；最后显示"2019 年度颁奖典礼"。本任务的制作流程如图 5-43 所示。

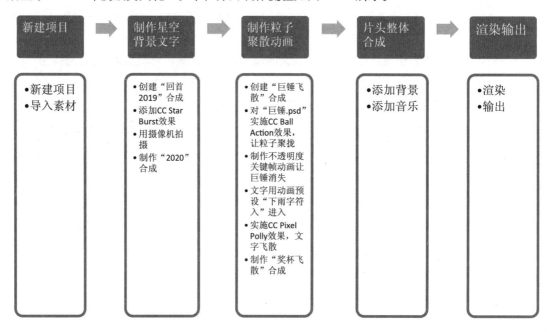

图5-43　颁奖典礼片头场景制作流程

5.5.3　制作任务实施

1. 新建项目、导入素材

步骤 **01**：参照 1.4.1 的新建项目步骤，建立项目"颁奖典礼.aep"。

步骤 **02**：参照 1.4.1 的导入素材步骤，导入如图 5-44 所示的本书电子教学资源包"第 5 章／任务 12/ 素材"文件夹中的全部素材。其中，"回首 2019.avi"为第 4 章"思考与练习"第 6 题的内容。

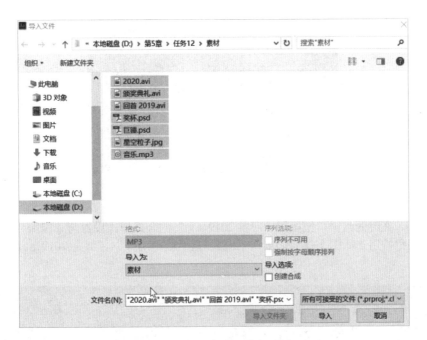

图5-44　导入任务12全部素材

2. 制作星空背景下的文字动画

视频 •————

步骤 **01**：参照1.4.1的新建合成步骤，建立名称为"回首2019"的合成。在"合成设置"对话框中将合成预设设置为PAL D1/DV，合成长度持续时间设置为10秒，设置完成单击右下角"确认"按钮。

步骤 **02**：从项目窗口拖动素材"星空粒子.jpg""回首2019.avi"到时间线窗口"回首2019.avi"并放在第一层。单击时间线图层"星空粒子"，按下【S】键，如图5-45所示，调整图层"缩放"参数为118。

星空下的文字
动画

图5-45　设置图层"星空粒子"大小

步骤 **03**：在时间线窗口中继续选中图层"星空粒子.jpg"，执行"效果"→"模拟"→CC Star Burst菜单命令，为图层添加CC Star Burst效果。如图5-46所示，在"效果控件"面板设置CC Star Burst效果的Scatter参数为472，Grid Spacing参数为2。Scatter参数用来设置粒子的分散程度，Grid Spacing参数用来设置粒子之间的距离。

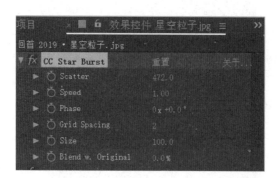

图5-46 设置图层"星空粒子"的CC Star Burst特效参数

步骤 **04**：在时间线窗口把图层"回首 2019.avi"的合成模式设置为"相加"，并且单击两个图层的三维按钮，如图 5-47 所示，把图层"星空粒子 .jpg""回首 2019.avi"都设为三维图层。

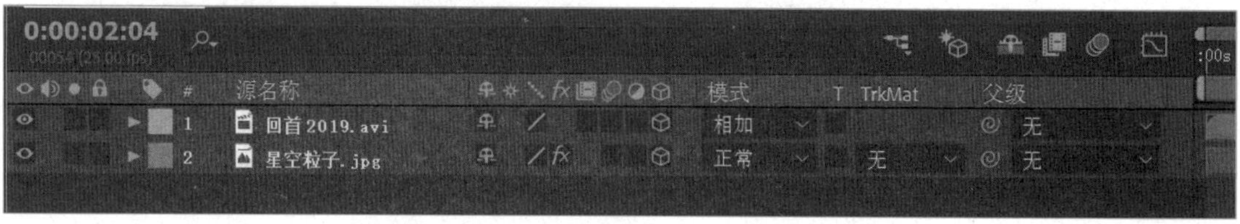

图5-47 设置两个图层为三维图层参数

步骤 **05**：参照 3.3.3 的新建摄像机步骤，或同时按下【Ctrl+Shift+Alt+C】组合键新建一个"摄像机 1"，参数设置为默认。

步骤 **06**：制作摄像机运动。

（1）在合成窗口中，单击"3D 视图弹出式菜单"选择"摄像机 1"选项，然后单击工具栏中的"统一摄像机工具"，鼠标变为摄像机。在时间线窗口把时间指针放在 1 秒 24 帧处，如图 5-48 所示，设置"摄像机 1"的"目标点"参数：360,288,0；"位置"参数设置：360,288,-555.6；添加一个关键帧。

图5-48 设置摄像机的第一个关键帧

（2）在时间线窗口把时间指针放在 4 秒 21 帧处，在合成窗口用鼠标右键推动镜头向前，穿过文字，做一个推镜头。如图 5-49 所示，设置"摄像机 1"的"目标点"参数：360,288,0；"位置"参数：360,288，0；添加一个关键帧。

图5-49 设置"摄像机1"的"目标点"参数

（3）在时间线窗口，按空格键进行预览，如图5-50所示，完成标题文字"回首2019"的制作。

图5-50 摄像机推镜头下的标题文字

步骤 **07**：参照本节步骤01至步骤05，用同样的方法制作合成"2020"，效果如图5-51所示。

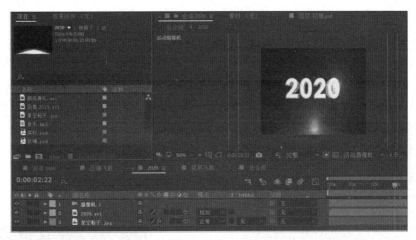

图5-51 制作星空背景下的标题文字"2020"

3. 制作粒子聚拢飞散的动画

步骤 **01**：参照1.4.1的新建合成步骤，建立名称为"巨锤飞散"的合成。在"合成设置"对话框中将合成预设设置为PAL D1/DV，合成长度持续时间设置为10秒，设置完成单击右下角"确认"按钮。

步骤 **02**：从项目窗口拖动素材"巨锤.psd"到时间线窗口。如图5-52所示，单击时间线窗口"巨锤.psd"图层，按【S】键，打开图层"缩放"参数并设置为118；按【Shift+P】键，打开"位置"参数并设置为368,300。

视频 ●········

**粒子聚拢
飞散（1）**

●·········

图5-52 设置"巨锤.psd"图层的"缩放"和"位置"参数

步骤 **03**：在时间线窗口选中"巨锤.psd"图层，按下【Ctrl+D】组合键复制，如图5-53所示，更改图层名称为"巨锤底.psd"。该图层用于显示巨锤原图，而"巨锤.psd"图层将改为粒子图层。

图5-53 复制图层"巨锤底.psd"

步骤 **04**：选择"巨锤.psd"图层，执行"效果"→"风格化"→"发光"菜单命令。如图5-54所示设置"发光"参数，发光阈值设置为20，发光半径为44，发光强度为1.3，发光操作为强光，发光颜色为A和B颜色，颜色A为明黄色，B为淡黄色。参数设置完成之后，如图5-55所示，图层呈现发光效果。当发光的图层下一步变成粒子时，一些强光部分的粒子也有光泽。

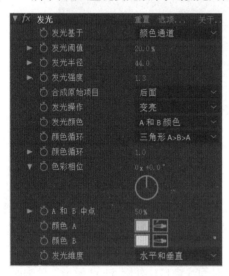

图5-54 设置"发光"参数

图5-55 图层呈现发光效果

步骤 **05**：选中"巨锤.psd"图层，执行"效果"→"模拟"→CC Ball Action菜单命令，将"巨锤.psd"图层设为粒子图层。

（1）把时间指针移至 0 帧位置，如图 5-56 所示，设置 C C Ball Action 效果参数：Scatter：1024；Grid Spacing：1，Scatter 参数用来设置粒子的分散程度，Grid Spacing 参数用来设置粒子之间的距离。单击参数 Scatter 前面的小码表，添加第一个关键帧。

视频

粒子聚拢飞散
（2）

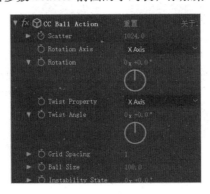

图5-56 设置第0帧CC Ball Action效果参数

（2）把时间指针移至 1 秒 15 帧处，设置 CC Ball Action 效果参数：Scatter 设为 30。设置完成之后合成窗口呈现的效果如图 5-57 所示。系统自动添加第二个关键帧。

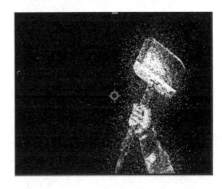

图5-57 设置1秒15帧CC Ball Action效果参数及呈现效果

（3）把时间指针移至 4 秒位置，如图 5-58 所示，特效 CC Ball Action 参数设置：Scatter 为 10。系统自动生成第三个关键帧，效果如图 5-58 所示。注意此处粒子的第二个关键帧和第三个关键帧之间参数变动小，是让粒子聚成巨锤的形状但是又有轻微的运动，增添了动态效果。

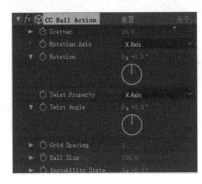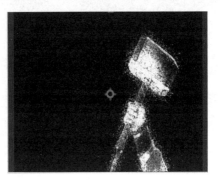

图5-58 设置4秒时CC Ball Action效果参数及呈现效果

（4）把时间指针移至 5 秒处，如图 5-59 所示，设置特效 CC Ball Action 的参数：Scatter 为 912，系统自动生成第四个关键帧。粒子在第 5 秒作飞散状。

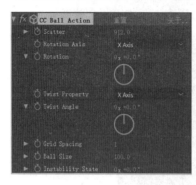

图5-59　设置5秒时CC Ball Action效果参数及呈现效果

步骤 **06**：在"巨锤飞散"的合成时间线窗口选中"巨锤底.psd"图层，制作淡入淡出效果。

（1）把时间指针移至 1 秒 10 帧处，按下【T】键，展开"不透明度"参数，设置参数值为 0。单击图层小码表，为"不透明度"参数添加第一个关键帧。

（2）把时间指针移至 1 秒 16 帧处，设置"不透明度"参数为 80。系统自动为不透明度动画添加第二个关键帧。

（3）把时间指针移至 4 秒处，设置"不透明度"参数为 80。手动添加第三个关键帧。

（4）把时间指针移至 4 秒 5 帧处，设置"不透明度"参数为 0。如图 5-60 所示，系统自动为不透明度动画添加第四个关键帧。

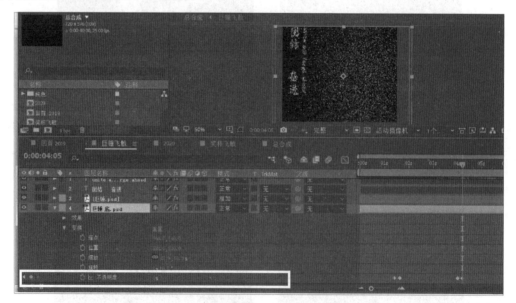

图5-60　"巨锤底.psd"图层的不透明度关键帧

步骤 **07**：长按工具栏的文字工具按钮，选择直排文字工具，然后在合成"巨锤飞散"

合成窗口中输入："团结奋进"。时间线窗口自动生成文字图层"团结奋进"。 如图5-61所示，设置位置参数为：96,212；字符参数：字符大小为35，颜色为白色，字体为楷体，其他参数设为默认。

视频

粒子聚拢飞散
（3）

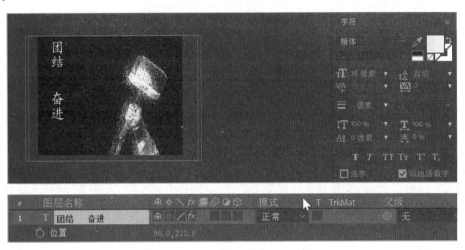

图5-61　设置文字图层"团结奋进"的参数

步骤 **08**：再次选择直排文字工具，然后在合成"巨锤飞散"合成窗口中输入：unite and forge ahead。时间线窗口自动生成文字图层 unite and forge ahead。如图 5-62 所示，设置位置参数为：162,206；字符参数：字符大小 35，颜色为白色，字体为楷体，其他参数设为默认。

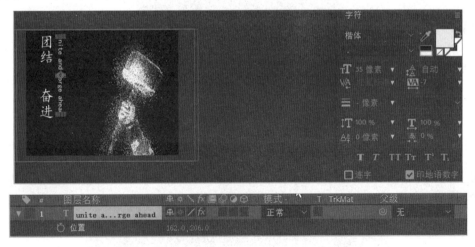

图5-62　设置文字图层unite and forge ahead的参数

步骤 **09**：制作文字出入动画。

（1）"巨锤飞散"的合成时间线窗口分别选中文字图层"团结奋进"，文字图层 unite and forge ahead，把时间指针移至 0 帧处，在效果和预设窗口选中"动画预设"→"Text"→ Animate In →"下雨字符入"菜单命令，并把它拖放到如图 5-63 箭头所指的两个文字图层上面。注意在使用动画预设时，想要动画从什么时候开始，就把指针放在什么时间点上。系统会自动打上关键帧，如果动作快慢需要调整，就打开参数拖动关键帧进行调整。

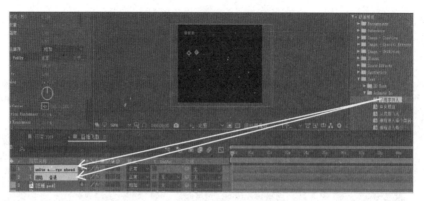

图5-63 对两个文字图层使用"下雨字符入"动画预设

(2)分别选择文字图层"团结奋进"和文字图层unite and forge ahead,执行"效果"→"模拟"→CC Pixel Polly菜单命令,实施CC Pixel Polly效果。如图5-64所示,设置参数Force:52("Force"用来产生破碎时的力度);Gravity:0("Gravity"用来设置碎片下落时的重力);Grid Spacing:2(设置碎片的大小);Object:Textured Square("Object"设置产生碎片的样式);Start Time:4(设置动画开始时间)。这样在4秒处,形成一个文字飞散出画的粒子动画。

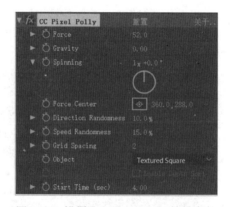

图5-64 设置CC Pixel Polly效果参数

步骤 ⑩:参照本节步骤01至步骤09,用同样的方法制作合成"奖杯飞散",其效果如图5-65所示。

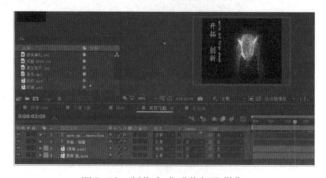

图5-65 制作合成"奖杯飞散"

4．片头整体总合成

步骤 **01**：参照 1.4.1 的新建合成步骤，建立名称为"总合成"的合成。在"合成设置"对话框中将合成预设设置为 PAL D1/DV，合成长度持续时间设置为 40 秒，设置完成单击右下角"确认"按钮。

步骤 **02**：如图 5-67 所示依次摆放各个图层。

（1）从项目窗口把合成"回首 2019"用鼠标拖动图层的末端，把图层剪切到 4 秒 20 帧处结束。

（2）把合成"巨锤飞散"从项目窗口拖入时间轴 4 秒 20 帧处，并且拖动图层的末端，把图层剪切到 9 秒 16 帧结束。

（3）把合成"2020"从项目窗口拖入时间轴 9 秒 16 帧处，用同样的方法把图层剪切到 14 秒 15 帧结束。

（4）把合成"奖杯飞散"从项目窗口拖入到时间轴 14 秒 15 帧处，用同样的方法把图层剪切到 20 秒 06 帧结束。

（5）把"颁奖典礼.avi"从项目窗口拖入时间轴 20 秒 06 帧的地方，如图 6-66 所示，用同样的方法把图层剪切到 25 秒 17 帧。

图5-66 依次摆放各个图层

步骤 **03**：如图 5-67 所示，把时间线窗口中的图层"回首 2019""巨锤飞散""2020""奖杯飞散"的合成模式设置为"相加"。

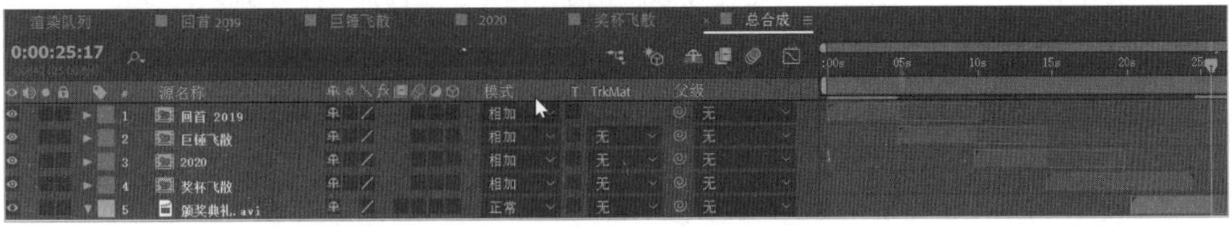

图5-67 把图层合成模式设置为"相加"

步骤 **04**：把素材"音乐 .mp3"从项目窗口拖放到时间线窗口的最后一层。

步骤 **05**：按空格键进行整体预览。

5．渲染输出

步骤 **01**：参照 1.4.1 输出动画步骤，打开渲染队列窗口。

步骤 **02**：在渲染队列窗口里单击"输出到："选项，打开"将影片输出到"对话框，确定制作的场景渲染输出时的文件名、存放地址和文件类型。本任务存放地址为："第 5 章／任务 12／颁奖典礼 .mp4"。

步骤 **03**：渲染设置完成后，在渲染队列窗口中单击"渲染"按钮渲染输出，完成后在"第5 章 / 任务 12/"文件夹下查看最终文件"颁奖典礼 .mp4"。

5.5.4 制作要点

本任务使用了 AE 内置的 3 个 CC 模拟特效。其中 CC Star Burst 星空爆炸效果用来制作动态星空背景；CC Ball Action 滚珠运动效果用来制作粒子的聚合效应；CC Pixel Polly 画面破碎效果用来制作图案的飞散动画，它可使图像爆炸，产生画面破碎效果，给人以非常震撼的感觉。参照本任务的制作，导入公司或学校徽标图案，使用 CC Ball Action 滚珠运动效果能让粒子聚拢成该图案；或使用 CC Pixel Polly 画面破碎效果在图层中爆裂出一个徽标形状的缺口；将本任务中的图案改为文字，还可以制作出文字爆炸的效果，文字最后是以碎片的形式消失。

本任务在制作过程中应全面理解并熟练掌握这些粒子特效的参数，才能制作出符合场景设计的粒子特效。

1. CC Pixel Polly 画面破碎效果参数

- Scatter（扩散）：设置粒子的分散程度。
- Speed（速度）：设置粒子的飞行速度。
- Phase（相位）：设置粒子的旋转角度。
- Grid Spacing（网格间隔）：设置粒子之间的距离。
- Size（尺寸）：设置粒子的大小。
- Blend w.Original（混合程度）：设置与原图的混合程度。

2. CC Ball Action 滚珠运动效果参数

- Scatter（分散）：设置粒子的分散程度。
- Rotation Axis（旋转轴）：设置粒子旋转时所围绕的旋转轴。
- Rotation（旋转）：设置旋转方向。
- Twist Property（扭曲属性）：设置扭曲形状。
- Twist Angle（扭曲角度）：设置粒子扭曲的角度。
- Grid Spacing（网格间隔）：设置粒子之间的距离。
- Ball Size（球尺寸）：设置粒子的大小。
- Instability State（不稳定性）：设置粒子的稳定程度。

3. CC Pixel Polly 画面破碎效果参数

- Force（力量）：设置产生破碎时的力量值。
- Gravity（重力）：设置碎片下落时的重力。
- Spinning（旋转）：设置碎片的旋转角度。
- Force Center（力量中心）：设置破碎时力量的中心点位置。
- Direction Randomness（方向随机）：设置破碎时碎片的方向随机性。
- Speed Randomness（速度随机）：设置碎片运动时速度的随机快慢。

- Grid Spaxing（网格间距）：设置碎片大小。
- Object（物体）：设置产生的碎片样式，在右侧的下拉列表中可以选择需要的样式进行设置。
- Enable Depth Sort（使用深度排序）：启动该选项，可以改变碎片之间的遮挡关系。
- Start Time（开始时间）：设置粒子动画的开始时间。

思考与练习

1. 你看过的哪些电影使用了粒子特效？请举例说明。

2. 常用的粒子特效有哪些？可以做什么样的效果？

3. 用三种不同的粒子特效分别实现粒子的聚拢和分散，写出各自实现的步骤。

4. 为某快餐店制作一部汉堡广告片，其创意示意图如图 5-68 所示。

要求：（1）用粒子运动场效果的"图层映射"替换汉堡碎片。

（2）时长 5 秒。

（3）成片以 MP4 格式输出。

 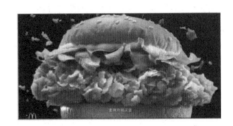

图5-68　汉堡广告参考图

5. 设计并制作某直饮机广告片，其创意示意图如图 5-69 所示。

要求：（1）用粒子运动场效果的"图层映射"替换水泡。

（2）使用 CC Pixel Polly 画面破碎效果制作水泡飞散效果。

（3）时长 5 秒。

（4）成片以 MP4 格式输出。

6. 设计并制作某学校毕业典礼节目片花。

要求：（1）使用学校的校徽做素材。

（2）使用多种粒子特效。

（3）包含粒子聚拢分散动画。

（4）片花时长 10 秒。

（5）成片以 MP4 格式输出。

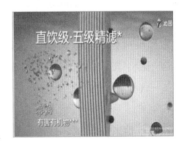

图5-69　直饮机广告参考图

第6章

光线动画特效

6.1　光线动画特效制作概述

著名导演伍迪·艾伦对电影中的光有这么一段经典描述："光是一种重要的东西，它给你一种世界观，它造就你并改变你。……光会改变我们的身体，改变皮肤的颜色和血压，影响眼睛，甚至会决定我们理解世界的方法；光，它在电影中就是力和能量。"自电影艺术诞生以来，运用光影给人们以不同的视觉感受成为一代又一代的艺术家孜孜不倦的追求。如今，影视作品中的光线已经可以通过软件去实现，这就是光线动画特效。光线动画特效能够使影视作品的色彩更加丰富，其主要的功能有以下几个方面：

（1）强调主体。在影视作品中，主体不仅仅指的是画面，同时也可以指图形和图片等，一般在影视作品的片头中常见，运用光效能够使影视作品的 LOGO 更加清晰，能够突出主体。

（2）渲染场景，烘托气氛。在影视作品中，运用光效能够烘托出影视作品的气氛，使影视作品变得轻松幽默或者严肃沉重。张艺谋的电影作品《影》讲述三国时期一个傀儡替身的故事，整体画面呈现出墨绿色的灰暗和迷雾般的朦胧，展示出了一种水墨山水画面的影像效果。整部电影通过对水墨自然的光线处理，有效地让水墨自然画面富有了韵味，为紧张的剧情气氛做铺垫和反衬，既凝重又扑朔迷离。同时，又烘托了影片里的相关事件气氛，让光效成为影片叙事的一种手段，给人们带来不小的视觉冲击。

（3）使观众更有想象力。光效在科幻、魔幻片中使用的比较多，能够使影片更加具有想象的空间。在影片《哈利波特》中，讲述的是一个小男孩在魔法学校成长的故事，在使用魔法的时候就借助了光效，让想象中的魔法通过光效展示和传递出来。

在第 3 章三维动画特效中读者已经学习了灯光的使用，能够对自然光进行模拟，或借助光源的照明，对不同的事物进行材质模拟。本章所述的光效是在对自然光模拟的基础上，对光线进行设计与制作，从而实现光影造型，达到特定的艺术效果。它不依靠外部光源，更多时候用于虚拟场景。

本章用 3 个任务实例展现光效在不同领域的应用。任务 13 使用"高级闪电"效果生成闪电光，使用"分形杂色"效果制作垂直光线，使用 Particular 粒子插件生成发光粒子；任务 14 主要介绍使用径向模糊等特效制作太阳光线的方法，以及用 CC Particle World 效果制作光波的方法；任务 15 介绍了使用"发光"等多种效果制作光环、光圈等综合发光体，然后组合成公司 LOGO 的方法。

6.2　知　识　点

在影视动画制作中，光是一种艺术造型。在 AE 中可以直接通过"发光""闪电"等效果直接产生光，更多个性化的光线设计需要通过粒子、颜色等相关的效果综合制作完成。

6.2.1　AE 直接产生光线的效果

AE 可以直接产生各种光线，表 6-1 是 AE 中常用的光线效果列表。这些光线效果的运用大大简化了制作流程，提高了制作效率，仅通过菜单命令就可以较快捷地完成对光线的模拟。

表6-1　AE光线效果列表

特效名称	菜单命令	功能说明	示　例
发光效果	效果→风格化→发光	在物体边沿形成一种辉光效果	
镜头光晕	效果→生成→镜头光晕	制作光晕效果	
光线爆裂	效果→生成→CC light Burst 2.5	在一些转场中比较常用，可以使图像产生镜头冲击的感觉	
光线放射	效果→生成→CC light Rays	制作光芒放射效果	
过光效果	效果→生成→CC light Sweep	在物体表面模拟扫过一层光线的效果	
线状穿梭	效果→生成→CC Threads	制作光线穿梭的效果	
无线电波	效果→生成→无线电波	制作波形光线	

续表

特效名称	菜单命令	功能说明	示 例
光束	效果→生成→光束	生成光束	
音频波形	效果→生成→音频波形	生成类似音频的光线	
高级闪电	效果→生成→高级闪电	模拟闪电	

6.2.2 AE 与光线相关的常用效果

1. 分形杂色效果

AE 中的分形杂色常用于制作各类烟、雾、云朵、火等带有光效的动画。在光线特效动画制作过程中，分形杂色与其他效果配合，可制作更富于个性化的效果。

对已存在的图层或创建新的纯色图层执行"效果"→"杂色和颗粒"→"分形杂色"菜单命令即实施了分形杂色效果。它包含"分形类型""杂色类型""反转""对比度""亮度""溢出""变换""复杂度""子设置""演化""演化选项""不透明度""混合模式"等属性参数。在"变换"属性下调整分形杂色的缩放宽度和缩放高度就可以制作出光线或者云朵的基本形状。"变换"属性下的"偏移"参数在分形杂色中经常做成关键帧，随着分形杂色效果的移动，会产生关键帧动画，就会形成流动的云、水波、动态的火焰等效果；另一个常用来产生关键帧的属性是"演化"， 通过"演化"参数的改变产生关键帧动画，同样可以形成流动介质的光线。

2. 径向模糊效果

径向模糊效果原本用来模拟摄像机快速变焦、缩放镜头和旋转镜头时所产生的模糊效果。由于该效果可以达到类似放射一样的效果，所以通常会利用该效果去制作自然光。

对图层执行"效果"→"模糊和锐化"→"径向模糊" 菜单命令就实施了径向模糊效果，它包含"数量""中心""类型""抗锯齿"等参数。将"类型"参数设置为缩放，实施径向模糊效果后就把图层变成拉长的直线，如果原图层画面的高光区域明显，再配合使用"色相／饱和度""色阶"等多个特效，就可以将拉长的直线呈现出光线效果。

视频

任务13分析

6.3　任务 13　猴王现身动画场景的制作

本任务制作《悟空传奇》中猴王现身的动画场景。通过本任务的学习，读者应掌握光线效果的基本制作方法，掌握高级闪电特效的应用。本任务完成如图 6-1 所示的效果。

图6-1　猴王现身动画场景效果

6.3.1　任务需求分析与设计

大地在一阵闪电之后，伴随着一道光，大圣从天而降，这是本任务制作的猴王现身的场景。孙悟空一出现便有光笼罩，增添了它的神秘感。光线在这里既起到了强化主体的作用，又渲染了场景，烘托了气氛，更是通过光线巧妙地点出大圣的神力。在科幻、奇幻电影中常常运用光线将超自然的概念具象化，比如科幻电影中的时空穿梭就常常用光线去表达穿越的速度、位置和方向，奇幻电影常常运用光线去表达神话人物飞行的轨迹等。本任务除了通过光效去衬托大圣从天而降的效果之外，还使用了粒子特效，粒子在猴王周围做不规则运动，仿佛猴王有一股神秘力量在加持。

为了营造和铺垫整体效果，烘托大圣从天而降的氛围，在猴王现身之前有两道闪电划过，给昏暗的画面带来强烈的反差，预示着一股神秘力量即将出现。

本任务分镜头制作脚本如表6-2所示，场景设计如下：

- 本任务建立合成1个："总合成"时长10秒。
- 视频素材1个："大圣.mp4"。
- 图像素材2个："背景.jpg""飞石.png"。
- 音频素材1个："音乐.mp3"。
- 闪电动画：两道闪电先后划破天空。
- 悟空降临动画：一束光线从空中打下来，悟空随之从天而降，身上仿佛披上了一件粒子战袍。

表6-2　猴王现身动画场景分镜头脚本与基本参数表

影片制式	帧速率	宽度/px	高度/px	时长/s	用途	导出格式
HDTV1080 29.97	29.97	1 920	1 080	5	电影场景	avi

	脚本内容
脚本	镜头1：两道闪电的平镜头。景别：中景。时长：1秒03帧。 00:00：背景出现。 00:00—00:05：出现第1道闪电。 00:05—00:10：第1道闪电淡出。 00:18：出现第2道闪电。 00:23—01:03：第2道闪电淡出
	镜头2：大圣由上而下的移动镜头。景别：中景。时长：2秒。 00:00—02:00：大圣从上往下降；光线从上往下倾泻
	镜头3：大圣降落后的平镜头。景别：中景。时长：3秒。 02:00—05:00：大圣原地摆动，周围粒子光线笼罩

6.3.2　制作思路与流程

光效的制作始终是影视包装中的一个亮点。关于光效，首先它是一个发光体，然后在这个发光体上有流动的介质，在制作中所要解决的问题就是这两点。为此要制作笔直的光线，选用分形杂色效果，把它的缩放高度提高到 1 500 以上，就可以使光线变直。然后添加演化参数的关键帧动画，这样就可以制作出笔直而且有流动介质的光线。在光线的制作中，本任务使用了线性擦除效果对多余的光线进行擦除。通过对线性擦除效果进行复制的方法分别在左边、右边和下面进行了 3 次擦除。

为配合整体氛围，本任务使用了 Particular 粒子插件特效对悟空降临的光效作进一步的强化。通过设置 Particular 粒子效果的发射器控件制作粒子运动的状态，通过设置 Particular 粒子效果的粒子控件中的粒子类型为"发光球体"，就可以让粒子呈现出发光的效果。

本任务开场的两道闪电是通过 AE 高级闪电效果生成的，通过外径参数关键帧动画使闪电产生分支，然后再作不透明度动画让闪电慢慢淡出。

本项目的制作流程如图 6-2 所示。

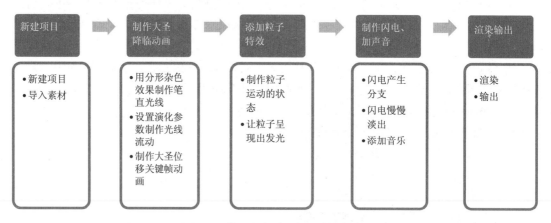

图6-2　猴王现身动画场景制作流程

6.3.3　制作任务实施

1. 新建项目、导入素材

步骤 **01**：参照 1.4.1 的新建项目步骤，建立项目"猴王现身 .aep"。

步骤 **02**：参照 1.4.1 的导入素材步骤，导入如图 6-3 所示的本书电子教学资源包"第 6 章／任务 13/ 素材"文件夹中的全部素材。

2. 制作大圣从天而降动画

步骤 **01**：参照 1.4.1 的新建合成步骤，建立名称为"总合成"的合成。设置预设为 NTSC DV，宽度为 720，高度为 480，帧速率为 25，并设置持续时间为 10 秒。

步骤 **02**：从项目窗口把素材"大圣 .mp4""背景 .jpg"拖动到时间线窗口中，把"大圣 .mp4"放置在第 1 层，"背景 .jpg" 放置在第 2 层。

视频

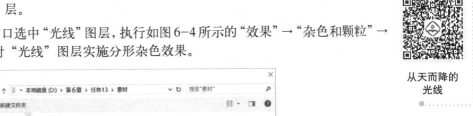

从天而降的
光线

步骤 **03**：建立纯色图层"光线"。设置宽度：720；高度：480；颜色：黑色；其他为默值。将图层"光线"拖放到第1层。

步骤 **04**：在时间线窗口选中"光线"图层，执行如图6-4所示的"效果"→"杂色和颗粒"→"分形杂色"菜单命令，对"光线"图层实施分形杂色效果。

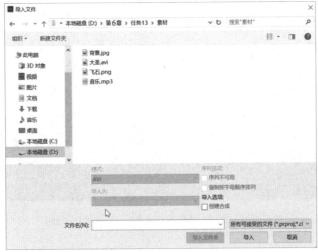

图6-3　导入任务13的素材

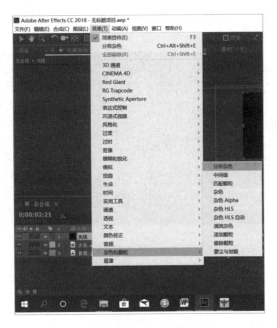

图6-4　"分形杂色"菜单命令

步骤 **05**：如图6-5所示，在"效果控件"面板中设置光线图层的对比度：250；亮度：-40°；展开"变换"属性，取消选中"统一缩放"复选框；设置缩放宽度：45，缩放高度：5000。设置完成后的效果如图6-5所示。

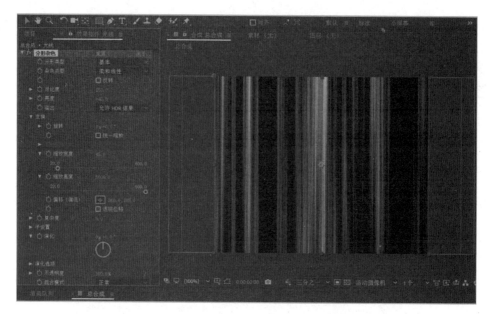

图6-5 设置 "分形杂色"效果参数及效果

步骤 **06**：光线区形成，但是光线是静止的，需要调整演化参数让光线动起来。在时间线窗口把指针调整到 0 帧处。设置演化数值为 0× +0，单击图层光线前面的小码表按钮，在当前位置添加关键帧；将时间指针调整到 10 秒处， 如图 6-6 所示，设置演化数值为 10× +0，这时单击空格键可以看到光线流动起来了。

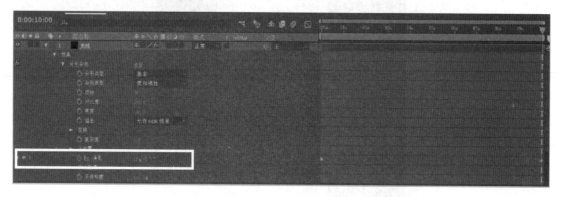

图6-6 设置演化数值关键帧

步骤 **07**：在时间线窗口中单击"光线"图层，设置其模式为"相加"；设置"大圣 .avi"图层的位置参数：202，356。效果如图 6-7 所示。

步骤 **08**：此时光线布满整个合成窗口，由于需要的仅仅是大圣周围的光线，所以需要把多余的光线去除，同时还要保证光线的四周要有一个过渡，这样才自然。对"光线"图层执行如图 6-8 所示的"效果"→"过渡"→"线性擦除"菜单命令。线性擦除特效默认是从左边开始垂直擦除。

图6-7　"光线"图层与"大圣.avi"图层相加的效果

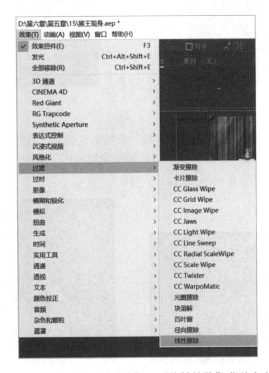

图6-8　"效果"→"过渡"→"线性擦除"菜单命令

步骤 **09**：如图 6-9 所示，设置"线性擦除"参数，过渡完成：11；擦除角度：90°；羽化：69。完成设置后的效果如图 6-10 所示。

步骤 **10**：在"效果控件"面板单击"线性擦除"特效，按下【Ctrl+D】组合键，复制一个特效，出现"线性擦除 2"特效，如图 6-11 所示设置"线性擦除 2"参数，过渡完成：54，擦除角度：270°，羽化：69。如图 6-12 所示，线性擦除从右边开始垂直擦除。

图6-9　设置"线性擦除"参数　　　　　　　图6-10　线性擦除效果

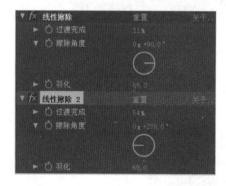

图6-11　设置"线性擦除2"参数　　　　　　图6-12　从右边开始垂直擦除

步骤 **11**：按下【Ctrl+D】组合键，复制一个特效，出现"线性擦除3"， 如图 6-13 所示设置"线性擦除 3"的参数，过渡完成：11；擦除角度：0°；羽化：69。如图 6-14 所示，线性擦除从下开始水平擦除脚下多余的光线。

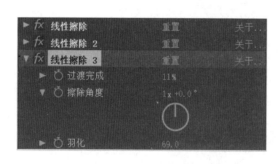

图6-13　设置"线性擦除3"参数　　　　　　图6-14　从下开始水平擦除

步骤 **12**：选中时间线窗口的"大圣.avi"图层，把时间指针移至 0 帧处，如图 6-15 所示设置位置参数：190，−274，手动添加位置关键帧；把时间指针移至 2 秒处，设置位置参数：190，261，系统自动添加关键帧，让大圣从天上降下来。

图6-15 设置"大圣.avi"图层"位置"参数

步骤 ⑬：在时间线窗口选中"光线"图层，把时间指针移至0帧处，在时间线窗口选中"光线"图层，单击工具栏中的矩形工具■，如图6-16所示，在合成窗口"光线"图层的上方拖动鼠标绘制一个矩形蒙版。

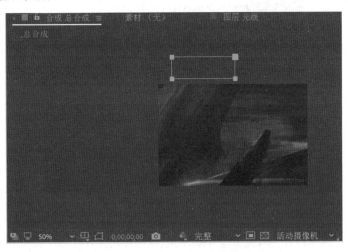

图6-16 在合成窗口"光线"图层的上方绘制一个矩形蒙版

步骤 ⑭：在时间线窗口展开"蒙版1"属性，给蒙版路径手动添加第一个关键帧。

步骤 ⑮：把时间指针移至2秒处，在合成窗口把鼠标放在矩形蒙版下边的中心点并双击，拖动这条边向下拉，露出所有的光线，此时，系统自动给蒙版路径添加第二个关键帧。如图6-17所示，就做出了一个光线从上而下倾泻的动画效果。

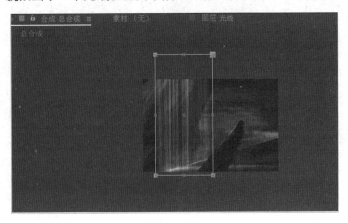

图6-17 光线从上而下倾泻的动画效果

视频

点光效果

3．添加粒子特效

步骤 01：参照 1.4.1 建立纯色图层"点光"。设置宽度：720；高度：480；颜色：黑色。

步骤 02：选中"点光"层，执行如图 6-18 所示的"效果"→ RG Trapcode → Particular 菜单命令，实施 Particular 特效。Particular 特效是一个来自第三方的插件，不是 AE 自带的效果。关于插件的安装请参阅第 5 章 5.2.3 节。

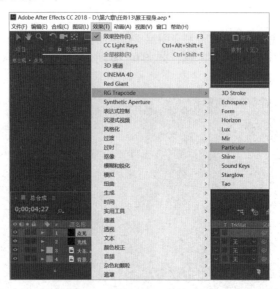

图6-18 "效果"→RG Trapcode→Particular菜单命令

步骤 03：在"效果控件"面板中展开如图 6-19 所示的 Particular 粒子效果的发射器，设置"发射器"控件的参数，粒子／秒：30；发射器类型：盒子；位置：226，160，0；X 旋转：150；Y 旋转：174；Z 旋转：0；速度：50；速度随机（%）：0；速度分布：0；从运动得到的速度：0；发射器大小：ZYZ 独立；发射器大小 X：212；发射器大小 Y：354；发射大小：712。

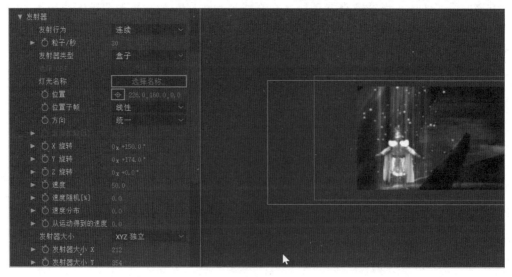

图6-19 设置Particular粒子效果参数

步骤 **04**：在"效果控件"面板中展开如图 6-20 所示的 Particular 粒子效果的粒子控件，设置"粒子"控件参数，生命：2；生存随机：2；粒子类型：发光球体（无景深）。设置完成之后的效果如图 6-21 所示。

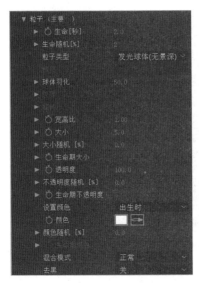

图6-20　Particular粒子效果的粒子控件参数

图6-21　添加粒子后的效果

4．制作闪电动画，加声音效果

步骤 **01**：单击"总合成"时间线窗口，参照 1.4.1 建立名为"闪电"的纯色图层。其他参数为默认选项。调整图层排序使"闪电"位于第 1 层。

步骤 **02**：选中"闪电"图层，执行如图 6-22 所示的"效果"→"生成"→"高级闪电"菜单命令。对"闪电"图层实施高级闪电效果，生成闪电。

视频 ●┈┈┈

闪电特效

图6-22　"效果"→"生成"→"高级闪电"菜单命令

步骤 **03**：把时间指针移至 0 帧位置，如图 6-23 所示，设置"闪电"图层高级闪电效果的参数，闪电类型：随机；外径：711.5，0，其他参数为默认。手动为"外径"参数添加第一个关键帧，使闪电产生分支。

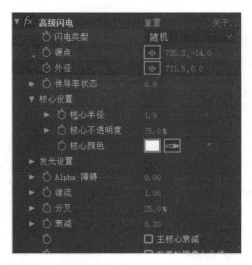

图6-23　设置"闪电"图层高级闪电效果参数

步骤 **04**：把时间指针移至 5 帧处，如图 6-24 所示，设置"外径"参数：450，290，系统自动为外径参数添加关键帧，这样就做出了一个闪电快速飞入的效果。

图6-24　在5帧处设置"外径"参数

步骤 **05**：单击"闪电"图层，按下【T】键，打开图层的"不透明度"参数。把时间指针移至 5 帧处，如图 6-25 所示，设置"不透明度"为 100，并且手动为"不透明度"参数添加第一个关键帧。

图6-25　在5帧处设置"闪电"图层"不透明度"参数为100

步骤 **06**：把时间指针移至 10 帧处，如图 6-26 所示，设置"不透明度"参数为 0，系统自动为"不透明度"参数添上关键帧，闪电从 5 帧到 10 帧慢慢淡出。

图6-26　在10帧处设置"闪电"图层"不透明度"参数为0

步骤 **07**：单击"闪电"图层，单击【Ctrl+D】组合键，复制一个"闪电"图层，命名为"闪电 2"。将时间指针定位于18帧，拖放该图层的持续时间条，把它拖到18帧处，产生另外一道闪电。同时打开"效果控件"面板，如图 6-27 所示，设置参数"闪电类型"为"阻断"。

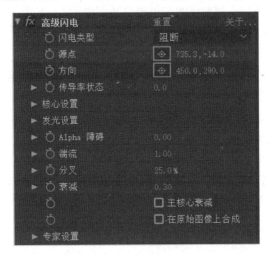

图6-27　设置"闪电类型"为"阻断"

步骤 **08**：把素材"音乐 .mp4"从项目窗口拖放到时间线窗口的最后一层。

步骤 **09**：按空格键进行预览。

5. 渲染输出

步骤 **01**：在时间线窗口把指针定位在工作区结尾处，如图 6-28 所示，直接拖动到 5 秒处，设置工作区域，定义导出的时间段范围。

图6-28　定义工作区结尾为5秒处

步骤 **02**：参照 1.4.1 的输出动画步骤，打开渲染队列窗口。

步骤 **03**：在渲染队列窗口里单击"输出到："下拉列表，打开"将影片输出到"对话框，确定制作的场景渲染输出时的文件名、存放地址和文件类型。本任务为："第 6 章／任务 13/猴王现身 .avi"。

步骤 **04**：渲染设置完成后，在渲染队列窗口中单击"渲染"按钮渲染输出，完成后在"第 6 章／任务 13/"文件夹下查看最终文件"猴王现身 .avi"。

6.3.4 制作要点

本任务使用用分形杂色效果制作光线。在制作过程中通过设置分形杂色的"对比度"、"亮度"和"缩放"等参数，制作出笔直的光线效果。如果将分形杂色的对比度调整到 200 左右，亮度为负数，缩放宽度设置为 40 左右，缩放高度为 5000 左右，就能把光线从线状改变为一朵一朵的云状。这几个参数是制作棉絮状的云层的关键基本元素，其中缩放宽度就是云朵的宽度，并且有了 Alpha 通道。在制作过程中，应掌握如下分形杂色参数的功能：

- "分形类型"设置分形的类型，快速制作常用的分形效果。
- "杂色类型" 设置杂色的类型，包括"块""线性""柔和线性""样条"4 个选项。
- "反转"选中该选项可以对图像进行反转处理。
- "对比度"设置图像对比度。
- "亮度"设置图像亮度。
- "溢出"设置图像溢出部分的调整方式，包括"剪切""柔和固定""反绕""允许 HDR 结果"4 个选项。
- "变换"包含"旋转""统一缩放""缩放""缩放宽度""缩放高度""偏移""透视位移"等参数。
- "复杂度"设置分形杂色的复杂程度。
- "子设置"用于对子分形进行设置，包含"子影响""子缩放""子旋转""子位移""中心辅助比例"等参数。
- "演化"设置分形杂色图案的演变。
- "演化选项"对演化进行设置，包含"循环演化""循环""随机植入"等参数。
- "不透明度"设置图像的不透明度。
- "混合模式"设置分形杂色与原图像的叠加模式。

6.4   任务 14   钢铁侠战斗场景的制作

●视频

任务14分析

本任务为电影《钢铁侠》制作一个战斗场景，通过本任务的学习，读者应掌握运用 C C Particle World 效果制作光线的基本方法，以及使用径向模糊等特效制作光线的方法。任务完成如图 6-29 所示的效果。

图6-29　钢铁侠战斗场景效果

6.4.1　任务需求分析与设计

在影视动画制作中常常需要表现太阳光线冲破云层的自然景象，但是这种景观是可遇不可求的，如果长期等待会使拍摄成本很高。在 AE 中可以通过简单的光线特效动画，展示光线穿透云层的效果。这比用光学成像系统实拍的画面有更丰富的细节，并且整体可控，随时可以根据需要进行相应的调整。本任务光线穿破云层的背景动画采用了多种特效综合制作而成。

本任务的前景动画钢铁侠战斗场景同样采用了光线特效。光线成为钢铁侠强大武力的外在表现。用光线表达超自然的力量是科幻、武侠电影常用的手段。武侠功夫片已经告别传统真功夫时代，不需要肢体接触，就可以用光线去表达"气"的力量。这使武侠片的拍摄门槛大大降低，用各种光线特效手法，就可以制造出绚丽多彩，又如梦如幻般的电影画面。

本任务制作分镜头脚本如表 6-3 所示，场景设计如下：
- 本任务建立合成 3 个："总合成" 时长 10 秒、"光波" 时长 10 秒、"太阳光"时长15 秒；
- 视频素材 2 个：Cloud.mov "钢铁侠 发射 .avi"。
- 音频素材 1 个："音响 .mp3"。
- 钢铁侠发射动画：钢铁侠抬起左手，从掌心发出光波武器。
- 阳光冲破云层动画：太阳光从云层缝隙中射下来。

表6-3　钢铁侠战斗场景分镜头脚本与基本参数表

影片制式	帧速率	宽度/px	高度/px	时长/s	用途	导出格式
HDTV1080 29.97	29.97	1920	1080	10	电影场景	avi

脚本	镜头：钢铁侠在空中抬手发出光波的平镜头。景别：近景。时长：10秒。 00:00：太阳光线穿透云层的背景动画开始出现；钢铁侠出现。 00:00—00:10：钢铁侠转身，抬手发射光波。 00:10—10:00：钢铁侠持续发射光波，光波从钢铁侠掌心发射到左上角

6.4.2　制作思路与流程

光效常常与粒子相关联。用粒子制作光效是影视动画制作中的常用手段。本任务运用 Ｃ Ｃ

Particle World效果制作钢铁侠发出的光波武器。为了让光波武器的光效更加丰满和立体，在"光波"合成中建立了内外两个粒子图层进行叠加，然后再建立"点光"粒子图层在光波周围进行扰动，使光波武器的细节更有层次感和真实感。内部粒子图层的光线强烈一些、集中一些；外部粒子图层的光线则范围大一些、淡一些。在制作过程中要对内外两层粒子图层的Velocity参数使用表达式wiggle（8，25），让光波的喷射不再是连续的，而是经过摇摆间断地喷出。

光线穿透云层的效果是在"太阳光"合成中完成的。共建立两个图层，一个是云层，另一个是从云层变换而成的光线图层。关键是如何将原来的云层变为光线。这一类光线的生成需要画面的高光区域明显，并且要配合使用色相／饱和度、色阶等多个特效把云层素材先调整为黑白色，然后用径向模糊特效把云变成拉长的直线，然后进行关键帧动画，设计出光线移动的场景。本任务的制作流程如图6-30所示。

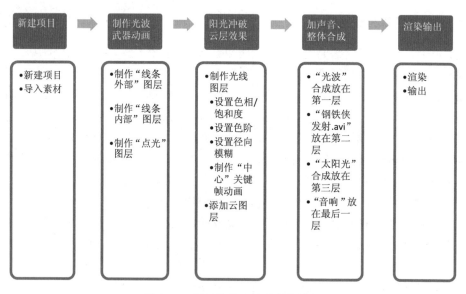

图6-30　钢铁侠战斗场景制作流程

6.4.3　制作任务实施

1．新建项目、导入素材

步骤 **01**：参照1.4.1的新建项目步骤，建立项目"钢铁侠战斗.aep"。

步骤 **02**：参照1.4.1的导入素材步骤，导入如图6-31所示的本书电子教学资源包"第6章／任务14/ 素材"文件夹中的全部素材。

2．制作光波武器动画

步骤 **01**：参照1.4.1的新建合成步骤，建立名称为"光波"的合成。设置预设为PAL D1/DV，宽度为720，高度为576，帧速率为25，并设置持续时间为10秒。

步骤 **02**：单击时间线窗口，参照1.4.1建立名为"线条外部"的纯色图层。设置宽度数值为720，高度数值为576，颜色值为白色，其他参数设置为默认值。

● 视频

武器光波

步骤 **03**：在时间线窗口中选中"线条外部"图层，参照 5.4.3 的"2.制作烟雾"的步骤 03，执行"效果"→"模拟"→ CC Particle World 菜单命令。

步骤 **04**：在"效果"控件面板中设置 CC Particle World 的参数，Birth Rate：13.3；Longevity：2.28。

步骤 **05**：属开 Producer 属性，设置 Position X：−0.45；Radius Y：0.015；Radius Z：0.025。参数设置后的效果如图 6−32 所示。

图6−31　导入任务14全部素材

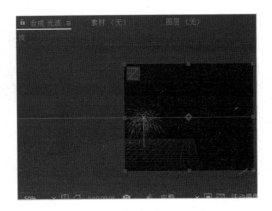

图6−32　设置CC Particle World的参数及效果

步骤 **06**：展开 Physics 属性，如图 6−33 所示设置参数，Animation：Direction Axis（沿轴发射）；Gravity：0，参数设置后的效果如图 6−33 所示。

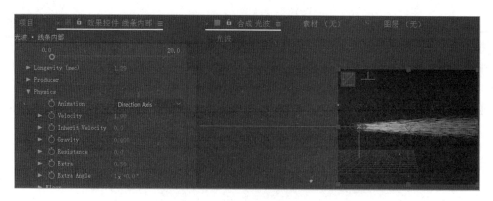

图6-33　设置Physics属性的参数及效果

步骤 **07**：选中"线条外部"图层，把时间指针移至0帧处。在"效果控件"面板中，按住【Alt】的同时单击Velocity左侧的码表按钮，如图6-34所示，在时间线面板中输入表达式：wiggle（8，25），使光效的喷射不再是连续的，而是经过摇摆间断地喷出。

图6-34　对Velocity参数使用表达式

步骤 **08**：展开 Particle 属性，如图6-35所示设置参数，Particle Type（粒子类型）：Lens Convex（凸透镜）； Birth size（出生粒子大小）：0.21；Death Size（死亡粒子大小）：0.46。

图6-35　设置Particle属性参数

步骤 **09**：选中"线条外部"图层，执行"效果"→"模糊和锐化"→"快速方框模糊"菜单命令，如图6-36所示，在"效果控件"面板中设置"模糊半径"参数为20，制作模糊粒子效果。

图6-36 设置"模糊半径"参数为20

步骤 ⑩：对"线条外部"图层执行"效果"→"模糊和锐化"→ CC Vector Blur 菜单命令，添加 CC 矢量模糊效果。如图 6-37 所示，在"效果控件"面板中设置参数，Amount：70；Property：Alpha。这样模糊的粒子有了扩散线条的效果。

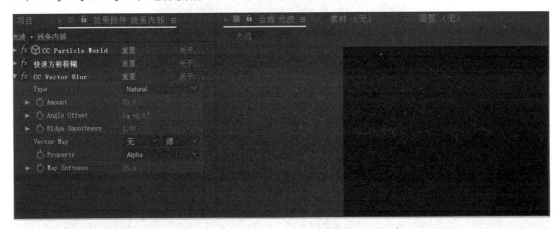

图6-37 设置矢量模糊参数

步骤 ⑪：单击时间线窗口，参照 1.4.1 建立名为"线条内部"的纯色图层。设置宽度数值为 720，高度数值为 576，颜色值为白色，其他参数设置为默认值。

步骤 ⑫：重复本节步骤 02 至步骤 10 的操作，用同样的方法制作图层"线条内部"。

（1）CC Particle World 效果参数设置如下：

- Birth Rate：10.2；Longevity：1.83。
- Producer 属性，设置 Position X：−0.36；Radius X：0.22；Radius Y：0.015。
- Velocity 表达式：wiggle（8，4）。
- Particle 属性，Particle Type：Lens Convex；Birth Size：0.1；Death Size：0.1；Size Variation（大小变化）：20%；Max Opacity（最大不透明度）：100%。

（2）CC Vector Blur 矢量模糊效果参数设置如下：

- Amount：24。

步骤 ⑬：单击时间线窗口，参照 1.4.1 建立名为"点光"的纯色图层。设置宽度数值为 720，高度数值为 576，颜色值为白色，其他参数设置为默认值。

步骤 ⑭：在时间线窗口中选中"点光"图层，执行"效果"→"模拟"→ CC Particle World 菜单命令，为线条层添加一些光点修饰。

视频

点光动画

步骤 ⑮：在时间线窗口中选中"点光"图层。如图 6-38 所示，在"效果控件"面板中设置 CC Particle World 参数，Birth Rate：0.1； Longevity：2.79。展开 Producer 属性，设置 Position X：-0.45；Radius Y：0.110；Radius Z：0.815。

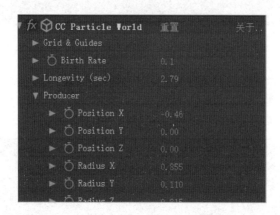

图6-38 设置"点光"图层CC Particle World 参数

步骤 ⑯：展开 Physics 属性，如图 6-39 所示设置 Animation：Direction AXIS；Velocity：0.25；Gravity：0。

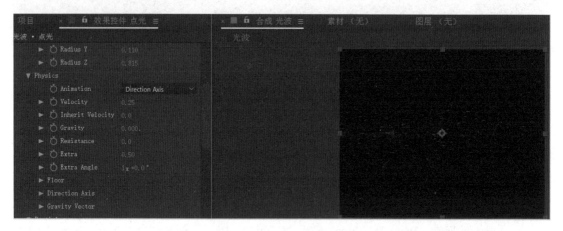

图6-39 设置Physics属性的参数及效果

步骤 ⑰：展开 Particle 属性，如图 6-40 所示设置参数： Particle Type：Lens Convex；Birth size：0.10；Death Size：0.03；Size Variation：50；Max Opacity：75。

步骤 ⑱：将时间调整到 00：00 帧处，选中"点光"图层，按【T】键展开"不透明度"参数，设置"不透明度"数值为 0，单击"码表"按钮，在当前位置手动添加关键帧；将时间调整到 00：09 帧处，如图 6-41 所示，设置"不透明度"数值为 100%，系统会自动创建关键帧，"点光"图层淡入。

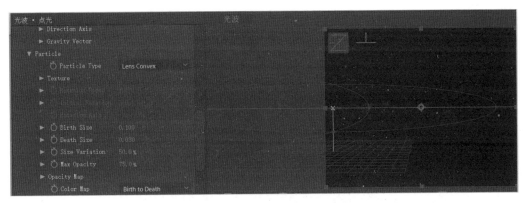

图6-40 设置Particle属性参数

图6-41 建立不透明度关键帧

3．制作太阳光冲破云层效果

步骤 **01**：参照1.4.1的新建合成步骤，建立名称为"太阳光"的合成，设置尺寸为720×576像素，持续时间为15秒。

步骤 **02**：从项目窗口中把素材Cloud.mov拖放进合成"太阳光"的时间线窗口。

步骤 **03**：在时间线窗口单击Cloud.mov图层，执行"效果"→"颜色校正"→"色相／饱和度"菜单命令。在如图6-42所示，"效果控件"面板中设置"主饱和度"参数为-100，把图层变为黑白色。

视频

太阳光穿破云层

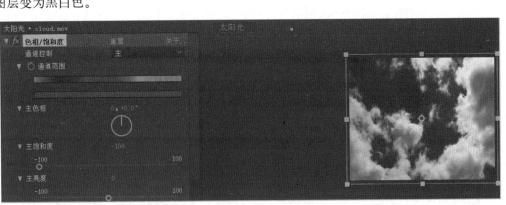

图6-42 设置"色相/饱和度"参数

步骤 **04**：单击合成"太阳光"时间线窗口的Cloud.mov图层，执行"效果"→"颜色校正"→"色阶"菜单命令，为其添加一个色阶特效，增加黑白对比度，如图6-43所示设置参数，输入黑色：27.5；输入白色：170；灰度系数：1.40；输出白色：225。

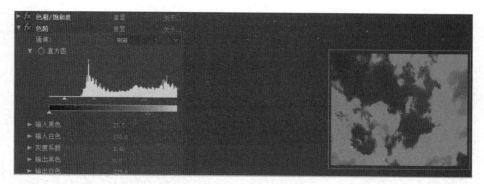

图6-43 设置"色阶"参数

步骤 **05**：对图层 Cloud.mov 执行"效果"→"模糊和锐化"→"径向模糊" 菜单命令，如图 6-44 所示设置参数，数量：253；中心：575.7，133.6；类型：缩放。实施径向模糊效果后就把云变成拉长的直线。

图6-44 设置"径向模糊"参数

步骤 **06**：将时间指针移到 0 帧处，单击参数"中心"前面的码表，手动添加一个关键帧。将时间指针移到 8 秒处，如图 6-45 所示改变"中心"的参数：157.8，201.4，系统自动添加一个关键帧，光线将随"中心"进行移动。

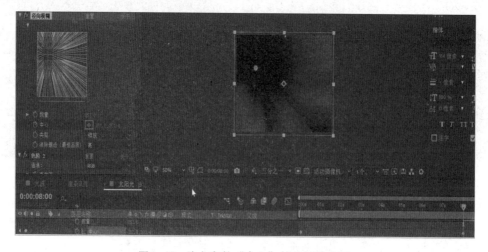

图6-45 建立参数"中心"的关键帧动画

步骤 **07**：选择 Cloud.mov 图层，执行"效果"→"颜色校正"→"色阶"菜单命令，为其添加一个色阶特效，如图6-46所示设置参数，输入黑色：70.5；输入白色：250.0；灰度系数：0.80；输出白色：250；增加黑白对比度。

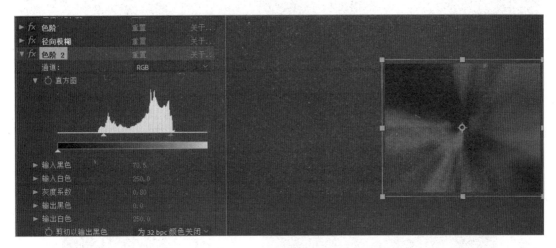

图6-46　设置"色阶"参数

步骤 **08**：从项目窗口拖动素材 Cloud.mov 到合成"太阳光"的时间线窗口中，重命名为 Cloud2.mov，并且把它放在 Cloud.mov（图层 Cloud.mov 已经变为光线）之下。

步骤 **09**：设置 Cloud.mov 的合成模式为"屏幕"，使光线更好看，如图6-47所示设置参数，缩放：84，142.4；位置：394，154。

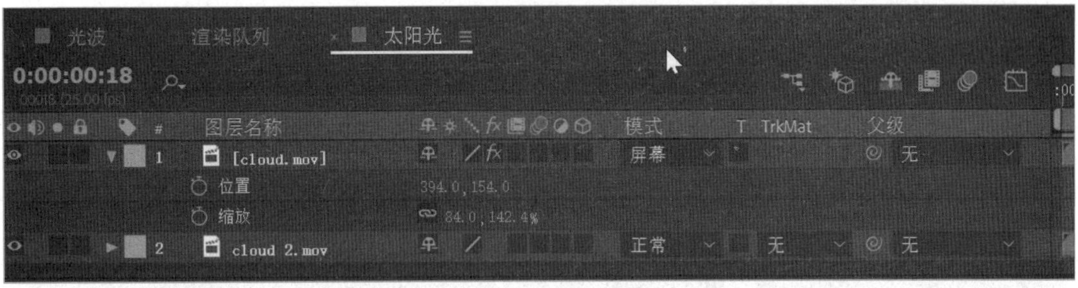

图6-47　设置Cloud.mov"位置"和"缩放"参数

4. 整体合成

步骤 **01**：参照1.4.1的新建合成步骤，建立名称为"总合成"的合成，设置宽度为720，高度为576，帧速率为25，并设置持续时间为10秒。

步骤 **02**：从项目窗口把合成"光波""太阳光"，素材"钢铁侠 发射 .avi"，"音响.mp3"放入"总合成"的时间线窗口。如图6-48所示，"光波"合成放在第一层，"钢铁侠 发射 .avi"放在第二层，"太阳光"合成放在第三层，"音响.mp3"放在最后一层。

图6-48 "总合成"图层排放顺序

步骤 **03**：单击"总合成"时间线窗口"钢铁侠 发射.avi"图层，如图6-49所示设置参数，放置好钢铁侠在合成中的位置，缩放：121.4，122.5；位置：558，278。

图6-49 设置"钢铁侠 发射.avi"图层参数

步骤 **04**：拖动"光波"图层的持续时间条，把图层的开始位置放置在第10帧，即钢铁侠抬手发射的时间点上。如图6-50所示设置参数，旋转：196；缩放：73.3，60.6；位置：228，152，完成整体合成。

图6-50 设置"光波"图层参数

步骤 **05**：按空格键进行预览。

5. 渲染输出

步骤 **01**：参照1.4.1的输出动画步骤，打开渲染队列窗口。

步骤 **02**：在渲染队列窗口里单击"输出到："下拉列表，打开"将影片输出到"对话框，确定制作的场景渲染输出时的文件名、存放地址和文件类型。本任务为："第6章／任务14／钢铁侠战斗.avi"。

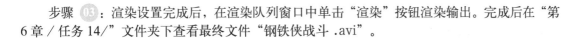

步骤 **03**：渲染设置完成后，在渲染队列窗口中单击"渲染"按钮渲染输出。完成后在"第6章／任务14／"文件夹下查看最终文件"钢铁侠战斗 .avi"。

6.4.4 制作要点

在 AE 中，大部分特效的应用效果都比较单一，需要将多个效果配合起来使用，使效果更加逼真。本任务光波武器的制作就采用了 CC Particle World 粒子仿真世界效果结合"快速方框模糊"效果和 CC Vector Blur 矢量模糊效果共同作用完成。云层光线的制作也是由色相／饱和度效果、色阶效果和径向模糊效果共同作用完成。

模仿本任务光波武器的光效，可以为各种武器制作其发射效果，组成宏大的战斗场面。也可以在武侠片中用本任务制作的光效去表现某种"内功"的威力。

参照本任务云层光线的制作可以制作各式太阳光线。只要拍摄到有蓝天白云的天空，运用调色特效和径向模糊特效就可以模拟出太阳光冲破云层的景象，同时制作出太阳运动、光线跟随太阳移动的效果。在使用径向模糊效果制作光线时，应掌握其参数的功能：

- "数量"：用来设置模糊的程度，数量值越大，模糊程度也越大。
- "中心"：用来指定模糊的中心点位置。
- "类型"：选择设置模糊的方式，包括"缩放"和"旋转"两个选项，选择"缩放"时图像呈爆炸放射状模糊效果；选择"旋转"时图像呈圆周模糊效果。
- "消除锯齿（最佳品质）"：用于设置抗锯齿的作用，"高"表示高质量，"低"表示低质量。

6.5   任务 15   企业视频 LOGO 的制作

视频 ●┄┄

任务15分析

本任务为某企业制作视频 LOGO。通过本任务的学习，读者应熟练运用"发光""勾画""描边"等各种光效相关效果，结合蒙版等手段进行光效制作。任务完成如图 6-51 所示的效果。

图6-51 企业视频LOGO制作效果

6.5.1 任务需求分析与设计

LOGO 是徽标或者商标的外语缩写，起到对徽标拥有公司的识别和推广的作用，其简洁、明确、一目了然的视觉传递效果可以让消费者记住公司主体和品牌文化。随着数字媒体产业的蓬勃发展，越来越多的企业通过视频进行企业宣传或产品发布，LOGO 的制作也从平面 LOGO 走向视频 LOGO。尤其是电影制片公司、传媒公司、院线公司表现得最为突出，其视频 LOGO

的制作堪称熠熠生辉、美轮美奂。本任务为某企业制作视频LOGO，为企业提供一个更有效、更清晰、更亲切的市场形象。

本任务制作分镜头脚本如表6-4所示，其场景设计如下：

- 本任务建立合成6个："光环""光花""总合成"，时长都是10秒。
- 图像素材3个："光圈.psd""背景.psd""背景2.psd"。
- 音频素材1个："音乐.mp3"。
- 背景动画：由中心发光光源、不断闪动的蓝色内光、放射状光芒组成。
- 光环动画：4条圆形轨道上旋转发光的光环依次出现。
- 光圈粒子动画：光圈一圈一圈由内至外逐渐放大，直到移出画面外部消失，随后粒子由内至外逐渐放大，直到移出画面外部消失。
- 文字动画：文字由小到大从中心处开始放大，最后定格。

表6-4　企业视频LOGO制作分镜头脚本与基本参数表

影片制式	帧速率	宽度/px	高度/px	时长/s	用途	导出格式
HDTV1080 29.97	29.97	1920	1080	15	宣传片	avi

脚本	镜头1：由4个光环组成的光花旋转的平镜头。景别：近景。时长：6秒。
	00:00：由中心发光光源、不断闪动的蓝色内光、放射状光芒组成的背景动画开始出现；前景出现第1个光环。
	01:00：出现第2个光环。
	02:00：出现第3个光环。
	03:00：出现第4个光环。
	04:00—06:00：4个光环组成光花动画，06:00光花消失
	镜头2：光圈由小放大的平镜头。景别：近景。时长：4秒。
	04:00—06:00：外光光圈开始放大、淡入显示，06：00放大到最大，完全显示。
	06:04—07:21：外光1开始放大、淡入显示，07：21放大到最大，完全显示。
	06:21—08:00：外光2开始放大、淡入显示，08：00放大到最大，完全显示
	镜头3：粒子从中心点放大的平镜头。景别：近景。时长：3秒07帧。
	06:00—08:23：粒子从中心点放大、飞散。
	08:23—09:07：粒子逐渐淡出
	镜头4：文字从小到大显示的平镜头。景别：近景。时长：5秒21帧。
	09:04—10:03：文字从小到大显示。
	10:03—15:00：文字定格

6.5.2　制作思路与流程

本任务是集光效、粒子、文字等动画特效于一体。总合成包括"光花"合成、不断闪动的"内光"图层、放射状光芒图层、中心发光光源图层、由小变大的光圈图层、飞散的粒子图层、变大的文字图层和音乐图层等，其中"光花"合成又包含4个"光环"合成，构成了如图6-52所示的三层合成嵌套关系。

本任务背景动画效果如图6-53所示，是一个由中心发光光源、不断闪动的蓝色内光、放射状光芒组成的发光综合体。中心光源的制作使用了蒙版和发光效果；不断闪动的蓝色内光则通过建立"蒙版扩展"关键帧来实现；放射状光芒的制作则使用了分形杂色和极坐标效果。

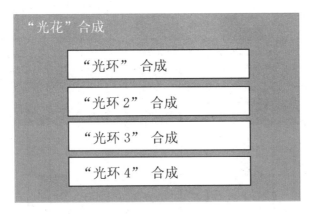

图6-52 "总合成""光花""光环"三层合成嵌套关系

本任务前景动画包括"光花"动画、光圈和粒子动画以及文字动画三段。如图 6-54 所示，将 4 个"光环"的 X 轴旋转参数分别设置为 0°、45°、−45° 和 90° 就组成了"光花"。"光环"的制作包括流动光环、光环旋转轨道、光环旋转时发光的头三部分。流动光环的制作通过勾画效果和蒙版来进行；光环旋转轨道则使用了描边和蒙版制作手写画的效果；光环旋转时发光的头需要用到勾画效果、高斯模糊效果和发光效果。

图6-53 背景动画效果

图6-54 由4个"光环"组成的"光花"

如图 6-55 所示的光圈粒子动画包括由小变大的光圈和飞散的粒子两部分。外光光圈的动画是一个缩放关键帧动画；粒子飞散效果由 Particular 插件去完成。

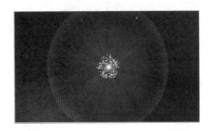

图6-55 光圈和粒子飞散效果

最后制作文字缩放动画，加上声音进行整体合成。本任务的制作流程如图 6-56 所示。

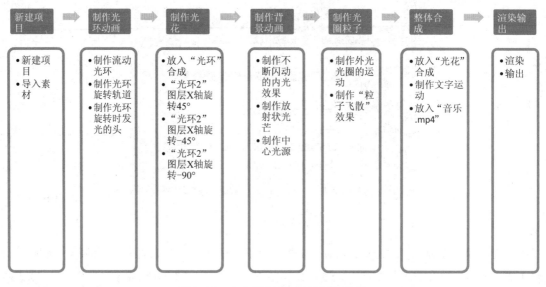

图6-56　企业视频LOGO的制作流程

6.5.3　制作任务实施

1.新建项目、导入素材

步骤 **01**：参照1.4.1的新建项目步骤，建立项目"企业Logo.aep"。

步骤 **02**：参照1.4.1的导入素材步骤，导入如图6-57所示的本书电子教学资源包"第6章／任务15／素材"文件夹中的全部素材。

图6-57　导入任务15全部素材

2. 制作光环动画

步骤 **01**：参照1.4.1的新建合成步骤，建立名称为"光环"的合成。设置预设为 HDTV1080 29.97，宽度为1 920，高度为1 080，帧速率为30，并设置持续时间为20秒。

步骤 **02**：把素材"光圈.psd"拖放到时间线窗口，如图6-58所示，设置"锚点"参数：320，180。

图6-58　设置"光圈.psd"的"锚点"参数

步骤 **03**：制作流动光环。

(1) 单击"光圈.psd"图层，单击工具栏椭圆工具，如图6-59所示，在合成窗口中拖出一个圆圈，放置在白色光环上面。"光圈.psd"图层增加了"蒙版1"属性。

视频 ●

光环动画（1）

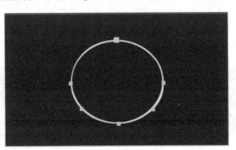

图6-59　在合成窗口中拖出一个圆圈

(2) 单击"光圈.psd"图层，执行"效果"→"生成"→"勾画"菜单命令。如图6-60所示设置"描边"参数，路径：蒙版1；片段：1；长度：0.510。参数设置后合成窗口呈现如图6-61所示的效果。

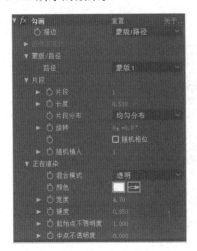

图6-60　设置"描边"参数

图6-61　添加描边后的效果

（3）单击"光圈.psd"图层，在时间线窗口把指针移至 0 帧处，单击"旋转"参数前面的码表，手动添加第一个关键帧。然后把指针移至 10 秒处，如图 6-62 所示，把"旋转"参数设置为 −10×0.0，系统自动移至一个关键帧，让光环 10 秒之内逆时针旋转 10 圈。

图6-62　建立旋转关键帧动画

步骤 **04**：制作光环旋转轨道。

（1）在时间线窗口中单击"光圈"图层，按【Ctrl+D】组合键复制这个图层，将图层名字修改为"轨道"。

（2）在"轨道"图层的效果控件窗口，单击"勾画"特效，按【Delete】键删除。这样就保证了"轨道"图层和"光环"图层位置大小一样，也有蒙版，但是没有"勾画"特效。

（3）由于"轨道"图层是在"光环"图层旋转一圈以后（1 秒钟的时间点）出现的，所以需要把"轨道"图层的开始位置放置在 1 秒处。如图 6-63 所示，在时间轴上拖动"轨道"图层的持续时间条，把开始位置定位在 1 秒处。

图6-63　把"轨道"图层的开始位置定位到1秒处

（4）"轨道"图层在合成窗口的出现要随着光环的移动而逐渐显现，就好像是光环画出来的，所以需要制作这种手写画的效果。单击"轨道"图层，执行"效果"→"生成"→"描边"菜单命令。如图 6-64 所示，设置"描边"参数，路径：蒙版 1；画笔大小：5 ；起始：0；结束：0；绘画样式：在透明背景上。

图6-64　设置"描边"参数

（5）继续选中"轨道"图层，在时间线窗口把时间指针移至1秒处，单击"起始"参数前面的码表，为"轨道"的手写画效果设置第一个关键帧。在时间线窗口把时间指针移至2秒处，当光环旋转完第二圈时，轨道也应该画完。如图6-65所示，设置"起始"参数为100，轨道图层的手写画效果就完成了。

图6-65 设置"起始"参数的关键帧

步骤 05：制作光环旋转时发光的头。

视频
光环动画（2）

（1）在时间线窗口中单击"光圈"图层，按下【Ctrl+D】键，复制这个图层，并将图层名字改为"头部"。由于这个头必须和光圈层位置、运动的轨迹完全契合，复制"光圈"图层，让这个"头部"图层完全继承"光圈"图层所有的属性。

（2）在时间线窗口中单击"头部"图层，如图6-66所示，在"效果控件"面板中设置图层的"勾画"效果参数，长度：0.16；混合模式：透明；颜色：蓝色；宽度：25；硬度：1.000；中点不透明度：-0.440。

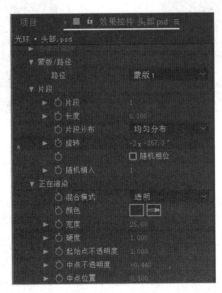

图6-66 设置"头部"图层的"勾画"效果参数

（3）在时间线窗口中单击"头部"图层，执行"效果"→"模糊和锐化"→"高斯模糊"菜单命令。如图6-67所示，设置高斯模糊参数，模糊度：10。

（4）在时间线窗口中单击"头部"图层，执行"效果"→"风格化"→"发光"菜单命令，如图6-68所示设置参数，发光基于：Alpha通道；发光阈值：23.9；发光半径：44；发光颜色：A和B颜色；颜色A：蓝色，颜色B：白色。参数设置完成后的效果如图6-69所示。

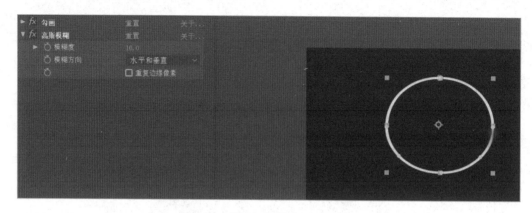

图6-67 设置"高斯模糊"参数

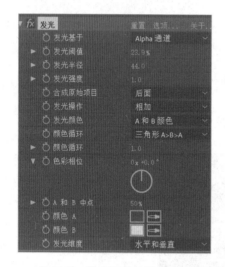

图6-68 设置发光效果的参数

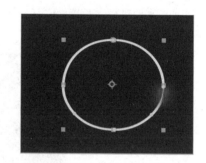

图6-69 参数设置后的效果

3. 制作光花

视频

光花动画

步骤 01：参照1.4.1的新建合成步骤，建立名称为"光花"的合成。设置预设为HDTV1080 29.97，宽度为1 920，高度为1 080，帧速率为30，并设置持续时间为20秒。

步骤 02：把合成"光环"从项目窗口拖放到"光花"时间线窗口。单击"三维"按钮，把"光环"图层设为三维图层。设置"3D 弹出式菜单"为自定义视图。

步骤 03：在时间线窗口中单击"光环"图层，按下【Ctrl+D】组合键复制这个图层，并将名字修改为"光环2"。按下【R】键，如图6-70所示设置"旋转"参数，将X轴旋转设置为45°。参数设置完成后的效果如图6-71所示。

步骤 04：在时间线窗口中单击"光环2"图层，按下【【Ctrl+D】组合键复制这个图层，将名字修改为"光环3"。按下【R】键，设置旋转参数，将"X轴旋转"设置为–45°。参数设置完成后的效果如图6-72所示。

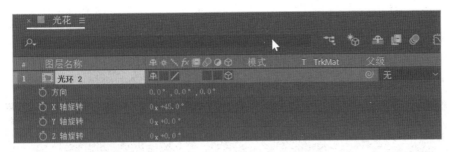

图6-70　设置"旋转"参数

图6-71　"光环2"旋转45°的效果

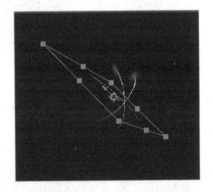

图6-72　"光环3"旋转-45°的效果

步骤 **05**：在时间线窗口中单击"光环3"图层，按下【Ctrl+D】组合键复制这个图层，将名字修改为"光环4"。按下【R】键，设置旋转参数，将"X轴旋转"设置为-90°。参数设置完成后的效果如图6-73所示。

步骤 **06**：参照3.3.3的添加摄像机拍摄的步骤，新建名称为"摄像机1"的摄像机。

步骤 **07**：在时间线窗口拖动各图层的持续时间条，如图6-74所示，把"光环2"的开始位置拖放到1秒处，把"光环3"的开始位置拖放到2秒处，把"光环4"的开始位置拖放到3秒处，营造几条光环先后出现的效果。

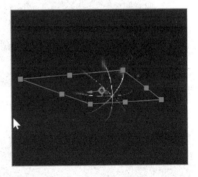

图6-73　"光环4"旋转-90°的效果

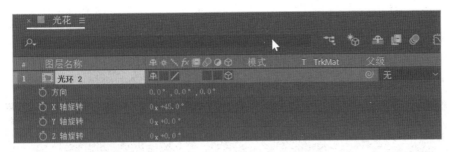

图6-74　在时间线窗口拖动各图层的持续时间条到指定位置

步骤 **08**：设置"3D 弹出式菜单"为摄像机 1，鼠标单击工具栏：统一摄像机工具。此时，鼠标变为摄像机开始拍摄一个拉镜头。把时间指针放在 0 帧处，设置目标点：965.5，548.8，20.4；位置：1393.0，450，−53；Z轴旋转：45，并且单击"位置"和"Z轴旋转"参数前面的码表，如图 6−75 所示，给"位置"和"Z轴旋转"添加第一个关键帧。

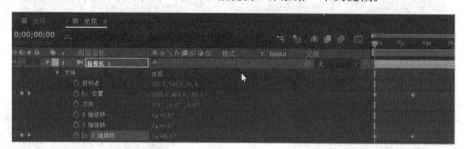

图6−75 给"位置"和"Z轴旋转"添加第一个关键帧

步骤 **09**：时间指针移至 4 秒 3 帧处，如图 6−76 所示设置参数，位置：1734.1，390.2，−108.8；Z轴旋转：0，系统自动添加第二个关键帧。这样就完成了一个由近及远的拉镜头，其效果如图 6−77 所示。

图6−76 设置"位置"和"Z轴旋转"参数

图6−77 光花由近及远的效果

4. 制作背景动画

步骤 **01**：参照 1.4.1 的新建合成步骤，建立名称为"总合成"的合成。设置预设为 HDTV1080 29.97，宽度为 1 920，高度为 1 080，帧速率为 30，并设置持续时间为 30 秒。

步骤 **02**：把素材"背景 .psd"从项目窗口拖放到"总合成"合成的时间线窗口。如图 6−78 所示设置"缩放"参数。

图6-78 设置"缩放"参数

步骤 **03**：制作"内光"不断闪动的效果。

（1）单击"总合成"合成时间线窗口，参照1.4.1建立名为"内光"的纯色图层，设置颜色为浅蓝色。

（2）在"总合成"时间线窗口中单击"内光"图层，单击工具栏的钢笔工具，如图6-79所示，在合成窗口中围绕中心点绘制一个不规则的、趋圆的蒙版。

图6-79 在合成窗口中围绕中心点绘制一个不规则的、趋圆的蒙版

（3）在"总合成"时间线窗口打开"内光"图层的蒙版参数，如图6-80所示，在0帧处设置蒙版羽化：58；蒙版扩展：-47。单击"蒙版扩展"参数前的码表，手动添加第一个关键帧。

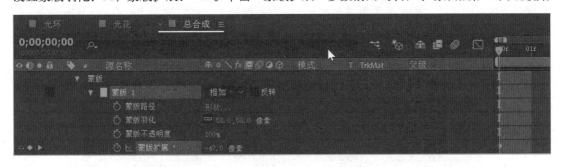

图6-80 在0帧处设置"蒙版"参数

（4）为营造"内光"不停闪动的效果，在0秒到6秒之间，改变"蒙版扩展"的参数，如图6-81所示，系统自动建立"蒙版扩展"关键帧。各时间点上蒙版扩展参数值如表6-5，其效果如图6-82所示。

表6-5　蒙版扩展参数列表

时间点	蒙版扩展参数	时间点	蒙版扩展参数
16帧	1	3秒21帧	17.6
25帧	−32	4秒05帧	−17.8
1秒11帧	9	4秒15帧	−53.2
2秒	−41	4秒26帧	−64.4
2秒16帧	6	5秒10帧	−55.6
3秒	−53	6秒	−72

图6-81　建立"蒙版扩展"关键帧

图6-82　"内光"闪烁的效果

步骤 **04**：制作放射状光芒。

（1）单击"总合成"合成时间线窗口，参照1.4.1建立名为"太阳光"的纯色图层。设置参数，宽度：2500；高度：2500；颜色：白色。这里设置的纯色图层要大于合成窗口，因为接下来会用到一个扭曲的特效，如果纯色图层不够大，会形成像光盘一样的效果，而不是太阳光效果。

（2）在"总合成"的时间线窗口中单击图层"太阳光"，执行"效果"→"杂色与颗粒"→"分形杂色"菜单命令。在"效果控件"面板中设置参数，对比度：212；亮度：−20；缩放宽度：40；缩放高度：5000。如图6-83所示，形成笔直的光线。

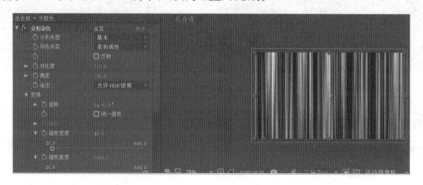

图6-83　设置"分形杂色"参数，形成笔直的光线

（3）在"总合成"的时间线窗口中单击图层"太阳光"，执行"效果"→"扭曲"→"极坐标"菜单命令。如图 6-84 所示设置插值：100；转换类型：矩形到极线。

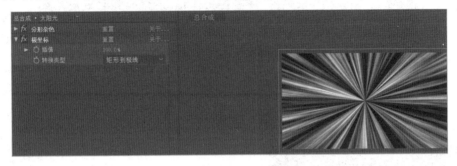

图6-84 设置"极坐标"参数

（4）单击"太阳光"图层，按下【T】键，打开"不透明度"参数，把"太阳光"图层的不透明度设置为 8，如图 6-85 所示，把"太阳光"图层和"内光"图层的合成模式设置为"相加"，加上"背景 .psd"后的效果如图 6-86 所示。

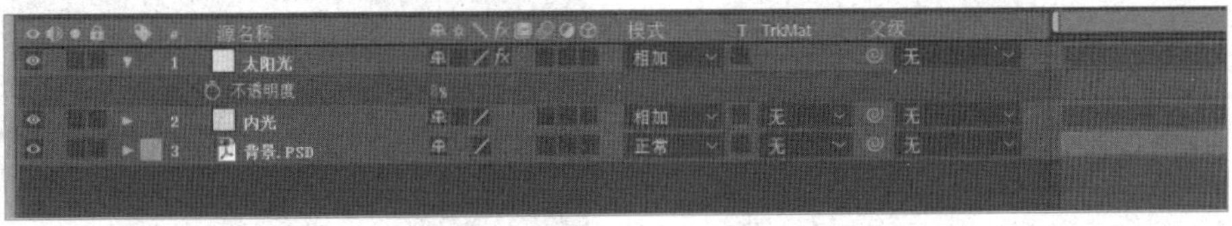

图6-85 把"太阳光"图层和"内光"图层的合成模式设置为"相加"

步骤 **05**：制作中心光源。

（1）单击"总合成"合成时间线窗口，参照 1.4.1 建立名为"中心"的纯色图层。单击工具栏椭圆工具，如图 6-87 所示，在合成窗口中心点位置画一个小小的圆形蒙版用作光源。

图6-86 "太阳光"图层和"内光"图层相加的效果

图6-87 在合成窗口中心点位置画一个圆形蒙版作光源

（2）单击时间线窗口图层"中心"，打开"蒙版"属性，如图 6-88 所示，设置"蒙版羽化"为 15。

（3）执行"效果"→"风格化"→"发光"菜单命令，如图 6-89 所示，设置发光阈值：11.8；发光半径：84；发光强度：2.5。参数设置完成后的效果如图 6-90 所示。

图6-88 设置"蒙版羽化"参数为15

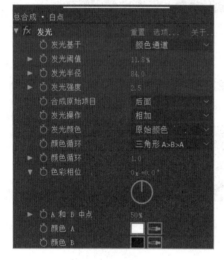

图6-89 设置"发光"参数

图6-90 加上中心光源的效果

····· ● 视频

外光动画
·········●

5. 制作光圈和粒子飞散

步骤 **01**：制作外光光圈的动画。

（1）单击"总合成"合成时间线窗口，参照1.4.1建立名为"外光"的纯色图层，设置颜色为白色。单击工具栏椭圆工具，以合成窗口中心点为中心画两个同心圆蒙版：蒙版1和蒙版2。如图6-91所示设置"蒙版"参数，蒙版1合成模式：相减，勾选反转；蒙版2合成模式：相减，蒙版羽化：80。参数设置后的效果如图6-92所示。

图6-91 设置"蒙版"参数

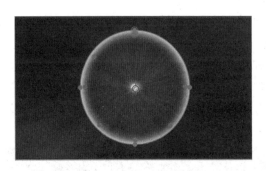

图6-92 蒙版参数设置后的效果

（2）把时间指针移至4秒处，打开"缩放"参数，如图6-93所示，设置"外光"图层的"缩放"参数为0。单击"缩放"参数前面的码表，添加第一个"缩放"关键帧。

图6-93 在4秒处设置"外光"图层的"缩放"参数为0

（3）把时间指针移至5秒处，如图6-94所示，设置"不透明度"参数为50。单击"不透明度"参数前面的码表，添加第一个"不透明度"关键帧。

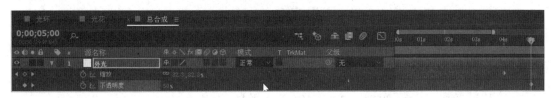

图6-94 在5秒处设置"不透明度"参数为50

（4）把时间指针移至6秒处，如图6-95所示，设置"外光"图层"缩放"的参数为164.5，"不透明度"参数为0。系统自动为它们分别添加第二个关键帧。

图6-95 在6秒处设置"缩放"参数和"不透明度"参数

（5）用制作"外光"同样的方法制作"外光1"图层，其参数设置为：

时间指针移至6秒04帧处，"缩放"参数：0，手动添加第一个"缩放"关键帧。

时间指针移至7秒处，"不透明度"参数：100，手动添加第一个"不透明度"关键帧。

时间指针移至7秒21帧处，"缩放"参数：170；"不透明度"参数：0，系统添加"缩放"和"不透明度"关键帧。

（6）用制作"外光"同样的方法在6秒21帧处制作"外光2"图层的运动，其效果如图6-96所示。

时间指针在6秒13帧处，"缩放"参数：0，手动添加第一个"缩放"关键帧。

时间指针在7秒15帧处，"不透明度"参数：100，手动添加第一个"不透明度"关键帧。

时间指针在8秒处，缩放参数：170；"不透明度"参数：0，系统添加"缩放"和"不透明度"关键帧。

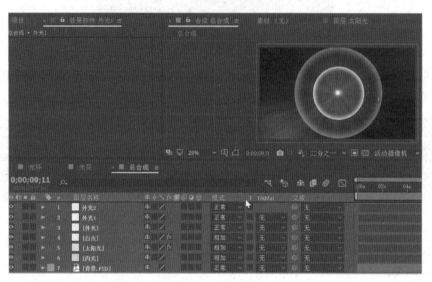

图6-96　增加"外光1""外光2"后的效果

●视频

粒子飞散

步骤 **02**：制作"粒子飞散"效果。

（1）单击"总合成"合成时间线窗口，参照1.4.1建立名为"粒子飞散"的纯色图层。

（2）执行"效果"→RG Trapcode→Particular菜单命令，如图6-97所示设置参数，发射行为：爆炸；粒子/秒：3570；大小：10；粒子类型：球体。

（3）把"粒子飞散"图层拖放到时间线窗口6秒处开始，然后在08:23帧处设置"不透明度"参数为100，并添加关键帧；在09:07帧处设置"不透明度"参数为0，系统自动添加关键帧，粒子逐渐淡出。其效果如图6-98所示。

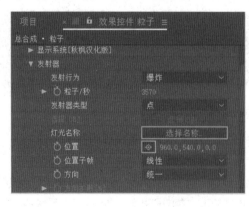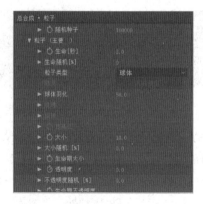

图6-97　设置Particular插件的参数

图6-98　加入Particular的效果

6．整体合成

步骤 **01**：把合成"光花"从项目窗口拖放到"总合成"的时间线窗口的第一层。如图6-99所示，拖放"光花"图层的末端到6秒处。

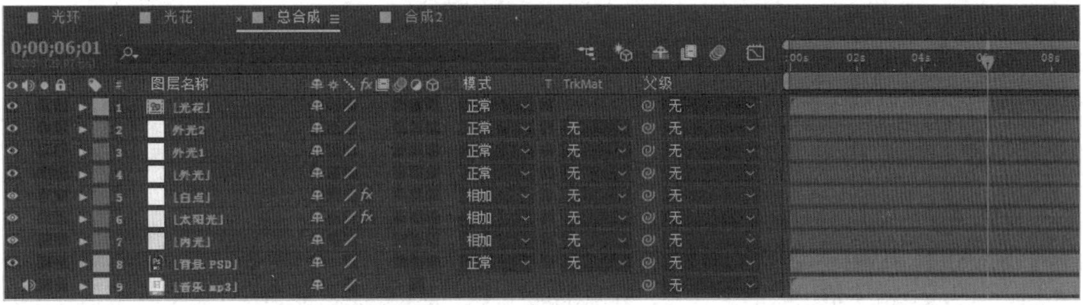

图6-99　将"光花"图层放到第6秒

步骤 **02**：制作文字运动。

（1）单击工具栏文字工具，在"总合成"合成窗口中输入SZIIT，如图6-100所示设置，字符大小：147，字体：Castellar。拖动文字图层的持续时间条，如图6-101所示，把文字图层开始位置放置在9秒03帧处。

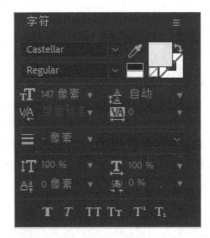

图6-100　设置"字符"参数

图6-101　把文字图层开始位置在9秒03帧处

（2）把时间指针移至 9 秒 04 帧处，将"缩放"参数设置为 0，手动添加第一个关键帧。把指针移至 10 秒 03 帧处，设置"缩放"参数为 245，系统自动添加一个关键帧，给"总合成"建立起缩放动画。其效果如图 6-102 所示。

图6-102　文字动画效果

步骤 **03**：把素材"音乐 .mp4"拖放到"总合成"的时间线窗口的最后一层。

步骤 **04**：对整体效果进行预览。

7．渲染输出

步骤 **01**：参照 1.4.1 的输出动画步骤，打开渲染队列窗口。

步骤 **02**：在渲染队列窗口里单击"输出到："下拉列表，打开"将影片输出到"对话框，确定制作的场景渲染输出时的文件名、存放地址和文件类型。本任务为："第 6 章／任务 15/企业 LOGO.avi"。

步骤 **03**：渲染设置完成后，在渲染队列窗口中单击"渲染"按钮渲染输出，完成后在"第 6 章／任务 15/"文件夹下查看最终文件"企业 LOGO.avi"。

6.5.4　制作要点

本任务为企业制作视频 LOGO，参照本任务的制作过程，将本任务的文字进行替换，就可以制作出其他公司的 LOGO。替换的文字可以先做成一个具有发光材质的 3D 文字素材，这将会使得这个 LOGO 更加绚丽、光彩照人。还可以模仿"光花"的制作，将圆形的蒙版路径改为其他图形路径（例如 S 形），就可以做成不同形状的光斑轨迹。

本任务在制作过程中，从背景放射的光芒到前景的光环动画、光圈动画、粒子飞散动画、文字动画处处体现了光效的作用。这些光效是综合运用了各种特效结合蒙版、粒子等技术手段制作而成的。特别是"发光"效果，在背景中心光源的制作中用到，在前景光环的制作中也用到。发光效果通过寻找图像中亮度比较大的区域，然后对其周围的像素进行加亮处理，从而产生发光效果。如果图像中的物体亮度均匀，则会在物体边沿形成一层辉光效果。在制作过程中，应掌握其参数的功能：

- "发光基于"：设置光源是基于 Alpha 通道还是颜色通道。如果素材图片存在一个透明的区域，并且想要发光显示在这个透明边缘，这个时候就要选择基于 Alpha 通道。Alpha 通道比较少用，一般最多的还是使用颜色通道。
- "发光阈值"：调整发光的极限，数值越大发光就越强烈。
- "发光半径"：设置发光的半径，对光的范围进行调整。
- "发光强度"：设置发光的亮度。

- "合成原始项目"：设置发光与原图的合成方式，包含"顶端""后面""无"三个选项。
- "发光操作"：设置发光与原图的混合模式。将合成原始项目为"后面"的时候，发光操作的属性设置才会起到作用。
- "发光颜色"：包括"原始颜色""A 和 B 颜色""任意映射"三个选项。
- "颜色循环"：设置发光颜色的循环方式。
- "颜色循环"：设置发光颜色的循环次数；数值越大，循环次数就越多。
- "色彩相位"：设置发光颜色的位置和角度。
- "A 和 B 中点"：数值越大，A 颜色的占比就越大。
- "颜色 A 和颜色 B"：通过设置可以定义成自己想要的颜色，尽量两种颜色设置对比明显一点，强烈一点。
- "发光维度"：设置发光的方向，可以选择"水平""垂直""水平和垂直"。

思考与练习

1. 举例说明光效在电影中的应用。

2. 制作光线的方法有哪些？说出三种方法。

3. 设计《哈利波特》发射光波点亮路灯的动画场景，写出设计方案。

4. 设计并制作太阳从海平面升起的动画。

要求：（1）制作太阳颜色变化。

（2）制作太阳升起动画。

（3）制作太阳光线。

（4）成片以 MP4 格式输出。

5. 利用任务 2 的飞机素材制作空战场景动画。

要求：（1）使用粒子特效制作飞机开火的光效。

（2）制作飞机飞行动画 5 秒。

（3）架设摄像机拍摄。

（4）成片以 MP4 格式输出。

6. 按图 6-103 所示的效果制作"八一"电影制片厂 LOGO。

要求：（1）背景中心发光，并呈现光芒四射的效果。

（2）设计前景"八一"五角星的光效。

（3）有文字动画。

（4）成片以 MP4 格式输出。

图6-103　"八一"电影制片厂LOGO

第7章

抠 像 技 术

抠像也称为键控（Keying），是指在影视后期制作中提取视频画面中指定的对象，并将提取出的对象合成到一个新的场景中去。主体对象经抠像后与各种景物叠加在一起，形成神奇的艺术效果。由于抠像的这种神奇功能，所以抠像成了影视制作的常用技巧，是影视后期制作过程中不可缺少的一个环节。

抠像技术的应用与实施需要事先经过精心的设计和严密的策划。对于要进行抠像处理的视频素材，前期的拍摄与准备工作非常重要，它们几乎决定了抠像的最终效果。由于抠像技术通常要求镜头画面所处的背景颜色尽可能单一。因此在实际拍摄过程中，通常要求拍摄对象在一个相对单一的、纯度较高的颜色背景前完成影片的动作表演。理论上说，背景色可以是不存在于前景色中的任何颜色。现实拍摄中使用最多的是蓝色或绿色背景，因为人的身体里不包含这两种颜色，这样在后期的抠像过程中，就不会把人体的皮肤一起去除掉。所以影视抠像主要分为两种，一种是蓝屏抠像，一种是绿屏抠像。如图7-1所示是利用绿屏抠像制作宇宙飞船的效果图。通常情况下，要抠像的镜头最好是在专业的纯色摄影棚中完成拍摄。现在使用最多的是"蓝箱"拍摄，这样，在后期制作中就可以很容易将蓝色背景去除，再将前景与其他素材进行合成。蓝箱技术目前应用极其广泛，如电影《阿凡达》很多镜头都是在蓝箱中完成拍摄的。

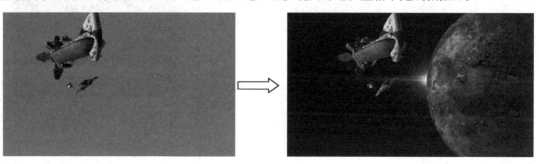

图7-1　绿屏抠像前后对比图

　　拍摄好的素材采集到计算机中，通过后期制作软件进行抠像处理，要保留前景，去除不需要的背景等。这需要在抠像处理过程中采取视频中的某种颜色值或亮度值来定义透明区域，使得视频上所有具有类似颜色或亮度值的像素都转变为透明，并将它从画面中抠去，从而提取主体。最后再将其与新的背景素材进行人工合成。

　　如果背景颜色不一致或者不容易分辨，无法使用像蓝绿屏抠像一样的技术移除背景。在此类情况下，需要使用动态抠像。动态抠像是使用影片中的视觉元素作为参考，在影片的帧上进行绘制或绘画。一种常用的动态抠像是围绕影片中的对象跟踪路径并使用该路径作为将对象与其背景分开的蒙版。这样可以将对象和背景分开处理，以便执行一些操作，如将不同效果应用于对象而非其背景，或替换背景。比如，为一个岛屿拍摄宣传片设计了一个镜头：鱼围绕岛屿游动，这之前就先拍摄海底的各种鱼，然后用动态抠像把它们和海底的背景分离开，如图 7-2 所示，最后和岛屿镜头合成在一起。

图7-2　动态抠像示意图

　　本章将用 3 个任务实例展现 AE 抠像技术的应用。任务 16 主要介绍了用"颜色差值键"效果对半透明区域进行蓝屏抠像，制作一个穿白纱裙子的女孩遇到从天而降的礼物的短视频；任务 17 详细介绍了 Keylight(1.2) 抠像插件的使用，对恐龙进行绿屏抠像，制作一个恐龙大战的微电影场景；任务 18 使用 Roto 笔刷工具对实景背景下的人物形象进行动态抠像，用来制作一段 MV 的场景。

7.2　知　识　点

　　AE 的抠像功能集成在"效果"→"抠像"菜单中，包括内部/外部键、差值遮罩、抠像清除器、提取、线性颜色键、颜色范围、颜色差值键、高级溢出抑制器等，还包括 CC Simple Wire Removal、Keylight（1.2）内置插件。

7.2.1　常用抠像工具

　　AE 的抠像技术是通过定义图像中特定范围内的颜色值或亮度值来获取透明通道，当这些特定的值被键出时，那么所有具有这个相同颜色或亮度的像素都将变成透明状态，从而实现抠像效果。将图像抠取出来后，就可以将其运用到特定的背景中，以获得镜头所需的视觉效果。在 AE 中有以下常用的抠像工具：

- 内部／外部键：特别适用于抠取毛发，使用该滤镜时需要绘制两个遮罩，一个用来定义键出范围内的边缘，另外一个遮罩用来定义键出范围之外的边缘，AE 会根据这两个遮罩间的像素差异来定义键出边缘并进行抠像。
- 差值遮罩：可以将源图层（图层 A）和其他图层（图层 B）的像素逐个进行比较，然后将图层 A 与图层 B 相同位置和相同颜色的像素键出，使其成为透明像素。
- 提取：可以将指定亮度范围内的像素键出，使其变成透明像素。该滤镜适合抠除前景和背景亮度反差比较大的素材。
- 线性颜色键：可以将画面上每个像素的颜色和指定的键控色（即被键出的颜色）进行比较，如果像素颜色和指定的颜色完全匹配，那么这个像素的颜色就会完全被键出；如果像素颜色和指定的颜色不匹配，那么这些像素就会被设置为半透明；如果像素颜色和指定的颜色完全不匹配，那么这些像素就完全不透明。
- 颜色范围：使用"颜色范围"对抠除具有多种颜色构成或是灯光不均匀的蓝屏或绿屏背景非常有效。
- 颜色差值键：可以精确地抠取蓝屏或绿屏前拍摄的镜头，尤其适合抠取具有透明和半透明区域的图像，如烟、雾、阴影等。颜色差值键效果通过将图像分为"遮罩部分 A"和"遮罩部分 B"两个遮罩，在相对的起始点创建透明度。"遮罩部分 B"使透明度基于指定的主色，而"遮罩部分 A"使透明度基于不含第二种不同颜色的图像区域。通过将这两个遮罩合并为第三个遮罩（称为"Alpha 遮罩"），"颜色差值键"效果可创建明确定义的透明度值。可为以蓝屏或绿屏为背景拍摄的所有亮度适宜的素材项目实现优质抠像。

7.2.2　Keylight（1.2）插件

Keylight（1.2）是个曾经获奖、经业界验证的蓝绿屏抠像工具，已经内置到 AE 中。它操作简便，易于使用，尤其擅长处理反光、半透明状态和毛发等。由于有内建的溢光处理功能，所以可以精确地控制残留在前景对象上的蓝屏或绿屏反光，并将它们替换成新合成背景的环境光。只要选择布幕颜色就能算出遮罩，并将前、后景如照片般逼真地结合在一起。

Keylight（1.2）可以达到非常优秀的效果，可以把画面抠除得非常和谐。其使用方法是将 AE 里的 Keylight（1.2）效果添加到要进行抠图的视频素材上，使用屏幕色吸管工具在视频画面中吸取颜色，就可以立即出现抠图后的效果。如果再配合使用屏幕增益和屏幕调和属性，那么效果就更完美。

7.2.3　Roto 笔刷工具动态抠像

视频抠像目的是为了视频剪辑时把前景能够融合到背景中，利用抠像技术去除背景，实现和新的背景合成剪辑。但由于种种原因，有些素材在拍摄时留下一些遗憾，如背景颜色不干净，光线不匀，人物与背景太近而留下较宽较重的阴影等，这样在后期抠像时就会出现一些麻烦。Roto 笔刷能很好地解决以上问题，它是一个非常强大的抠像工具，这个工具在抠取景深画面时非常快速，能快速分离出同一焦距内的画面，适用于动态抠像，免去一帧一帧抠像的麻烦。

使用 Roto 笔刷工具，需要在前景和背景元素的典型区域中进行描边，随后 AE 会使用该描边信息在前景和背景元素之间创建分段边界。使用 Roto 笔刷工具进行描边的帧被称为基础帧。在基础帧的一个区域上绘制的描边，可帮助 AE 区分相邻帧的前景和背景。此描边信息将用于按时间向前和向后分段传播。系统自动向前向后生成抠图，每次描边均可用于改进附近帧上的结果。默认情况下 Roto 笔刷的初始作用范围是前后 10 帧共 20 帧的区间。即使对象逐帧移动或改变形状，片段边界也会相应调整来匹配对象。Roto 笔刷类似 Photoshop 的选区功能，在抠除比较复杂的场景时比较好用。Roto 的缺点是速度并不是很快，不合成的情况下单独输出元素，通道并不透明。

7.3　任务16　"从天而降的礼物"短视频的制作

视频 ●●●●●●●●

任务16分析

本任务制作"从天而降的礼物"短视频。通过本任务的学习，读者应熟练掌握"颜色差值键"的基本应用和操作方法，本任务完成如图 7-3 所示的效果，表现一个女孩路过一座房屋，突然天上掉下礼物的场景。

图7-3　"从天而降的礼物"短视频效果

7.3.1　任务需求分析与设计

短视频是指在各种新媒体平台上播放的、适合在移动状态和短时休闲状态下观看的、高频推送的视频内容，几秒到几分钟不等。内容融合了技能分享、幽默搞怪、时尚潮流、社会热点、街头采访、公益教育、广告创意、商业定制等主题。由于内容较短，可以单独成片，也可以成为系列栏目。本任务通过 AE 制作一个"从天而降的礼物"短视频，使用抠像技术达到一种夸张的娱乐效果。

本任务制作的分镜头脚本如表 7-1 所示，其场景设计如下：

- 建立合成 1 个："总合成"，时长 20 秒。
- 视频素材 2 个："穿纱裙的女孩 .mp4"，蓝屏背景；"礼物 .mp4"，绿屏背景。
- 图像素材 1 个："背景 .jpg"。
- 音乐素材 2 个："音乐 .mp3""再多给一份礼物 .m4a"。
- 穿纱裙的女孩出场镜头：女孩走路出场，小树从天上掉下。

- 礼物从天而降的动画：礼物源源不断从空中掉下来。

表7-1　"从天而降的礼物"分镜头脚本与基本参数表

影片制式	帧速率	宽度/px	高度/px	时长/s	用途	导出格式
PAL D1/DV	25	720	576	14	短视频	mp4

脚本	镜头1：女孩走路出场的平镜头。景别：全景。时长：6秒13帧。 00:00—00:16：小屋背景出现，音乐响起。 00:16—06:13：女孩走路出场，小树从天上掉下，女孩后退两步，作祈祷的动作，天上掉下一个礼物，女孩转身仰望，作惊喜状 镜头2：礼物纷纷从天而降的平镜头。景别：全景。时长：7秒12帧。 06:13—14:00：天上不断掉下礼物，女孩抱头蹲下，礼物把女孩掩盖。 08:11：出现声音"再多给我一份礼物吧"

7.3.2　制作思路与流程

　　视频抠像技术是 A E 中非常常见的技术。我们常常说的绿屏抠像和蓝屏抠像就是在纯蓝色或者纯绿色的背景下进行拍摄，然后使用抠像技术将纯色部分去除，再用其他图像替代。本任务使用颜色差值键效果对女孩进行蓝屏抠像。颜色差值键效果特别适合包含透明或半透明区域的图像。如果素材是烟、阴影、玻璃，或者女孩穿比较透明的衣物时一般都用"颜色差值键"进行抠像。本任务中的女孩穿的衣物是白色，在一些裙摆部分是半透明的，所以要使用"颜色差值键"去除蓝色背景，然后使用其他视频进行替换；本任务还使用 Keylight（1.2）效果对礼物进行绿屏抠像。Keylight（1.2）效果是 AE 内置的插件，具有容易操作、快速实现抠像的特点。

　　完成人物抠像和礼物抠像之后就在"总合成"中进行合成，添加音乐，最后渲染输出。本任务的制作流程如图 7-4 所示 。

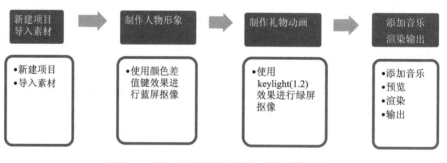

图7-4　"从天而降的礼物"短视频制作流程

7.3.3　制作任务实施

1．新建项目、导入素材

步骤 **01**：参照 1.4.1 的新建项目步骤，建立项目"从天而降的礼物 .aep"。

步骤 **02**：参照 1.4.1 的导入素材步骤，导入如图 7-5 所示本书电子教学资源包"第 7 章／

任务 16/ 素材"文件夹中的全部素材。

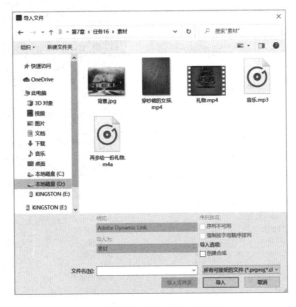

图7-5　导入任务16全部素材

2. 实施蓝屏抠像制作人物形象

步骤 **01**：参照 1.4.1 的新建合成步骤，建立名称为"总合成"的合成。在"合成设置"对话框中将合成预设设置为 PAL D1/DV，合成长度持续时间设置为 20 秒，设置完成单击右下角"确认"按钮。

步骤 **02**：把素材"女孩 .mp4"从项目窗口中拖放到时间线窗口。打开图层"缩放"和"位置"参数，如图 7-6 所示设置图层"女孩 .mp4"的参数，缩放：69.9，55.6；位置：155.3，371。

视频

女孩抠像

图7-6　设置图层"女孩.mp4""缩放"和"位置"参数

步骤 **03**：把时间指针移至 3 秒处，向右拖动"女孩 .mp4"图层的持续时间条开始位置到时间指针处，让"女孩 .mp4"图层从 3 秒开始。然后把这个图层的开始点拖放到时间线窗口 16 帧处。

步骤 **04**：在时间线窗口中单击图层"女孩 .mp4"，执行如图 7-7 所示的"效果"→"抠像"→"颜色差值键"菜单命令。

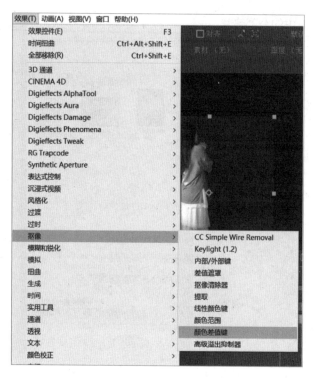

图7-7 执行"效果"→"抠像"→"颜色差值键"菜单命令

步骤 **05**：在"效果控件"面板，调整"颜色差值键"参数。

（1）如图 7-8 所示，单击参数"主色"后的吸管工具，吸取合成窗口图层"女孩.mp4"蓝屏上的蓝色。

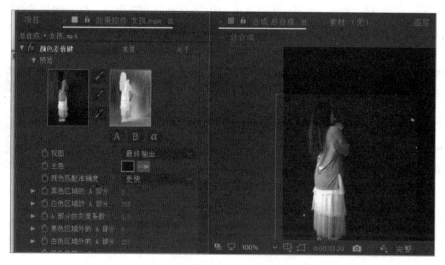

图7-8 吸管工具

（2）在"颜色差值键"控件面板中单击如图 7-9 方框所示的 α 蒙版按钮，让右边的缩略图显示出最终的混合 α 蒙版效果。

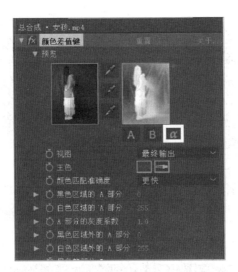

图7-9　单击"蒙版"按钮

（3）单击如图 7-10 所示的吸管工具，然后在右边的蒙版缩略图中单击所需要设置为透明像素的区域，同时面板中的参数也会自动进行调节。如图 7-11 所示，可以看到蓝背景基本抠完，但是裙子透明部分也损失了不少。

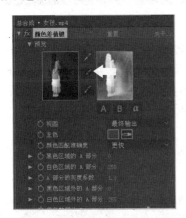

图7-10　单击吸管工具

图7-11　裙子透明部分有损失

（4）在控件面板中单击吸管工具，然后在右边的蒙版缩略图中单击需要设置为不透明像素的区域（女孩裙子下摆部分），如图 7-12 所示设置参数，"白色区域的 A 部分"：113；"A 部分的灰度系数"：2.0。如图 7-13 所示，可以看到裙子半透明部分显露出来了。由于画面中女孩动作幅度比较大，抠像难度系数提高，所以单击吸管调整参数的过程是反复修正的，不是一次就可以设置好。

3．实施绿屏抠像制作礼物动画

步骤 **01**：把素材"背景 .jpg"放入到时间线窗口的最后一层，按【S】键，如图 7-14 所示打开图层"缩放"参数，缩放：117.8，113.3。

视频 •·······

礼物抠像
•······

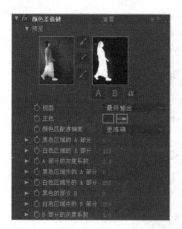

图7-12 设置"颜色差值键"参数

图7-13 裙子半透明部分显露出来

图7-14 设置图层"缩放"参数

步骤 **02**：把素材"礼物.mp4"放入到时间线窗口的第二层。执行"效果"→"抠像"→Keylight(1.2)"菜单命令，在项目窗口下的"效果控件"面板出现如图7-15所示的"Keylight（1.2）"特效。单击参数 Screen Color 的吸管工具，再到合成窗口中吸取绿屏中的绿色就完成了抠像。由于屏幕中的绿色均匀稳定，所以不用设置其他参数就能一次抠像成功，效果如图7-16所示。

图7-15 Keylight （1.2）参数

图7-16 抠像成功的效果

步骤 **03**：预览视频，发现图层"女孩.mp4"、"礼物.mp4"动作不是很协调，"礼物.mp4"图层动作要快一点才可以和女孩动作相一致。单击"礼物.mp4"图层，右击，在出现的快捷菜单中选择如图 7-17 所示的"时间"→"时间伸缩"命令，出现如图 7-18 所示的"时间伸缩"对话框，设置"拉伸因数"参数为 70，单击"确定"按钮。这样就加快了"礼物.mp4"图层的速度，动作协调。

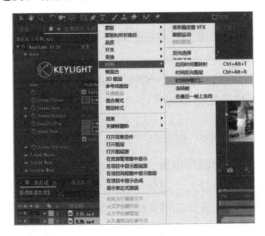

图7-17 "时间"→"时间伸缩"命令

图7-18 "时间伸缩"对话框

步骤 **04**：按空格键预览画面，可以看到，礼物砸下来之后，女孩还是在礼物的外面。此时需要把女孩藏到礼物的背后才对。单击图层"礼物.mp4"，把时间指针移至 7 秒 20 帧处，单击【Ctrl+Shift+D】组合键，把图层"礼物.mp4"在此处"砍断"，如图 7-19 所示，形成两个图层"礼物.mp4"。把后部分的"礼物.jpg"放在时间线窗口的第一层，如图 7-20 所示，这样"礼物"图层就遮住了"女孩"图层，女孩藏起来了。

图7-19 把后部分的"礼物.mp4"放在时间线窗口的第一层

图7-20 "礼物"图层遮住了"女孩"图层

4. 添加音乐、渲染输出

步骤 **01**：把"音乐.mp3"拖放在时间线窗口最后一层。

步骤 **02**：把"再多给一份礼物 .mp4"放在 8 秒 11 帧。

步骤 **03**：按下空格键进行预览。

步骤 **04**：参照 1.4.1 的输出动画步骤，打开渲染队列窗口。

步骤 **05**：在渲染队列窗口里单击"输出到："下拉列表，打开"将影片输出到"对话框，确定制作的场景渲染输出时的文件名、存放地址和文件类型。本任务为："第 7 章／任务 16／从天而降的礼物 .mp4"。

步骤 **06**：渲染设置完成后，在渲染队列窗口中单击"渲染"按钮渲染输出，完成后在"第 7 章／任务 16/"文件夹下查看最终文件"从天而降的礼物 .mp4"。

7.3.4　制作要点

本任务主要对人物素材和礼物素材实施蓝屏抠像和绿屏抠像。本任务的素材拍摄质量都比较好，背景色较干净、单纯和均匀。抠像时只要把素材导入，在效果控件面板选取要抠去的背景色即可。本任务需要自己拍摄人物素材，人物的动作设计和镜头的设计要与礼物从天而降的动画相配合，才能在后期的合成中协调。将本任务中的女孩改为一个主持人，在蓝幕或绿幕下拍摄（最好是在虚拟演播室拍摄），然后在后期制作中进行抠像，就可做成一个虚拟演播的场景。

本任务在抠像制作过程中使用颜色差值键效果，该效果可为以蓝屏或绿屏为背景拍摄的所有亮度适宜的素材项目实现优质抠像。抠像时首先对素材添加遮罩，去掉人物和蓝背景之外的其他内容，然后添加"颜色差值键"去除蓝背景，最后替换背景。"颜色差值键"命令在使用时应掌握如下参数的功能：

- 预览：显示没有修正的图像的蒙版和已经修正的图像的蒙版。
- 主色：用来采样拍摄的动态素材幕布的颜色。
- 颜色匹配准确度：设置颜色匹配的精度，包含 Fast(快速) 和 More　Accurate(更精确) 两个选项。
- 黑色区域的 A 部分：控制 A 通道的透明区域。
- 白色区域的 A 部分：控制 A 通道的不透明区域。
- A 部分的灰度系数：影响图像的灰度范围。
- 黑色区域外的 A 部分：控制 A 通道的透明区域的不透明度。
- 白色区域外的 A 部分：控制 A 通道的不透明区域的不透明度。
- 黑色的部分 B：控制 B 通道的透明区域。
- 白色区域中的 B 部分：控制 B 通道的不透明区域。
- B 部分的灰度系数：影响图像的灰度范围。
- 黑色区域外的 B 部分：控制 B 通道的透明区域的不透明度。
- 白色区域外的 B 部分：控制 B 通道的不透明区域的不透明度。
- 黑色遮罩：控制 Alpha 通道的透明区域。
- 白色遮罩：控制 Alpha 通道的不透明区域。
- 遮罩灰度系数：影响图像 Alpha 通道的灰度范围。

视频 •••••

任务17分析

7.4 任务17 "恐龙大战"微电影场景的制作

本任务为"恐龙大战"微电影制作战斗场景，通过本任务的学习，读者应熟练掌握Keylight（1.2）插件的基本应用和操作方法，任务完成的效果如图7-21所示。

图7-21 "恐龙大战"微电影场景效果

7.4.1 任务需求分析与设计

微电影是指专门运用在各种新媒体平台上播放的、适合在移动状态和短时休闲状态下观看的、具有完整策划和系统制作体系支持的、具有完整故事情节的视频短片。其放映时间从几分钟到60分钟不等。制作周期一般7到15天，时间长的也就只有数周。每部微电影的投资规模级别是千元／万元级别。内容融合了幽默搞怪、时尚潮流、公益教育、商业定制等主题，可以单独成篇，也可系列成剧。它具备电影的所有要素：时间、地点、人物、主题和故事情节。本任务制作微电影"恐龙大战"中的一个场景，利用抠像技术将恐龙的CG形象和实景结合在一起。

本任务分镜头制作脚本如表7-2所示，场景设计如下：

- 本任务建立合成1个："总合成"时长是20秒。
- 视频素材11个："恐龙吼.mov""掉灰大.mov""枪战.mov""火.mov""火2.mov""子弹飞.mov""子弹反射.mov""火药爆炸.mov""溅血.mov""恐龙飞走.mov""大楼背景2.mov"。
- 图像素材1个："大楼背景1.jpg"。
- 音频素材3个："吼声.mp3""脚步声.wav""手枪声.mp3"。
- 恐龙攻击的镜头：恐龙从天而降在大楼楼顶上，开始吐火、嘶吼，楼顶碎片跌落。
- 人类还击的镜头：两位青年在大楼的走廊向恐龙开枪还击。
- 恐龙受伤飞走的镜头：恐龙中弹受伤，鲜血四溅，从楼顶飞走。

表7-2 "恐龙大战"微电影场景分镜头脚本与基本参数表

影片制式	帧速率	宽度/px	高度/px	时长/s	用途	导出格式
HDTV 1080 25	25	1 920	1 080	14	微电影场景	avi
脚本	镜头1：恐龙降落、喷火的平镜头。景别：中景。时长：5秒。 00:00：出现大楼背景1。 00:00—01:00：恐龙从天上降落到大楼楼顶，恐龙吼声。 01:00—02:15：恐龙踩在楼顶的边沿，大楼慢慢掉灰下来。 02:15—04:15：恐龙喷火。 04:15—05:00：恐龙在楼顶上					

续表

影片制式	帧速率	宽度/px	高度/px	时长/s	用途	导出格式
HDTV 1080 25	25	1 920	10 80	14	微电影场景	avi

脚本	镜头2：人类反击的平镜头。景别：中景。时长：4秒5帧。 05:00：出现大楼楼道，开始着火。 05:16：恐龙吼声此起彼伏。 07:10—09:05：人类开枪还击，子弹飞
	镜头3：恐龙被击退的平镜头。景别：中景。时长：10秒。 09:03：楼顶恐龙。 09:08—10:01：恐龙连续中枪，子弹反射，鲜血四溅。 10:01—14:00：恐龙飞走

7.4.2　制作思路与流程

在影视动画制作过程中，常常需要抠像。本任务制作的关键是在恐龙喷火攻击的镜头以及恐龙受伤飞走的镜头中两次对恐龙进行绿屏抠像，利用 Keylight（1.2）抠像插件将恐龙的 CG 形象从绿屏背景中提取出来。Keylight（1.2）是一个屡获殊荣并经过产品验证的蓝绿屏幕抠像插件。它内置在 AE 的"效果"→"抠像"菜单命令中，易于使用。由于本任务中的恐龙素材背景色是较干净、单纯、均匀的绿色，所以在抠像时只要使用 Screen　Color 参数的吸管，在合成窗口中吸取绿屏颜色就完成了绿屏抠像的操作，非常简单。

本任务对恐龙进行绿屏抠像后首先制作恐龙位置的关键帧动画，让恐龙降落到大楼顶端，在 2 秒 15 帧和 4 秒 15 帧恐龙刚好张开嘴巴时放置喷火动画素材，制作出恐龙在楼顶喷火攻击的效果；然后制作人类开枪还击的场面，在 7 秒 20 帧、8 秒 03 帧、8 秒 19 帧处摆放"火药爆炸"动画，并配合"子弹飞"动画形成连续开枪射击的效果；然后再一次对恐龙进行绿屏抠像，制作出恐龙中枪"子弹反射"的动画和"溅血"的动画；最后添加恐龙嘶吼声、脚步声、枪声等声音效果。本任务制作流程如图 7-22 所示。

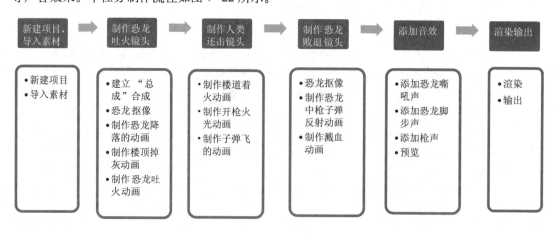

图7-22　"恐龙大战"微电影场景制作流程

7.4.3 制作任务实施

1. 新建项目、导入素材

步骤 **01**：参照 1.4.1 的新建项目步骤，建立项目"恐龙大战 .aep"。

步骤 **02**：参照 1.4.1 的导入素材步骤，导入如图 7-23 所示的本书电子教学资源包"第 7 章 / 任务 17/ 素材"文件夹中的全部素材。

图7-23　导入任务17全部素材

2. 制作恐龙吐火攻击镜头

步骤 **01**：参照 1.4.1 的新建合成步骤，建立名称为"总合成"的合成。在"合成设置"对话框中将合成预设设置为 HDTV，合成长度持续时间设置为 20 秒，设置完成单击右下角"确认"按钮。

步骤 **02**：恐龙抠像。

（1）从项目窗口把如图 7-24 所示的素材"恐龙　吼 .mov"拖入时间线窗口，在时间线窗口中单击"恐龙　吼 .mov"，单击工具栏的钢笔工具，如图 7-25 所示，在合成窗口中沿恐龙的阴影画一个封闭的蒙版。

视频 ·······

恐龙吐火

········

图7-24　素材"恐龙 吼.mov"

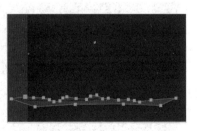

图7-25　在合成窗口中沿恐龙的阴影画一个封闭的蒙版

（2）在时间线窗口中打开图层"恐龙 吼 .mov"的蒙版参数，如图 7-26 所示，选中"反转"复选框，抠除阴影部分。

图7-26 选中"反转"复选框

（3）执行"效果"→"抠像"→ Keylight（1.2）菜单命令，项目窗口下的"效果控件"面板出现如图 7-27 所示的 Keylight（1.2）特效。单击 Screen Color 参数的吸管，用吸管单击合成窗口中的绿屏，如图 7-28 所示，可以看到绿屏部分抠干净了。

图7-27 Keylight（1.2）特效

图7-28 绿屏部分已抠干净

步骤 **03**：从项目窗口把素材"大楼背景 1.jpg"拖入时间线窗口的最后一层。单击图层"恐龙 吼 .mov"，按下【S】键，再按下【Shift+P+R+T】组合键，打开"缩放"、"位置"、"旋转"和"不透明度"参数并设置，缩放 :62.6，70；旋转：7.8，不透明度：88。把时间指针放在 0 帧处，设置位置参数 :525，-292，手动添加位置关键帧；把时间指针放在 1 秒处，如图 7-29 所示设置"位置"参数 :525，551，系统自动添加关键帧。完成设置的效果如图 7-30 所示，恐龙的位置直接降落到大楼的边缘。

图7-29 在1秒处设置"位置"参数

图7-30 恐龙的位置直接降落到大楼的边缘

步骤 **04**：在时间线窗口中把图层"恐龙 吼 .mov"末端拖放到 5 秒处。

步骤 **05**：恐龙从天而降，体积庞大，会踩坏大楼的边缘，所以需要加一点大楼踩坏后掉下来的灰屑。把素材"掉灰 大 .mov"从项目窗口中拖入时间线窗口的第一层，把它放置在 1 秒开始的位置。如图 7-31 所示，设置位置：-8，1020；旋转：12.9。

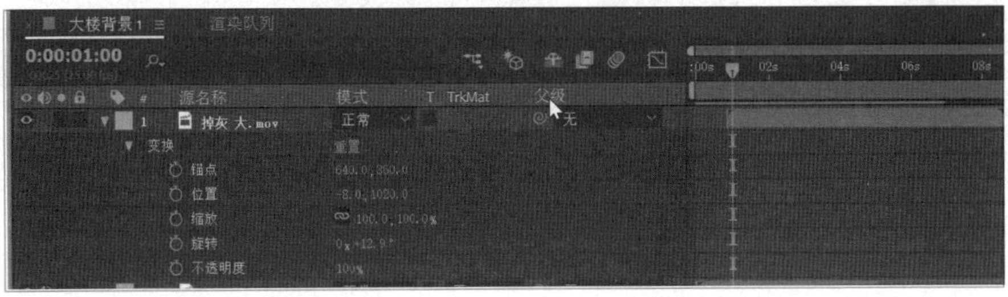

图7-31 设置"掉灰 大.mov"图层的"位置"和"旋转"参数

步骤 **06**：从项目窗口把素材"火 .mov"拖入时间线窗口的第一层，把它的开始位置放置在 2 秒 15 帧处，这个时间点上，恐龙正好张开嘴吐火。单击图层"火 .mov"，按【S】键和【Shift+P】组合键，打开图层的"缩放"和"位置"参数，缩放：-121.6，139.7；旋转：40.4；时间指针在 2 秒 15 帧处，设置"火 .mov"图层的"位置"参数为 1044，380，手动添加第一个关键帧；时间指针在 4 秒 15 帧处，设置"火 .mov"图层的"位置"参数为 1096，612，如图 7-32 所示，系统自动添加一个关键帧。

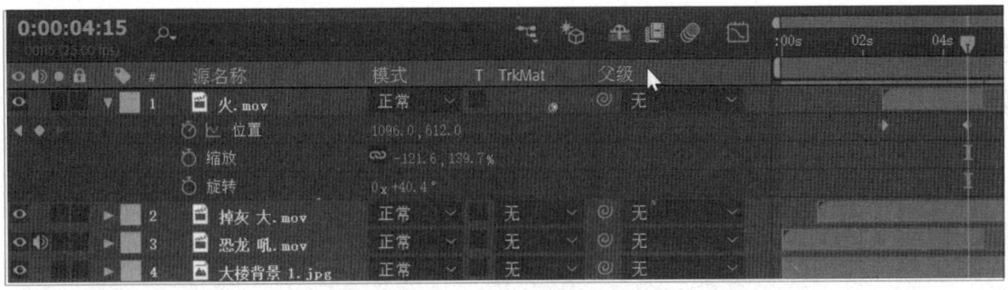

图7-32 时间指针在4秒15帧处设置"火.mov"的"位置"参数

3. 制作人类开枪反击镜头

步骤 **01**：从项目窗口把素材"枪战 .mov"拖入时间线窗口的第一层，把图层的开始端拖

视频 ●┈┈┈┄

人类反镜头制作

到 4 秒 07 帧处，剪掉图层前面的部分，然后把图层新的开始端拖到 5 秒处；最后把图层的末端拖到 9 秒处，如图 7-33 所示剪掉图层后面的部分。

图7-33　剪掉图层9秒后的部分

步骤 **02**：从项目窗口把素材"火 2.mov"拖到时间线窗口的第一层，把图层的开始端拖到 1 秒 09 帧处，剪掉图层前面的部分，然后把图层新的开始端拖到 5 秒处，如图 7-34 所示，设置"火 2.mov"图层的"位置"参数为：1480，448。

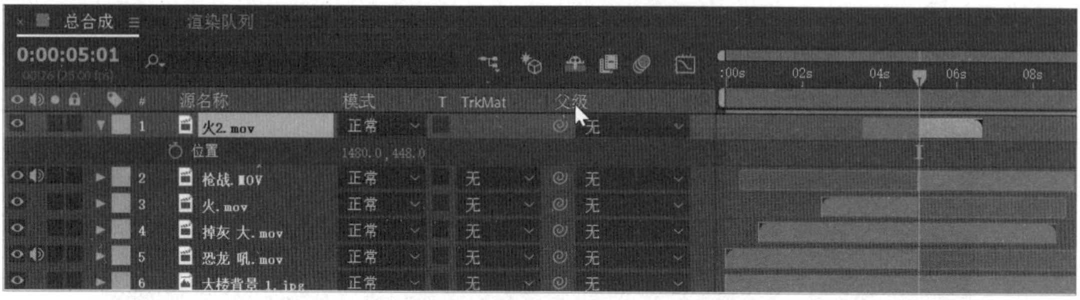

图7-34　设置"火2.mov"图层的"位置"参数

步骤 **03**：从项目窗口把素材"火药爆炸 .mov"拖到时间线窗口的第一层 7 秒 10 帧处，如图 7-35 所示，设置"火药爆炸 .mov"图层的"位置"参数为：880，248，如图 7-36 所示，把它放置在镜头中人手枪口的位置。

步骤 **04**：用同样的方法，如图 7-37 所示，在 7 秒 20 帧，8 秒 03 帧，8 秒 19 帧处摆放"火药爆炸 .mov"，形成连续开枪射击的效果。

步骤 **05**：从项目窗口把素材"子弹飞 .mov"拖到时间线窗口的第一层 7 秒 10 帧处，把它放置在镜头中人手枪口的位置。如图 7-38 所示，设置"子弹飞 .mov"图层的"位置"参数为：812，244。并且把图层"子弹飞 .mov"的末端拖放到 9 秒 05 帧处。

图7-35　设置"火药爆炸.mov"图层的"位置"参数

图7-36 把"火药爆炸.mov"图层放置在镜头中人手枪口的位置

图7-37 在7秒20帧,8秒03帧,8秒19帧处摆放"火药爆炸.mov"

图7-38 设置"子弹飞.mov"的"位置"参数

4. 制作恐龙退败的镜头

步骤 01:从项目窗口把素材"大楼背景2.mov"、"恐龙飞走.mov"拖到时间线窗口9秒03帧处,把"恐龙飞走.mov"放在第一层。

步骤 02:单击图层"恐龙飞走.mov",执行"效果"→"抠像"→Keylight(1.2)菜单命令,在"效果控件"面板中单击Keylight(1.2)特效的Screen Color参数的吸管,用吸管单击合成窗口中的绿屏,如图7-39所示将绿屏部分抠干净。

步骤 03:单击"恐龙飞走.mov",如图7-40所示设置"位置"参数:800,544旋转参数:4.3。

步骤 04:从项目窗口把素材"子弹反射.mov"拖到时间线窗口的第一层9秒08帧处,把它放置在恐龙左臂位置。设置"子弹反射.mov"的"位置"参数:950,540。用同样的方法,如图 7-41 所示，在 9 秒 15 帧、10 秒 01 帧处摆放"子弹反射.mov"，形成恐龙连续中枪的效果。

图7-39　将绿屏部分抠干净

图7-40　设置"恐龙飞走.mov"的"位置"和"旋转"参数

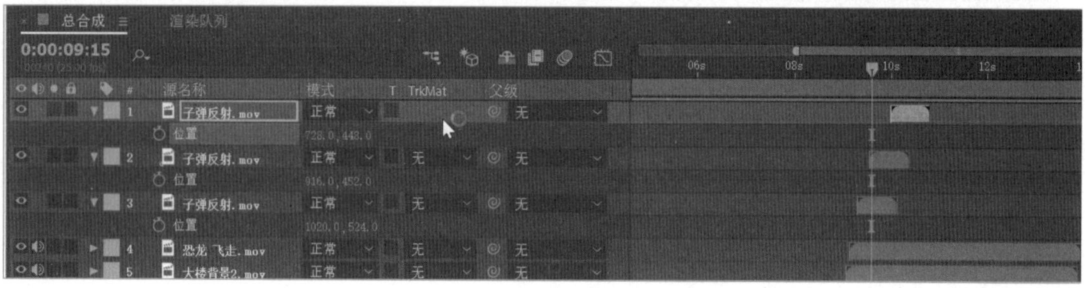

图7-41　在9秒15帧处摆放"子弹反射.mov"

步骤 **05**：子弹打在恐龙身上都有血溅出，所以把素材"溅血.mov"放在时间线的第 3 层，把它的开始位置放置在 9 秒 10 帧处，在"子弹反射.mov"图层后的位置，如图 7-42 所示设置"溅血.mov"的"位置"参数：1420，520。形成如图 7-43 所示的中枪出血的视觉效果。

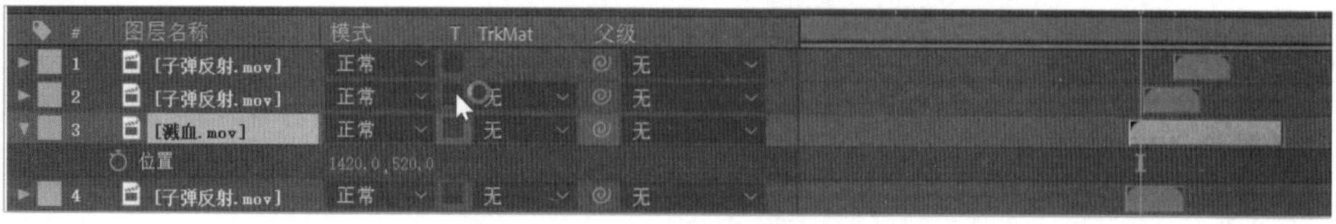

图7-42　设置"溅血.mov"的"位置"参数

图7-43　形成中枪出血的视觉效果

5．添加声音效果

步骤 **01**：从项目窗口把素材"吼声.mp3"拖到时间线窗口的最后一层，开始位置在 0 帧处。按【Ctrl+D】组合键复制"吼声.mp3"，如图 7-44 所示把新复制的这个图层开始位置设置在 5 秒 16 帧处，让恐龙吼声此起彼伏。

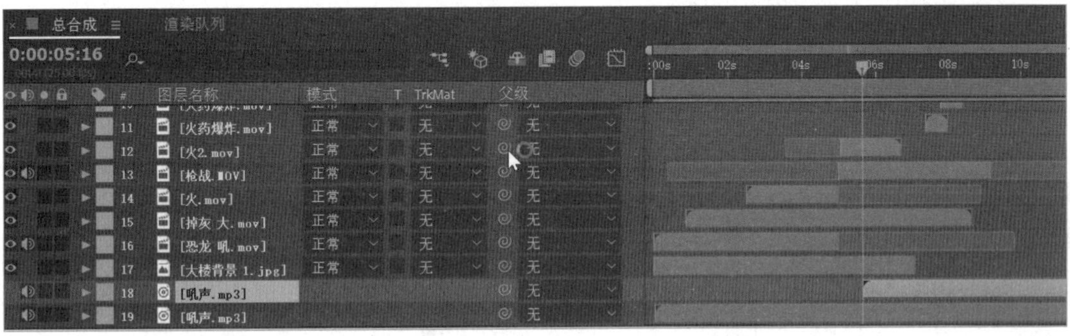

图7-44　把新复制的这个图层开始位置设置在5秒16帧处

步骤 **02**：从项目窗口把素材"脚步声.wav"拖到时间线窗口的第 18 层，如图 7-45 所示，开始位置在 23 帧处，让恐龙落地时有巨大响声。

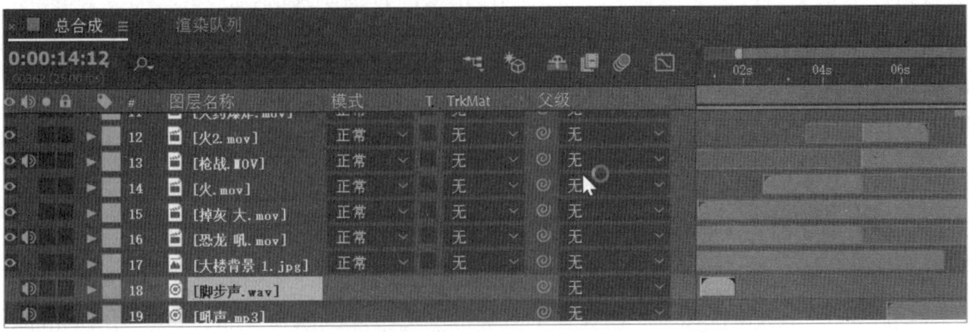

图7-45　把"脚步声.wav"拖到时间线窗口第18层

步骤 **03**：从项目窗口把素材"手枪声.mp3"拖到时间线窗口的第 23 层，开始位置在 7 秒 12 帧处，配合剧中人物开枪的动作。用同样的方法再拖五次"手枪声.mp3"到时间线窗口。如图 7-46 所示第 22 层图层开始处：7 秒 15 帧；第 21 图层开始处：7 秒 15 帧；第 20 图层开始处：7 秒 18 帧；第 19 层图层开始处：7 秒 21 帧；第 18 层图层开始处：7 秒 23 帧，最终形成此起彼伏的枪声。

图7-46　拖五次"枪声.mp3"到时间线窗口

步骤 **04**：按下空格键进行预览。

6. 渲染输出

步骤 **01**：参照 1.4.1 的输出动画步骤，打开渲染队列窗口。

步骤 **02**：在渲染队列窗口里单击"输出到："下拉列表，打开"将影片输出到"对话框，确定制作的场景渲染输出时的文件名、存放地址和文件类型。本任务为："第 7 章 / 任务 17/ 恐龙大战.mp4"。

步骤 **03**：渲染设置完成后，在渲染队列窗口中单击"渲染"按钮渲染输出，完成后在"第 7 章 / 任务 17/"文件夹下查看最终文件"恐龙大战.mp4"。

7.4.4　制作要点

本任务制作的关键是对绿屏背景的恐龙 CG 进行抠像。参照本任务的制作，利用抠像技术，将恐龙替换成外星人、机器人等形象，可以制作出类似星球大战的科幻战斗场景。也可以在绿屏背景中进行真人拍摄，然后进行抠像，把抠出来的人物形象放在本任务的大楼楼顶边缘，制作出惊险的战斗场景。

本任务在制作过程中使用了 Keylight（1.2）抠像插件，Keylight（1.2）抠像插件操作简单，能通过选取抠像颜色对画面进行识别，抠掉选中的颜色。在屏幕蒙版模式下调整黑白灰三种颜色。黑色表示完全透明，白色表示完全不透明，灰色表示半透明。通过对 Alpha 通道的调节，能抠选出满意的效果。在应用 Keylight（1.2）过程中应注意以下几个环节：

- 在 Screen Colour 选项上，用吸管工具吸取需要抠除的颜色（即需要变为透明的颜色）。
- 调整 Screen Pre-blur 参数的值，该值不能调太大，太大将会损失图像边缘的细节。应根据实际情况将数值调整到最好的效果，使图像的边缘更柔和。

- 切换到 Screen Matte 选项，进一步调整抠像范围。白色区域代表保留下来的部分，黑色表示被抠掉的部分。通过调整 Clip Black 和 Clip White 两个参数的值可使素材中灰色的地方变为黑色或是白色。如果灰色较少，可以直接调整屏幕增益（Screen Gain）进行颜色的调整。
- 调整 Alpha Bias 和 Despill Bias 参数的值，对图像的边缘进行反溢出调整。

7.5　任务 18　"谁把它抛在风里" MV 场景的制作

视频

任务18分析

本任务制作"谁把它抛在风里" MV 的一个场景。通过本任务的学习，读者应掌握 Roto 动态抠像工具的基本应用方法和操作技能。本任务实施如图 7-47 所示的抠像过程。

图7-47　"谁把它抛在风里"动态抠像效果

7.5.1　任务需求分析与设计

MV（Music Video）即音乐短片，是指与音乐（通常大部分是歌曲）搭配的短片，是利用电视画面手段来补充音乐所无法涵盖的信息和内容。MV 的制作要从音乐的角度创作画面，大部分 MV 以歌词内容为创作蓝本，去追求歌词中所提供的画面意境以及故事情节，并且设置相应的镜头画面。也有的 MV 的音乐内容与音乐画面呈直线平行发展。画面与音乐的内容分割开来，各自遵循着自己的逻辑线索向前发展，看似画面与歌词内容毫无关联，但实际上给我们的总体印象是有内在联系的。本任务设计一个女孩面对虚化的婚纱照，将信件撕碎抛在空中的场景，其镜头脚本如表 7-3 所示，场景设计如下：

- 建立合成 1 个："总合成"，时长 15 秒。
- 视频素材 1 个："女孩 .mp4"。
- 图像素材 1 个："婚纱 .jpg"。
- 音乐素材 1 个："音乐 .mp3"。
- 女孩将信撕碎然后抛在风里的镜头：在虚化的婚纱背景中，女孩将信撕碎，然后抛在风中，背景显示出真实的背景。

表7-3 "谁把它抛在风里"MV场景镜头脚本与基本参数表

影片制式	帧速率	宽度/px	高度/px	时长/s	用途	导出格式
PAL D1/DV	25	720	576	10	音乐短片	avi
脚本	镜头：女孩将信撕碎然后抛在风里的平镜头。景别：中景。时长：10秒。 00:00：模糊的婚纱背景出现，音乐响起。 00:00—02:00：女孩站在婚纱照前面将信件撕碎。 02:00：模糊的婚纱背景消失，背景回到现实，出现天空和远山。 02:00—10:00：女孩将撕碎的信件丢在空中					

7.5.2 制作思路与流程

　　使前景对象（如演员）与背景分开是许多视觉效果和合成工作中的关键步骤。本任务制作的关键是将女孩的形象从背景中分离。由于背景是一片颜色比较暗淡的云和山，并不是颜色均匀的蓝屏和绿屏，所以需要使用 Roto 笔刷工具进行动态抠像，在创建用于隔离对象的蒙版后，就可以替换背景、有选择地对前景应用效果，以及执行其他更多的操作。为了使用 Roto 笔刷工具隔离出前景对象，首先需要选择基础帧并添加描边。基础帧上的描边形成了蒙版，用于识别出前景和背景区域。这个基础帧可以是任意帧，本任务中从素材的第一帧开始作为基础帧进行描边。完成基础帧描边之后，调整基础帧的作用范围到 1 秒；接着在 1 秒 20 帧、4 秒 5 帧、7 秒 5 帧处继续添加新的基础帧进行描边，并调整基础帧的作用范围，使这些基础帧的作用范围无缝连接起来；然后调整蒙版的"羽化"和"减少震动"参数，使蒙版边缘变平滑；再使用调整边缘工具使蒙版获得细微差别的边缘；然后冻结 Roto 笔刷工具的处理结果，将分割边界固定下来，完成抠像操作。之所以要进行冻结操作，是因为对图层视频进行了分割边界后，AE 缓存了分割边界，当下次调用时就无须再次计算，为方便访问这些数据，所以需要冻结这些数据。一旦冻结分割边界，就无法编辑它，除非解冻。冻结分割边界需要较长的时间，在冻结边界之前最好尽可能调整好它。完成冻结之后还要进行背景图像的虚化处理，添加音乐歌曲。最后进行渲染输出，完成本任务的制作。本任务的制作流程如图 7-48 所示。

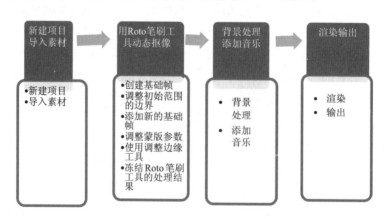

图7-48 "谁把它抛在风里"MV场景制作流程

7.5.3　制作任务实施

1. 新建项目、导入素材

步骤 **01**：参照 1.4.1 的新建项目步骤，建立项目"谁把它抛在风里 .aep"。

步骤 **02**：参照 1.4.1 的导入素材步骤，导入如图 7-49 所示的本书电子教学资源包"第 7 章 / 任务 18/ 素材"文件夹中的全部素材。

图7-49　导入任务18素材

2. 使用 Roto 笔刷工具抠像

视频 ●·······

步骤 **01**：创建基础帧。

（1）参照 1.4.1 的新建合成步骤，建立名称为"总合成"的合成。在"合成设置"对话框中将合成预设设置为自定义，宽度为 640，高度为 480，帧速率为 25，并设置持续时间为 15 秒。设置完成单击右下角"确认"按钮。

（2）将素材影片"女孩 .mp4"从项目窗口中拖动到"总合成"时间线窗口中。

（3）单击"女孩 .mp4"图层，在工具栏中单击如图 7-50 箭头所示的 Roto 笔刷工具 。

（4）在时间线窗口中把时间指针放在 0 帧处，双击时间线中"女孩 .mp4"图层，出现如图 7-51 所示的"女孩 .mp4"图层窗口。

（5）在图层窗口中进行抠像。此时，鼠标变为绿色有加号圆圈的笔刷。在默认情况下，Roto 笔刷工具将创建绿色前景描边。现在开始对前景（女孩）添加描边，如图 7-52 所示，在图层窗口中用鼠标左键从女孩的头部开始绘制绿色描边，一直到尾部。完成描边后如图 7-53 所示，AE 自动用紫色的轮廓表示出创建的前景对象的边界，形成描边蒙版。

女孩Roto笔刷抠像

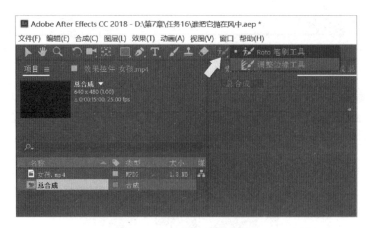

图7-50　选中Roto笔刷工具

图7-51　"女孩.mp4"图层窗口

图7-52　用鼠标左键从女孩的头部
开始绘制绿色描边

图7-53　紫色的轮廓表示创建的前景
对象的边界

（6）上一步的采样还有一些部分（见图7-53箭头处）没有包括进去，这时需要添加前景描边，去帮助AE发现这些边界。如图7-54所示，用Roto笔刷单击女孩手的部分，将上一步前景描边没有包括进去的区域添加进来，此时的描边蒙版如图7-55所示。

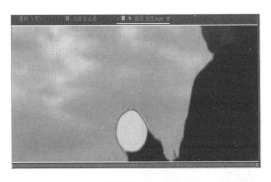

图7-54　用笔刷单击女孩手的部分　　　　　　　图7-55　将多余区域包括

（7）在添加描边的时候会将某些背景区域也添加进前景描边，可以通过背景描边删除多余的区域。按住【Alt】键，切换到红色的背景描边画笔，对希望从蒙版中去除的背景区域添加如图7-56所示的红色描边，然后在前景和背景画笔之间来回切换，对边界进行调整，得到如图7-57所示效果，基本勾勒出人物轮廓。

图7-56　从蒙版中去除的背景区域添加红色描边　　　　图7-57　使用红色描边后的效果

（8）检查蒙版是否与人物轮廓吻合

由于AE是在基础帧的技术上调整蒙版范围内的其余部分，所以蒙版也要尽量精确。单击图层窗口左下方的 ，选中的区域是白色，背景是黑色，如图7-58所示，可以清楚地看到蒙版；单击图层窗口左下方的 ，再次查看女孩周围的轮廓，效果如图7-59所示；单击图层窗口左下方的 ，可以看到如图7-60所示的效果，前景区域是彩色，背景由红色叠加。

图7-58　蒙版　　　　　　图7-59　再次查看女孩轮廓　　　　　图7-60　背景由红色叠加

步骤 **02**：调整基础帧作用范围的边界。

（1）在确定了基础帧并且制作了基础帧后，Roto 笔刷的作用范围显示在图层窗口时间标尺的下方。拖动这个作用范围的末端的终点到如图 7-61 箭头所示的 1 秒处来延长作用范围。

图7-61　拖动作用范围的末端的终点到1秒处

（2）按下【2】键，向前移动一帧（按下【1】键则向后移动一帧），看到第二帧和第一帧基础帧的边界基本吻合，再次按下【2】键，再向前移动一帧，可以看到右手出现了，却没有在前景里，需要进行描边处理。用 Roto 笔刷单击出现的右手，如图 7-62 所示，可以看到，右手也在描边里了。

图7-62　右手也在描边里

步骤 03：添加新的基础帧。

（1）如图 7-63 所示，在图层窗口中移动时间指针到 1 秒 20 帧处，这个帧因为不包含在初始作用范围内，所以看不到分割边界。

图7-63　在图层窗口中移动时间指针到1秒20帧处

（2）如图 7-64 所示，用 Roto 笔刷画大轮廓，添加前景和背景描边。如图 7-65 所示，系统产生了分割边界。

图7-64 用Roto笔刷画大轮廓

图7-65 定义分割边界

（3）时间标尺上添加一个如图 7-66 箭头所示的新的基础帧，其标志为一个蓝色矩形。Roto 笔刷的作用范围扩展到了这个新的基础帧的前后 10 帧。第一个作用范围的终点在 1 秒处，第二个作用范围的起点在 1 秒 20 帧，这两个作用范围之间有空隙，可以把这两个作用范围连接起来。

图7-66 时间标尺上1秒20帧处添加一个新的基础帧

把新作用范围的左端拖放回第一个作用范围的边缘处。按【1】键，从新的基础帧向后移动一帧，进一步调整分割边界，直到 1 秒处。移动时间指针回到到第二个基础帧 1 秒 20 帧处，按【2】键向前移动，修改每个帧的边。

（4）用同样的方法在 4 秒 5 帧处、7 秒 5 帧处添加两个新的基础帧，如图 7-67 所示，直到描边作用范围到 7 秒 15 帧处。

图7-67 描边添加到7秒15帧处

步骤 **04**：调整蒙版参数。

虽然Roto笔刷工具处理得很好，但是蒙版中仍然有部分前景没有绘制在蒙版中，需要对蒙版进行调整。打开"效果控件"面板，展开"Roto笔刷和调整边缘"控件，如图7-68所示设置参数，羽化：10；减少震颤：20。这样，蒙版边缘变平滑了。

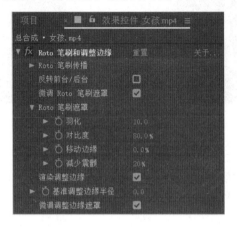

图7-68　设置"羽化"和"减少震颤"参数

......● 视频

调整毛发边缘

步骤 **05**：使用调整边缘工具。

（1）女孩的衣服和脸是硬边，但是头发是蓬松的，Roto笔刷不能获得具有细微差别的边缘，需要在完成视频的分割边界的细化工作之后，使用调整边缘工具，使蒙版获得细微差别的边缘。单击工具栏Roto笔刷，选择Roto笔刷工具下如图7-69方框所示的调整边缘工具。

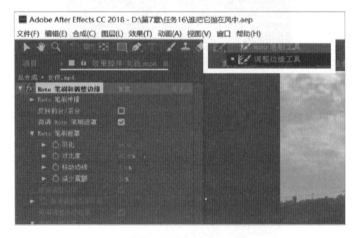

图7-69　使用调整边缘工具

（2）在"女孩.mp4"图层窗口中，把时间指针移到第一个基础帧处。按住【Ctrl】键并拖动鼠标，把画笔放大到10像素。拖动鼠标中间键，把图层放大，清晰地看到头发的蓬松处。如图7-70所示，在有头发的地方穿过蒙版的边缘描边。

（3）释放鼠标，图层自动切换到"调整边缘工具"的X射线视图，如图7-71所示，可以清楚地看到调整边缘工具捕捉边缘的细节。

图7-70　在有头发的地方穿过蒙版的边缘描边　　　图7-71　切换到"调整边缘工具"的X射线视图

（4）时间指针移到第二个，第三个和第四个基础帧，重复（1）～（3）步骤。

步骤 **06**：冻结 Roto 笔刷工具的处理结果。

（1）单击如图 7-72 箭头所示的图层窗口右下方的"冻结"按钮。冻结结束，图层窗口时间标尺上方出现一个蓝色警告提示，提示分割边界已经冻结。

图7-72　单击"冻结"按钮

（2）单击 ▓▓，查看蒙版是否受背景影响。
（3）单击 ▓▓，查看蒙版是否受背景影响。

3. 背景处理、添加音乐

步骤 **01**：单击时间线窗口"总合成"，双击图层"女孩.mp4"，进入图层窗口，把图层窗口的 Roto 笔刷作用范围末端拖动到如图 7-73 箭头所示的 7 秒处。

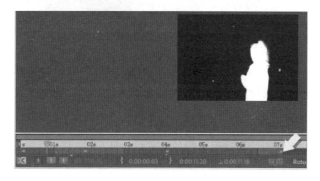

图7-73　把图层窗口的Roto笔刷作用范围末端拖动到7秒处

步骤 **02**：从项目窗口中把素材"婚纱.jpg"拖动到时间线窗口的最后一层，此时可以看到，如图 7-74 所示，图层"女孩.mp4"的背景变成了婚纱照。

步骤 **03**：在"总合成"时间线窗口中单击图层"婚纱.jpg"，执行"效果"→"模糊和锐化"→"高斯模糊"菜单命令。把时间指针放在 0 帧位置，在如图 7-75 所示的"效果控件"面板上设置高斯模糊特效参数，模糊度：0。单击"模糊度"前的码表，手动添加第一个关键帧。

图7-74　图层"女孩.mp4"的背景变成了婚纱照　　图7-75　设置"高斯模糊"特效参数"模糊度"为0

步骤 **04**：把时间指针放在 2 秒处，在"效果控件"面板，如图 7-76 所示，设置高斯模糊特效参数，模糊度：50，系统自动添加一个关键帧，其效果如图 7-77 所示。

图7-76　在2秒处设置高斯模糊特效参数"模糊度"为50

图7-77　设置高斯模糊后的效果

步骤 **05**：把素材"音乐.mp3"从项目窗口中拖放到时间线窗口的最后一层。

步骤 **06**：按下空格键进行预览。

4．渲染输出

步骤 **01**：参照 1.4.1 的输出动画步骤，打开渲染队列窗口。

步骤 **02**：在渲染队列窗口里单击"输出到："下拉列表，打开"将影片输出到"对话框，确定制作的场景渲染输出时的文件名、存放地址和文件类型。本任务为："第 7 章／任务 18／

谁把它抛在风里 .avi"。

步骤 **03**：渲染设置完成后，在渲染队列窗口中单击"渲染"按钮渲染输出，完成后在"第7章／任务18／"文件夹下查看最终文件"谁把它抛在风里 .avi"。

7.5.4 制作要点

用 Roto 笔刷工具进行抠像适用于实景拍摄的背景，本任务需要抠像的对象是一个女孩形象，其背景颜色较为阴沉，光线不均匀，因而采用 Roto 笔刷工具进行抠像。参照本任务的抠像步骤，可以对非专业条件下拍摄的视频进行抠像，通过 Roto 笔刷工具创建初始描边蒙版，将需要抠像的前景从其背景中分离。本任务在使用 Roto 笔刷工具的操作过程中应注意以下环节：

- 用 Roto 笔刷进行描边，通常情况下以粗的描边开始，即画出主体骨架结构，然后用小画笔完善边界，让 AE 自行推断出可能的边界。这和传统的蒙版不同的是，不需要在对象周围精确定义边界。
- 用 Roto 笔刷进行描边时，按住【Ctrl】键并推动鼠标左键可以调整鼠标笔刷大小；使用鼠标的滚轮可以快速放大和缩小图层窗口。
- Roto 笔刷描边不必十分精确，只要保证蒙版与前景对象边缘距离在 1 到 2 个像素范围即可，以后有机会进一步调整这个蒙版。特别是毛发部分，后期有边缘工具调整，不用十分精确。
- 调整 Roto 笔刷的作用范围时，要向前移动一帧，请按【2】键，要向后移动一帧，按【1】键。
- AE 创建 Roto 笔刷的初始作用范围是 20 帧。移动到离基础帧越远的位置，AE 推断或者计算所要的时间越长。为素材创建多个基础帧比拥有一个很大的作用范围效果好。
- 从选择的时间点选择的画面帧开始建立 Roto 选区，建立基础帧，先前播放逐帧查看建立选取的情况，如正常，向后拖动时间间距的标尺，延伸生成选区的时间范围（绿线），如不正常选区出现时用 Roto 修改选区，继续向后拖动生成新的选择画面，不断变化 Roto 选择范围和时间范围直到满意为止。

思考与练习

1. 说说你看过的电影中有哪些场景可能使用了抠像特效？请举例说明。
2. 常用的抠像工具有哪些？各有什么特点？
3. 用抠像技术可以拍出自己跟自己打斗的场景，请写出实现的方案。
4. 虚拟演播是抠像技术在广播电视领域的具体应用，模仿如图 7-78 所示的效果制作一段访谈节目。

要求：（1）在虚拟演播室或在绿幕、蓝幕下录制节目。

（2）采用 AE 抠像技术。

（3）设计背景进行合成。

（4）成片以 MP4 格式输出。

图7-78　虚拟演播参考图

5. 使用本书电子教学资源包"第 7 章 / 练习 / 舞蹈 .mp4"与"舞台 .mp4"作为素材，如图 7-79 所示制作一段舞蹈视频。

要求：（1）使用 Roto 笔刷工具进行抠像。

（2）将舞蹈与舞台进行合成。

（3）成片以 MP4 格式输出。

图7-79　舞蹈视频参考图

6. 设计并制作一个短视频，如图 7-80 所示，把自己装进一个矿泉水瓶子里。

要求：（1）使用自拍视频素材。

（2）使用抠像特效。

（3）片花时长 20 秒左右。

（4）成片以 MP4 格式输出。

图7-80　把自己装进一个矿泉水瓶子里

第8章

时间轴与追踪动画特效

时间轴动画是指对影片的时间进行控制，产生时间的扭曲、变速、倒片、静帧等效果。这些效果在影视动画制作中的应用主要表现在三个方面：一是技术上的应用，例如功夫片中的打斗场景等惊险动作，在拍摄时的实际速度是较慢的，演员只要动作到位，注重其艺术表现即可，在后期制作的时候通过时间轴特效加快动作就可完成；二是功能上的应用，如对体育比赛中的精彩瞬间进行慢镜头回放，对关键判罚进行画面定格从而让人看清等；三是艺术上的应用，慢镜头常用来表现重要情节，引人注意，还用来表达浪漫情调，令人回味，在纯净水、油、酒、牛奶、果汁等液体广告中，慢镜头还常用来表达液体的质感。快镜头常用来表现时间的快速流逝，如鲜花开放、种子发芽，用快镜头可以让它在几秒内完成。快镜头还用来表达快节奏场面，还常常用来表达喜剧、滑稽的效果。定格镜头常用来表示抓拍，它抓住最重要、最精彩的瞬间，让观众看清人物的表情或动作。定格还用于影视剧的高潮处或结尾处，留下悬念，给人深深的思考。倒时镜头又称"倒带"，指镜头所拍画面出现的顺序完全颠倒，画面上的人走路不是往前迈，而是往后退。这类似按"倒带"键之效果，让时间倒流，常用来表达惊险动作、神话中的特技等，从而产生特殊的视觉效果，形成独特的艺术感染力。

在影视动画特效制作中另一个与时间紧密相关的动画形式是追踪动画。比如视频中一辆高速行驶的汽车，在车顶上加上一面旗子，让旗子跟随汽车一起运动，这就需要运用追踪动画。追踪动画是基于计算机图形学原理，通过跟踪器将运动物体的运动状况记录下来，然后得到不同时间上不同物体（跟踪器）的空间坐标。追踪是一种技术手段，它通过对视频中运动的特征进行跟踪，可以清楚捕捉到运动的轨迹从而产生动画。通过运动跟踪，可以跟踪对象的运动，然后将该运动的跟踪数据应用于另一个对象，使一个对象跟随另一对象运动，从而实现特殊的效果。追踪动画特效在影视制作中使用广泛，例如在影视拍摄中经常会使用替身演员，在后期制作时需要替换替身演员的头部，在场景中合成正式演员的面孔，通过追踪特效就可实现替换的头部与原视频具有一样的动态。

本章用 3 个任务展现时间轴与追踪动画特效在影视动画制作中的应用。任务 19 制作一个动物奔跑的小视频，介绍了 AE 中与时间相关的特效，特别是残影效果的基本应用；任务 20 制作一个滑雪精彩片段集锦，使用时间扭曲、时间重映射、时间伸缩等效果实现时间轴动画中的快镜头、慢镜头、定格和倒片；任务 21 使用追踪技术制作一款香水广告，主要介绍追踪器的基本应用和操作方法。

8.2　知　识　点

AE 的时间轴动画包括使用图层的时间功能以及时间效果的应用两方面，而运动追踪的应用则是通过"跟踪器"面板来进行设置和启动。

8.2.1　图层的时间工具

AE 图层的时间功能集成在"图层"菜单下的"时间"选项中，是针对整个图层的时间控制，包括"启用时间重映射""时间反向图层""时间伸缩""冻结帧""在最后一帧上冻结"等部分。

1. 时间重映射

时间重映射是 AE 本身所具有的功能，使用它可以改变影片的时间转换方式，加快和倒转素材层的播放。

在"合成"或"时间轴"面板中，选择想要重映射的图层。执行"图层"→"时间"→"启用时间重映射"菜单命令对整个图层进行"时间重映射"的操作。由于该功能针对的是整个图层，如果要对某个时间段进行操作，则需使用图表编辑器。图表编辑器提供时间变化视图，这些变化随时间通过关键帧和曲线进行更改而指定。

在时间线面板中展开效果控件并选中如图 8-1 方框所示的"时间重映射"选项，然后单击如图 8-1 箭头所示的"图表编辑器"按钮，时间轴变为图表编辑器模式。再单击如图 8-1 方框所示的"时间重映射"左边的"将此属性包括在图表编辑器集中"按钮，图表编辑器出现一条斜线，表示时间的线性关系。水平方向是时间轴，垂直方向表示哪个帧在哪个时间点播放。初始状态，各帧的垂直时间值等于其在时间轴上的水平位置。如图 8-1 所示，时间指针在 5 秒处图表编辑器在水平方向和垂直方向都指向时间值为 5 秒。

当对某个图层启用时间重映射时，AE 会在该图层的开始点和结束点自动添加时间重映射关键帧。通过设置其他时间重映射关键帧，可以创建复杂的运动效果。例如把时间指针移到 2 秒处，然后单击图 8-1 方框所示的关键帧按钮◆以添加关键帧。向上拖动关键帧到垂直时间值 5 秒处，如图 8-2 所示，在合成窗口可以看到，水平位置 2 秒处播放的是原来 5 秒时的画面，即原来需要 5 秒钟播放的画面现在 2 秒就播完了，所以从开始点到 2 秒是加快了播放速度。而整段视频长度依然是 10 秒，后面 8 秒只能放慢速度，将原来后 5 秒播放的画面用 8 秒播完。如果要使后面的视频段按原来的速度播出，需要整个时长缩短为 7 秒。方法是拖动结束点到 7 秒处即可，如图 8-3 所示。

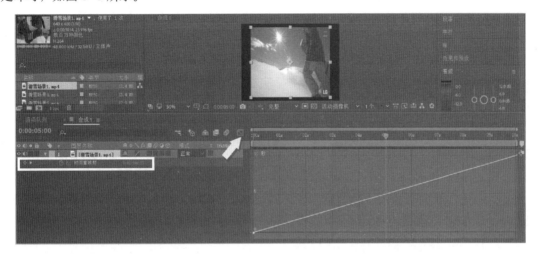

图8-1 启用"时间重映射"后时间轴变为图表编辑器模式

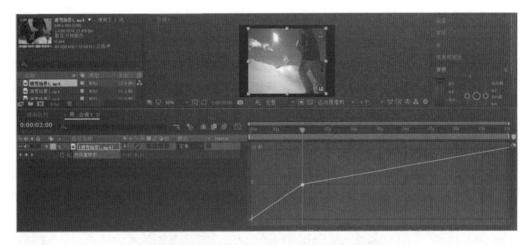

图8-2 加快图层的速度，则向上拖动关键帧

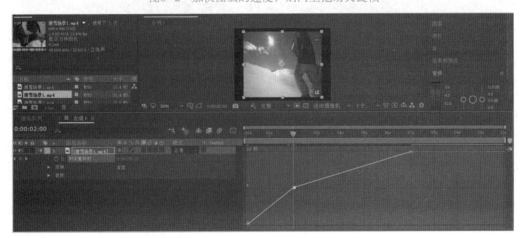

图8-3 拖动结束点到7秒处

如果要放慢图层的速度，则向下拖动关键帧，如图 8-4 所示，从开始点到 5 秒慢速播放；如果要向后播放帧，将关键帧向下拖到低于上一个关键帧值的位置，如图 8-5 所示，从 2 秒到 5 秒向后倒播；如果要恢复向前正常播放帧，只要将当前关键帧拖放到高于上一个关键帧值的位置即可。

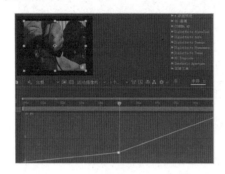

图8-4　从开始点到5秒慢速播放

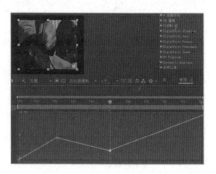

图8-5　从2秒到5秒向后倒播

2. 时间伸缩

对整个图层进行加速或减速的过程称为时间伸缩。时间伸缩是针对整个图层的，例如对图 8-6 所示总长为 10 秒的原始素材进行拉伸图层，对该图层实施时间伸缩效果，并设置"拉伸因数"为 200（拉伸因数 100 为正常速度），该图层的所有关键帧都会如图 8-7 所示，沿着新的持续时间重新分布。总时长还是 10 秒，但实际只播放到原来的一半，也就是原来 5 秒处，因为播放速度被放慢了。从图 8-7 可见，原始素材中 5 秒后的两个关键帧已经在时间轴消失，原始素材的后 5 秒被自动裁剪。

如果对该图层原始帧实施时间伸缩效果，并设置"拉伸因数"为 50，则该图层的所有关键帧都会如图 8-8 所示，沿着新的持续时间重新分布。画面总时长缩短为 5 秒，播放速度加快，5 秒以后为黑屏。

图8-6　素材中原始帧

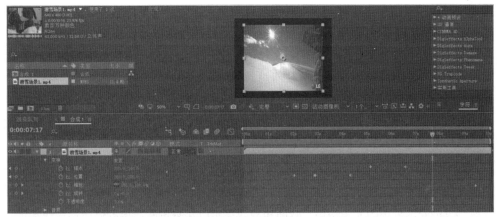

图8-7 拉伸图层时长会使播放速度放慢

图8-8 收缩图层时长会使播放速度加快

可以从特定时间拉伸图层时长。方法是在"时间轴"或"合成"面板中，选择相关图层，执行"图层"→"时间"→"时间伸缩"菜单命令，为该图层输入新的持续时间，或输入拉伸系数即可。

也可以将图层的时间伸缩到特定时间。方法是在"时间轴"面板中，将当前时间指示器移到希望图层开始或结束的帧上。建立"入点"和"出点"， 然后执行将入点拉伸到当前时间和将出点拉伸到当前时间的操作。

8.2.2 时间特效

AE的时间特效集中在"效果"菜单下的"时间"选项中，包括"残影""时间置换""时间扭曲""时差""像素运动模糊""色调分离时间"等命令。

1. 残影效果

残影是指画面在显示器上残留的影像，在进行画面切换时，前一个画面不会立刻消失，视觉效果与第二个画面同时出现，并且会慢慢消失。AE残影效果组合图层中不同时间的帧，实现各种用途，从简单的视觉残影到拖尾和漩涡条纹效果，都包含在内。

残影效果通过复制影片前、后时间段的内容，在当前帧进行融合显示，从而产生重影的画面效果。残影效果仅当图层随时间发生变化时（如基于视频素材项目的图层中的运动），此效果的结果才会显现出来，对当前图层本身的运动不起作用。所以需要实施残影的图层都要先制作成为合成，而后作为合成图层嵌套在另一合成中，再在另一合成中对合成图层添加残影效果。在残影特效参数的设置中，"残影时间"为负数表示复制当前帧后面的内容，"残影时间"为正数表示复制当前帧前面的内容。

在 AE 中执行"效果"→"时间"→"残影"菜单命令即对图层实施了残影效果，其主要参数包括残影时间（秒）、残影数量、起始强度、衰减等。

2. 时间扭曲效果

时间扭曲效果能够在更改图层的回放速度时精确控制各种参数，包括插值方法、运动模糊和源裁剪，以消除不需要的人为标记。时间扭曲效果可以用来创建简单的慢运动或快运动。

时间扭曲效果在"时间轴"面板中独立于"帧混合"开关工作。在 AE 中执行"效果"→"时间"→"时间扭曲"菜单命令即对图层实施了时间扭曲效果。该特效包含"方法"选项、"调整时间方式"选项、"调节"控件、"运动模糊"控件、"遮罩图层"、"遮罩通道"、"变形图层"、"显示"和"源裁剪"控件。

8.2.3　运动追踪操作

在一个视频场景中，背景经常是运动的，不可能一帧一帧地去抠图，这样就需要使用后期追踪技术。AE 的追踪技术是通过跟踪器功能来实现的。它的原理是：先选择画面上的一个特征区域（要跟踪点），由计算机自动地分析在一系列图像上，这个特征区随时间推进发生位置变化，从而得到跟踪区域的位置数据、旋转数据以及缩放数据，有了这些数据以后，就不需一帧一帧去修改。AE 的跟踪类型是点追踪，点追踪分为三种：一点跟踪、两点跟踪、四点跟踪。

一点跟踪：只跟踪一个点区域，从而得到跟踪区域的位置移动数据。例如中枪特效就是跟踪衣服上的点，然后给"血"赋予该点的位置数据。一点跟踪只能跟踪到位置的数据。

两点跟踪：跟踪两个点区域，除了可以得到跟踪区域的位置移动数据外，因为比一点跟踪多了一个点，这样两点就组成一条线，从线的角度变化，就可以得到跟踪区域的旋转数。另外从两点距离变化，可以得到跟踪区域的缩放（变大变小）数据。例如换脸特效就需要至少跟踪两个点的位置和旋转数据，因为人脸的运动除了位置变化之外还有转动，把这些数据赋予另外一个人脸视频，可实现换脸效果。

四点跟踪：就是跟踪四个点，因为四个点可以组成一个面，所以经常用它来做显示器跟踪特效。例如拍摄汽车后视镜看到的场景，就需要用到四点追踪去跟踪后视镜的位置、方向等数据，然后把这些数据赋予需要置入后视镜的镜头视频就能使这个视频在后视镜上表现出来。

8.3　任务 19　"狂奔的动物"小视频的制作

本任务制作一个狂奔的动物的小视频。通过本任务的学习，读者应掌握残影效果的基本应用，本任务完成如图 8-9 所示的效果。

图8-9 "狂奔的动物"小视频效果截图

视频 ●

任务19分析

8.3.1 任务需求分析与设计

　　小视频是近年来出现在微信、抖音等平台的一种视频形式，一般只有十几秒到几十秒。小视频娱乐性强，需要在很短时间内获得用户的注意力，所以往往采用反复多次播放的形式去建立瞬间记忆，具有强用户参与和吸引用户互动的特点。小视频的内容能充分调动用户的行为，用户面对着屏幕深度参与内容的制作过程。小视频的制作门槛较低，用户制作小视频可以直接在手机上完成。但也有一些小视频是专业团队完成的，需要进行后期特效处理。

　　本任务制作一个"狂奔的动物"小视频，运用残影效果为运动的动物制作动感绚丽的拖尾效果。本任务脚本如表 8-1 所示，场景设计如下：

* 建立合成 4 个："总合成"时长 10 秒；"动物跑 1""动物跑 2""动物跑 3"时长都是 10 秒，嵌套在"总合成"合成中；
* 图像素材 4 个："老虎 .png""老鹰 .png""马 .png""彩色 BG.jpg"。
* 动物奔跑动画：老鹰、马、老虎分别位于画面的上中下位置，从左向右奔跑进入时空隧道。
* 背景眩光动画：背景使用眩光效果，营造一种时空隧道的气氛。

表8-1 "狂奔的动物"小视频脚本与基本参数表

影片制式	帧速率	宽度/px	高度/px	时长/s	用途	导出格式
PAL D1/DV	25	720	576	10	小视频	mp4

脚本	镜头：动物从左到右跑的平镜头。景别：中景。时长：10秒。 00:00—01:37：第一组动物从左向右奔跑。 01:37—04:12：第二组动物从左向右奔跑。 04:12—10:00：第三组动物从左向右奔跑

8.3.2 制作思路与流程

　　本任务给运动中的物体实施残影效果以表现其运动的张力和速度的美感。本任务在制作过程中首先制作一组动物奔跑的动画，通过调整图层在时间线的排列，以及调整关键帧之间的距离，得到随机动画的效果，然后再为运动中的动物添加残影效果。本任务需要实现的是拖尾效果，所以将残影时间设置为负值，使之复制当前帧后面的内容。残影效果对当前图层本身的运动不起作用，本任务对需要实施残影的图层先制作成为合成，再嵌套在总合成之中。完成了一组动物的奔跑动画制作之后，通过复制图层的方式共得到三组动物的运动动画，再运用分形噪波等特效进行优化，制作出绚丽的光效背景。最后进行消除抖动的优化，并渲染输出。本任务的制作流程如图 8-10 所示。

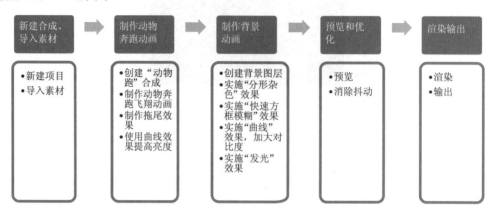

图8-10 "狂奔的动物"制作流程图

8.3.3 制作任务实施

1. 新建项目、导入素材

步骤 **01**：参照 1.4.1 的新建项目步骤，建立项目"狂奔的动物 .aep"。

步骤 **02**：参照 1.4.1 的导入素材步骤，导入如图 8-11 所示的本书电子教学资源包"第 8 章 / 任务 19 / 素材"文件夹中的全部素材。

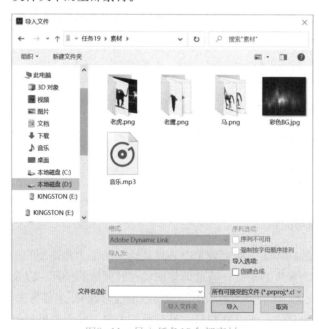

图8-11 导入任务19全部素材

2．制作动物奔跑的动画

步骤 **01**：参照 1.4.1 的新建合成步骤，建立名称为"动物跑"的合成。设置预设为 PAL D1/DV，宽度为 720，高度为 576，帧速率为 25，并设置持续时间为 10 秒。

步骤 **02**：将素材"老虎 .png""老鹰 .png""马 .png"从项目窗口拖动到时间线窗口中，然后在合成窗口中调整素材的位置和大小。如图 8-12 所示，老鹰在上方，老虎在下面，马在中间，使其错落有致进行分布。

图8-12　在合成窗口中调整素材的位置和大小

步骤 **03**：在时间线窗口选中所有图层，按下【P】键，并将指针移动到 0 秒处，向右拖动 X 轴的参数，如图 8-13 所示，将所有素材向右移出视图。如图 8-14 所示设置"老虎"图层位置：1088，94；"马"图层位置：904.5，237.5；"老鹰"图层位置：1122.6，431.9。再单击"位置"参数前的秒表，手动为这三个图层的位置添加第一个关键帧。此时所有的图层都在合成窗口的屏幕之外，所以屏幕是黑色的。

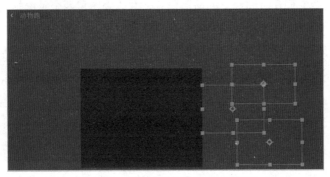

图8-13　将所有素材向右移出视图

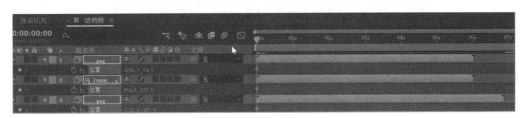

图8-14　手动给各图层位置添加初始关键帧

步骤 **04**：制作动物图层从右入画，然后从左出画的动画。

将时间线指针移动到 5 秒处，往左拖动 *X* 轴的参数，如图 8-15 所示，将所有素材向左移出视图，系统自动添加关键帧。如图 8-16 所示设置"老虎"图层的位置参数：-251.4，431.9；"老鹰"图层的位置参数：-286，94；"马"图层的位置参数：-469.5，237.5，系统自动添加位置关键帧。

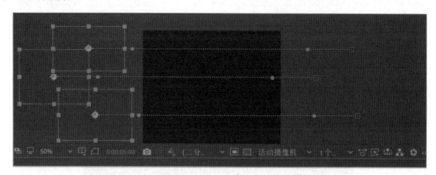

图8-15　将所有素材向左移出视图

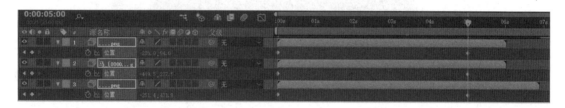

图8-16　系统自动添加位置关键帧

步骤 **05**：在时间线窗口，单击空白处取消所有图层的选择，再分别用鼠标拖动单个图层，如图 8-17 所示，改变它们在时间线上的前后位置，并改变图层两个关键帧之间的距离，这样整个动画看起来位置有先有后，速度有快有慢，更为自然。

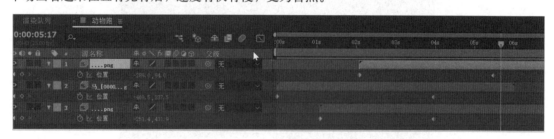

图8-17　改变各图层在时间线上的前后位置

视频

残影效果

步骤 **06**：制作奔跑拖尾特效。

（1）新建合成窗口，命名为"总合成"，设置时长为 10 秒，其他参数为默认。

（2）在项目窗口中将合成"动物跑"拖到"总合成"的时间线上。单击"动物跑"图层，执行如图 8-18 所示的"效果"→"时间"→"残影"菜单命令，为图层添加一个残影效果。

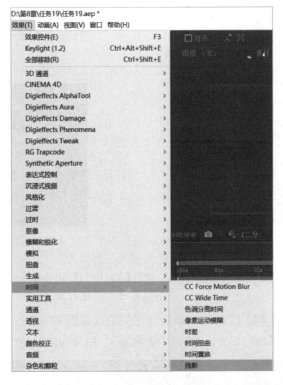

图8-18 执行"效果"→"时间"→"残影"菜单命令

（3）如图 8-19 所示，在"效果控件"面板中对残影效果进行设置，残影时间：−0.033 秒，负数表示复制当前帧后面的内容；残影数量：30；起始强度：1.00；衰减：0.8，让重影产生由近及远逐渐透明的效果，模拟拖尾；残影运算符：从前至后组合，将当前帧内容置于重影画面的上面。

图8-19 设置残影效果的参数

（4）图层中动物颜色有些暗淡需要使用"曲线"调色特效进行调整，单击"动物跑"图层，参照 4.5.3，执行"效果"→"颜色校正"→"曲线"菜单命令，添加一个曲线调色特效。

（5）在"效果控件"面板对曲线特效进行设置：单击曲线的中间部分，如图 8-20 所示，将该点向上拖动到高光区域，这样就提高了动物的亮度。完成设置后的效果如图 8-21 所示。

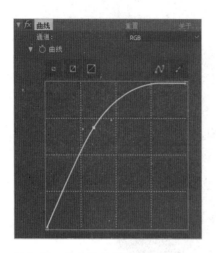

图8-20 为曲线高光部分添加一个点

图8-21 动物的亮度提高

（6）在时间线窗口选中"动物跑"图层，按【Ctrl+D】组合键，将当前图层复制两次，修改图层名称为"动物跑1""动物跑2""动物跑3"，并分别拖动"动物跑2"到时间线1秒17帧处，"动物跑3"到4秒12帧处。最后对它们的位置沿Y轴进行微调，如图8-22所示，设置"动物跑2"图层的位置：360，305；"动物跑3"图层的位置：356，340，让画面更丰富。

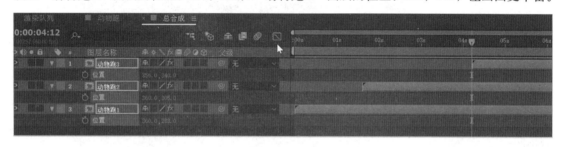

图8-22 设置图层的位置

3. 背景动画的制作

视频

背景发光

步骤 **01**：新建一个纯色图层，命名为"背景"，参数设置为默认。把它放置在时间线窗口的最后一层。

步骤 **02**：参照6.3.3添加分形杂色效果。

（1）执行"效果"→"杂色和颗粒"→"分形杂色"菜单命令，为"背景"纯色层添加一个分形杂色特效。

（2）如图8-23所示，在"效果控件"面板中对分形杂色特效进行设置，对比度：800；亮度：-79；缩放：60。设置好后将时间线指针移动到0秒处，单击"子设置"属性下的"子位移"前的秒表，添加关键帧，制作如图8-24所示的噪波滚动动画。

（3）在时间线窗口按下【U】键，显示所有关键帧，将指针移动到10秒处，如图8-25箭头所示，设置"子位移"的"X轴"参数为2000，系统自动添加关键帧。

图8-23 对分形杂色特效进行设置

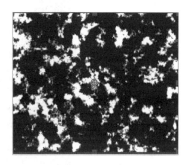

图8-24 噪波滚动效果

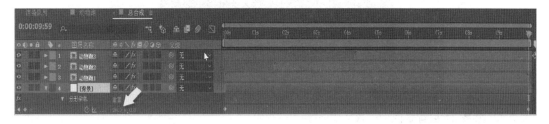

图8-25 设置"子位移"的"X轴"参数为2000

步骤 03：添加快速方框模糊特效。

（1）单击背景图层，执行"效果"→"模糊和锐化"→"快速方框模糊"菜单命令，为背景图层添加一个快速方框模糊特效。

（2）如图8-26所示，在"效果控件"面板对快速方框模糊特效进行设置，模糊半径：300；迭代：3；模糊方向：水平。

图8-26 设置快速方框模糊特效参数

步骤 04：添加曲线特效。

（1）参照4.5.3，执行"效果"→"颜色校正"→"曲线"菜单命令，再添加一个曲线调色特效。曲线的左下角是暗调区域，过渡到右上角是高光区域。

（2）在"效果控件"面板对曲线特效进行设置：单击曲线上半部分一个点并往上拖动，使高光部分进一步加亮；单击曲线下半部分一个点并往下拖动，使暗调部分进一步调暗，如图 8-27 所示，曲线形态调整为"S"形，加大了画面的对比度。

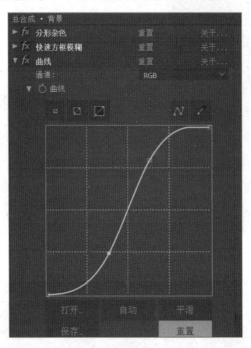

图8-27　设置曲线特效添加两个点

步骤 **05**：添加背景图像。

（1）在项目窗口将图片素材"彩色BG.jpg"拖到时间线上，放置在背景图层的上方。按下【S】键，然后再按下【Shift+R】组合键，如图 8-28 所示，打开"缩放"和"旋转"参数并进行设置，关闭"缩放"参数前的"约束比例"按钮，并设置为 80，100；"旋转"参数设置为 90°。

图8-28　设置"缩放"和"旋转"参数

（2）如图 8-29 方框所示，将"彩色 BG.jpg"图层模式改为"颜色"模式，这样 BG 图层就接受了它的颜色信息，其效果如图 8-30 所示。

图8-29　将"彩色BG.jpg"图层模式改为"颜色"模式

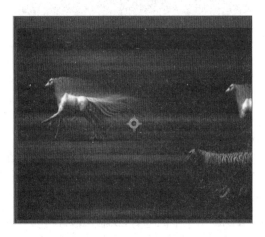

图8-30　图层模式为"颜色"模式下的效果

步骤 **06**：添加发光效果。

（1）单击"背景"图层，执行"效果"→"风格化"→"发光"菜单，为"背景"图层添加一个发光特效。

（2）如图 8-31 所示，在"效果控件"面板设置发光特效的参数，发光阈值：20.4%；发光半径：10；发光强度：0.5。其效果如图 8-32 所示。

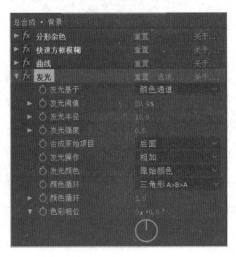

图8-31　设置发光特效的参数

图8-32 添加发光特效后的效果

4．预览和优化

步骤 **01**：在时间线窗口选中总合成，按空格键进行整体预览。

步骤 **02**：预览整体效果后，发现画面有些抖动，这是因为 25 帧／秒的帧速率有点低，出现这种水平移动的效果时容易发生抖动。按下【Ctrl+K】组合键，打开总合成的"合成设置"对话框，将帧速率设置为 60 或更高便可解决该问题。

步骤 **03**：由于电视格式的帧速率是固定的 25 帧／秒，所以上面的方法只适合解决计算机上的播放问题。电视上的抖动问题可以通过输出隔行的方法来解决，将一帧画面拆分为上下两场，这样就能得到 50 帧／秒的帧速率。按下【Ctrl+M】组合键，打开渲染队列窗口，如图 8-33 所示，单击渲染设置右边的蓝色文字"最佳设置"，在弹出的"渲染设置"对话框中设置场渲染方式为"高场优先"，可以根据播出标准进行相应的选择。

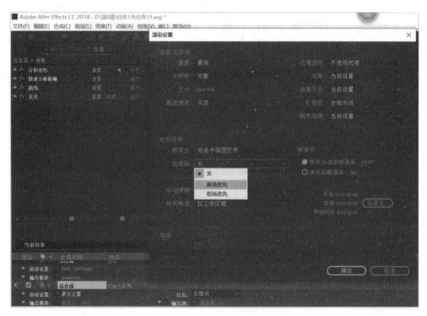

图8-33 设置场渲染方式

5．渲染输出

步骤 **01**：参照 1.4.1 的输出动画步骤，打开渲染队列窗口。

步骤 **02**：在渲染队列窗口里单击"输出到："下拉列表，打开"将影片输出到"对话框，确定制作的场景渲染输出时的文件名、存放地址和文件类型。本任务为："第 8 章／任务 19/狂奔的动物 .mp4"。

步骤 **03**：渲染设置完成后，在渲染队列窗口中单击"渲染"按钮渲染输出，完成后在"第8 章／任务 19/"文件夹下查看最终文件"狂奔的动物 .mp4"。

8.3.4　制作要点

本任务使用残影特效制作小视频。残影特效除了拖尾效果外，还能为影片制作出虚幻的效果，如醉酒后出现的主观幻觉镜头、功夫片中虚幻的慢镜头功夫重影以及飞驰的汽车等。将本任务中奔跑的各种动物替换为短跑运动员，将背景改为跑道，可以制作出充满动感的百米飞人比赛场景。在使用残影效果时应注意其参数的设置：

- 残影时间（秒）：残影时间以秒为单位的时间，负值将从之前的帧创建残影；正值将从即将到来的帧创建残影。
- 残影数量：残影的数目。例如，如果值是 2，结果是三个帧的组合：当前时间，当前时间 ＋ 残影时间，以及当前时间 ＋（2× 残影时间）。
- 起始强度：残影序列中第一个图像的不透明度。
- 衰减：残影的不透明度与残影序列中位于它前面的残影的不透明度的比率。例如，如果衰减是 0.5，那么第一个残影的不透明度是起始强度的一半；第二个残影的不透明度是第一个残影不透明度的一半，或起始强度的四分之一。
- 残影运算符：用于合并残影的混合运算。
- 相加：通过将残影的像素值相加来合并残影。如果起始强度太高，此模式可能会快速过载并生成白色的线条。
- 最大值：通过获取所有残影的最大像素值来合并残影。
- 最小值：通过获取所有残影的最小像素值来合并残影。
- 滤色：通过在视觉上将残影夹在中间来模仿合并残影的效果。此模式与"相加"类似，但是它不会快速过载。
- 从后至前组合：使当前时间的图像置后，从而使每个残影在合成中依次置前。
- 从前至后组合：使当前时间的图像置前，从而使每个残影在合成中依次置后。
- 混合：使残影达到平衡。

8.4　任务 20　滑雪精彩片段集锦的制作

视频

任务20分析

本任务制作滑雪精彩片段集锦小视频。通过本任务的学习，读者应掌握时间轴动画的基本应用，能使用"时间重影射"效果、"时间扭曲"效果、"时间伸缩"效果制作影片的快动作、慢动作、倒片和定格。本任务完成如图 8-34 所展示的效果。

图8-34 滑雪精彩片段集锦效果图

8.4.1 任务需求分析与设计

视频集锦广泛应用于体育类栏目，它将体育运动的精彩瞬间剪辑成为一个视频节目，供观众欣赏。视频集锦不是简单地将体育录像进行拼接，而是要运用镜头语言对原始视频进行加工，呈现出运动之美。对一段视频进行时间上的控制，产生快进、慢进、倒退、定格等效果是进行视频集锦加工的常用手法。本任务将两段滑雪的视频制作成滑雪视频集锦。滑雪前的登山、准备滑雪板等不是集锦的主要部分，因而将这段视频用加速播放的形式进行处理；当出现运动员的特写镜头时，为突出运动员的自信和快乐，因而降低速度播放，使用慢动作；当运动员从高山滑下，腾空而起时，把视频定格在某一帧，活动着的画面突然变成静止的画面，如同一张照片，让时间凝固。再用同样的手法模拟出相机连续拍照的效果，把连续画面中最精彩的瞬间一一固定下来，让它在观众视觉中保留较长的时间，以加深印象；当运动员在树林间穿梭滑行，采用一小段倒序播放的方式，以这段视频带来节奏上的变化。

本任务分镜头脚本如表 8-2 所示，场景设计如下：

- 建立合成 3 个："总合成" 时长 30 秒；"滑雪场景 1""照片场景 1" 时长都是 15 秒，嵌套在"总合成"合成中。
- 视频素材 5 个："滑雪场景 1.mp4""滑雪场景 2.mp4""转场 .mp4""镜头 .mp4""照相机数据 .mp4"。
- 图像素材 1 个："画框 .psd"。
- 音乐素材 2 个："音乐 .mp3""照相声音 .wav"。
- 运动员准备滑雪的视频片段：快速播发。
- 运动员对着镜头的特写视频片段：慢速播放。

- 高山滑雪腾空而起的视频片段：画面定格，并配上照相机声音，模拟相机连续拍照效果。
- 林间滑雪视频片段：一小段倒序播放。

表8-2 滑雪精彩片段集锦分镜头脚本与基本参数表

影片制式	帧速率	宽度/px	高度/px	时长/s	用途	导出格式
PAL D1/DV	25	640	480	21	小视频	avi

脚 本	镜头1：滑雪运动员准备滑雪的平镜头。景别：中景。时长：5秒。 00:00—01:03：转场视频。 01:03：出现照相机数据和镜头。 00:00—02:00：滑雪前准备的场景，快进镜头。 02:00—05:00：速度由快进镜头变为慢进镜头
	镜头2：滑雪运动员特写镜头。景别：近景。时长：5秒。 05:00—10:00：慢进镜头；运动与滑雪前准备的场景
	镜头3：花样滑雪的平镜头。景别：中景。时长：2秒11帧。 10:00—11:03：转场视频 10:00—12:11：滑雪视频
	镜头4：滑雪精彩瞬间的7个静帧镜头。景别：中景。时长：3秒。 12:11、13:00、13:11、14:00、14:11、15:00、15:11照相机定格拍摄
	镜头5：高山滑雪的移镜头。景别：中景。时长：4秒14帧。 15:11—17:08：高山滑雪 17:08—18:08：倒放镜头 18:08—21:00：高山滑雪

8.4.2 制作思路与流程

"时间伸缩"、"时间重映射"、"时间扭曲"这几个工具都可以实现加速和减速，"时间伸缩"针对的是整个图层的变速，它通过"拉伸因素"参数决定播放的快慢：100为正常速度，大于100为变慢，小于100变快，但只能使整个图层同时变快或者变慢，做不了由快到慢或者由慢到快的变速动作；"时间重映射"也是一个针对图层的时间工具，它可以通过图表编辑器实现局部片段的速度变化，还可以实现倒放和静帧。图表编辑器是将属性的动画显示在一个二维坐标的图表里面，通过曲线的形式来形象地表现出这段动画的情况。"时间扭曲"作为一种特效，可以在效果控件中建立速度参数关键帧去实现变速效果。在"时间扭曲"中，速度参数100为正常速度，大于100为变快，小于100变慢，0为定格镜头。

本任务首先通过"时间扭曲"效果生成在"滑雪场景1"合成中的由正常到快速再到慢速的动作；然后建立"照片场景1"合成，对图层使用"时间伸缩"做快动作；再使用"时间重映射"做若干个连续静帧，然后再使用"时间重映射"制作倒放效果；最后在总合成中添加音乐，配合画面产生节奏变化，使画面更加充满动感。

本任务的制作流程如图8-35所示。

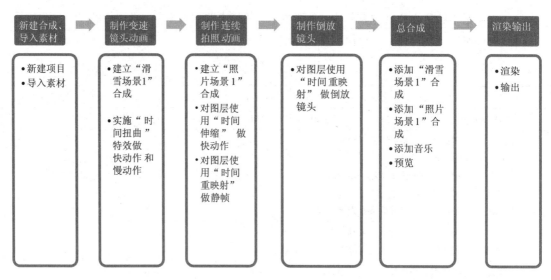

图8-35　滑雪精彩片段集锦制作流程图

8.4.3　制作任务实施

1.　新建项目、导入素材

步骤 **01**：参照 1.4.1 的新建项目步骤，建立项目"滑雪精彩片段集锦 .aep"。

步骤 **02**：参照 1.4.1 的导入素材步骤，导入如图 8-36 所示的本书电子教学资源包"第 8 章／任务 20／素材"文件夹中的全部素材。

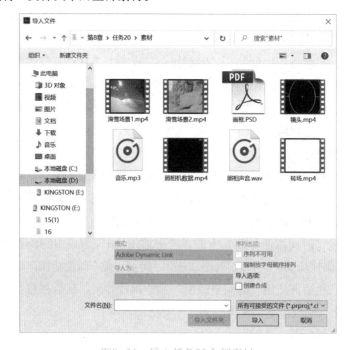

图8-36　导入任务20全部素材

2. 制作变速镜头动画

步骤 **01**：参照1.4.1的新建合成步骤，建立名称为"滑雪场景1"的合成。设置预设为自定义，宽度为640，高度为480，帧速率为25，并设置持续时间为15秒。

步骤 **02**：将素材"滑雪场景1.mp4"从项目窗口中拖动到"滑雪场景1"合成的时间线窗口中。

滑雪场景1制作

步骤 **03**：使用时间扭曲特效在0到2秒的时间内做一个快动作。

（1）在时间线窗口中单击"滑雪场景1.mp4"图层，执行如图8-37所示的"效果"→"时间"→"时间扭曲"菜单命令。

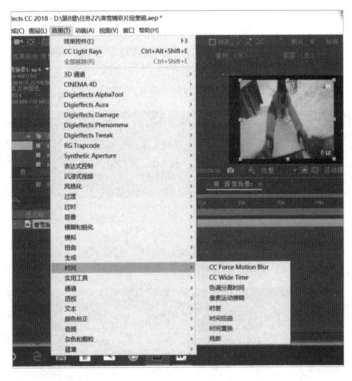

图8-37　"效果"→"时间"→"时间扭曲"菜单命令

（2）在时间线窗口把指针移至2秒处，展开"时间扭曲"效果控件。如图8-38所示，将原来正常的"速度"参数值100改为300。单击"速度"前面的秒表，手动设置第一个关键帧。

图8-38　在2秒处设置"速度"参数为300

步骤 **04**：使用时间扭曲特效在 2 秒到 5 秒的时间内做一个慢动作。

如图 8-39 所示，在时间线窗口把指针移至 5 秒处，设置"速度"参数为 20。这样，在 2 秒到 5 秒之间，影片速度从 300 降到 20，速度由快动作变为慢动作。

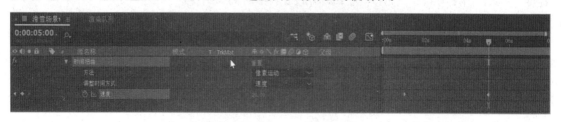

图8-39　在5秒处设置"速度"参数为20

步骤 **05**：在项目窗口把素材"转场 .mp4"拖放到时间线窗口的第一层，单击图层"转场"的尾部，如图 8-40 所示，把图层的持续时间条的末端拖动到 1 秒 3 帧处，并且把它的合成模式设为"叠加"。拖动图层"滑雪场景 1"的持续时间条，把始端放在第 10 帧。

图8-40　将"转场"的末端设置为1秒3帧

步骤 **06**：在项目窗口把素材"照相机数据 .mp4"拖放到时间线窗口的第一层，把它的始端放在 1 秒 3 帧处，如图 8-41 所示，把合成模式设为"相加"。

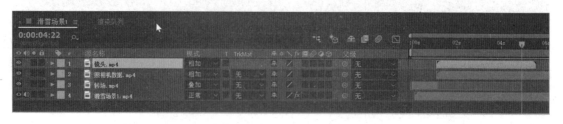

图8-41　把"照相机数据.mp4"放到时间线窗口的第一层

步骤 **07**：在项目窗口把素材"镜头 .mp4"拖放到时间线窗口的第一层，把它的始端放在 1 秒 3 帧处。如图 8-42 所示，把合成模式设为"相加"。加入照相机数据和镜头后的效果如图 8-43 所示。

图8-42　把"镜头.mp4"拖放到时间线窗口的第一层

图8-43　加入照相机数据和镜头的效果

3. 制作照相机连续拍照的动画效果

步骤 01：参照1.4.1的新建合成步骤，建立名称为"照片场景1"的合成。设置预设为自定义，宽度为640，高度为480，帧速率为25，并设置持续时间为15秒。

步骤 02：将素材影片"滑雪场景2.mp4"从项目窗口中拖动到"照片场景1"合成的时间线中。

步骤 03：在"照片场景1"合成的时间线窗口中选中"滑雪场景2"图层，"时间"→"时间伸缩"快捷菜单，如图8-44所示，弹出如图8-45所示的"时间伸缩"对话框。

视频

拍照效果（1）

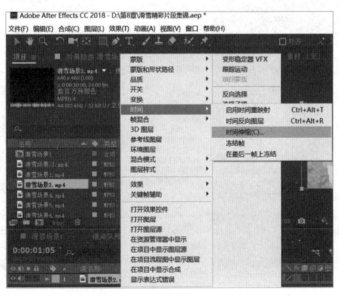

图8-44　执行"时间"→"时间伸缩"快捷菜单

步骤 04：如图8-45所示，在"时间伸缩"对话框中，将"拉伸"因素参数由原来的100改为70。可以看到整个素材变短了，这就意味着这个图层里的动作都放快了，正常动作变为了快动作。

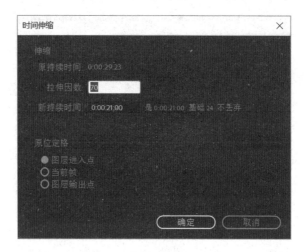

图8-45　"时间伸缩"对话框

步骤 05：在"照片场景 1"合成的时间线窗口中选中"滑雪场景 2"图层，右击并执行如图 8-46 所示的"时间"→"启用时间重映射"快捷菜单。

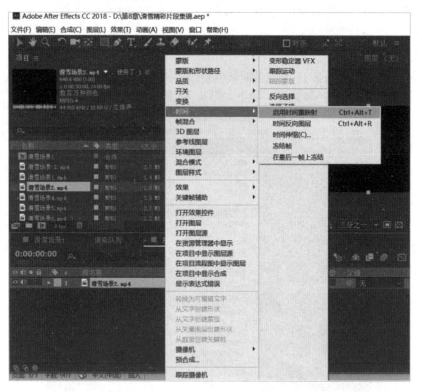

图8-46　执行"时间"→"启用时间重映射"快捷菜单

步骤 06：在"照片场景 1"合成的时间线窗口选中图层"滑雪场景 2"，展开效果控件并选中如图 8-47 方框所示"时间重映射"按钮，然后再单击如图 8-47 箭头所示的"图表编辑器"按钮，时间轴变为图表编辑器。

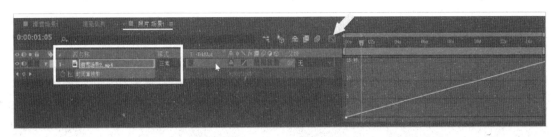

图8-47 "时间重映射"启用后的时间轴

步骤 07：单击工具栏中的钢笔工具。按空格键播放视频，在 2 秒 11 帧处找到一个精彩瞬间，按空格键停止播放，用钢笔工具单击如图 8-48 箭头所示的图表编辑器的斜线上，添加关键帧。

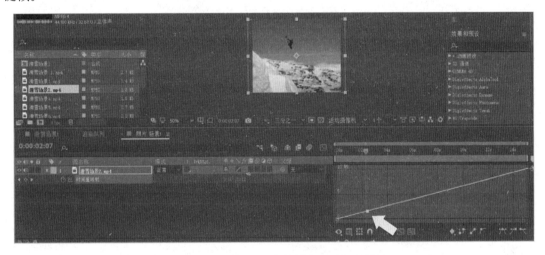

图8-48 在时间线对应的斜线上添加关键帧

步骤 08：用同样的方法，如图 8-49 所示在 3 秒、3 秒 11 帧、4 秒、4 秒 11 帧、5 秒、5 秒 11 帧处，都用钢笔工具添加关键帧，配上照相机拍照的声音，就可以将这些精彩瞬间做成连续拍照的效果。

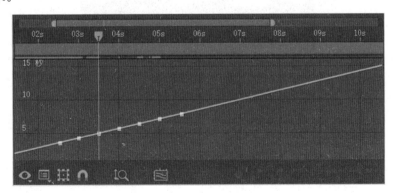

图8-49 在3秒、3秒11帧、4秒、4秒11帧、5秒、5秒11帧处添加关键帧

步骤 09：单击工具栏的选取工具，让鼠标从钢笔工具还原。在时间线窗口中圈选除第一个关键帧之外的所有关键帧，单击时间线右下角如图 8-50 箭头所示的图标█，将选定的关键帧转换为定格，变成静帧。

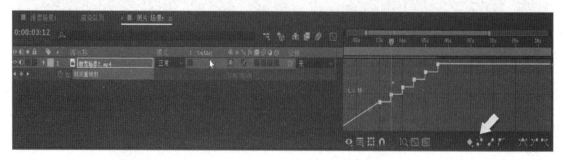

图8-50　将选定的关键帧转换为定格

步骤 10：选中最后一帧，单击如图 8-51 所示的缓出图标█，让没有关键帧的地方仍然是动态画面，模拟出照相机效果。

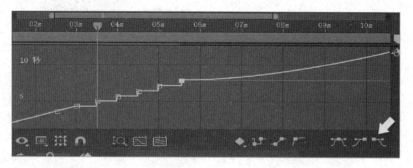

图8-51　让没有关键帧的地方仍然是动态画面

······●视频

拍照效果（2）

步骤 11：按下【Ctrl+Y】组合键，新建图层"画框"，颜色设置为蓝色。

步骤 12：在时间线中单击"画框"图层，单击工具栏中的矩形工具，如图 8-52 所示，在"画框"图层上画两个大小不一的矩形。

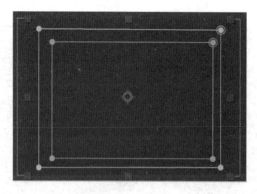

图8-52　在"画框"图层上画两个大小不一的矩形

步骤 13：单击时间线窗口中的"画框"图层，打开"蒙版"参数，如图 8-53 所示设置"蒙版1"的参数为"相减",这样得到一个画框。在时间线中把画框摆放在照片开始的2秒11帧处和结束的5秒11帧处。

图8-53 设置"蒙版1"的参数为"相减"

步骤 ⑭：从项目窗口把素材"照相机数据.mp4"拖放到时间线窗口的第一层,把它的始端放在2秒18帧处,并且把合成模式设为"相加"。按下【Ctrl+D】组合键复制这个"照相机数据.mp4"图层,把复制的图层的始端放置在5秒08帧处。

步骤 ⑮：从项目窗口把素材"镜头.mp4"拖放到时间线窗口的第二层。把它的始端放在2秒18帧处,并且把合成模式设为"相加"。按下【Ctrl+D】组合键复制这个"镜头.mp4"图层,如图8-54所示把复制的图层的始端放置在5秒08帧处。这样,除照片之外的部分都有了数据装饰。

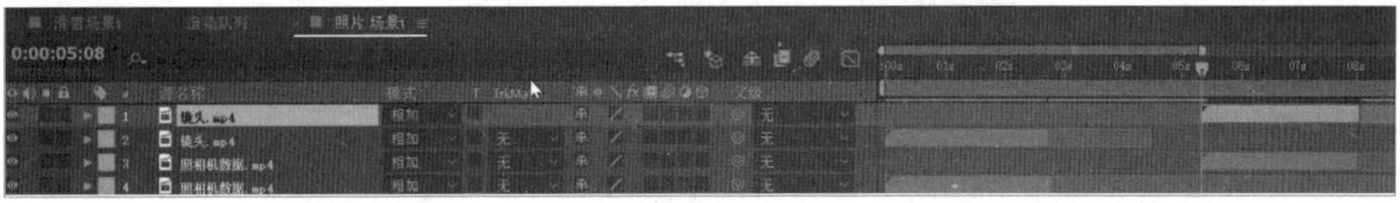

图8-54 把复制的图层的始端放置在5秒08帧处

步骤 ⑯：从项目窗口拖放素材"照相声音.wav"到时间线窗口,放置在第一张照片拍摄的位置。如图8-55所示,用同样的方法在其他照片的位置放置照相声音素材。

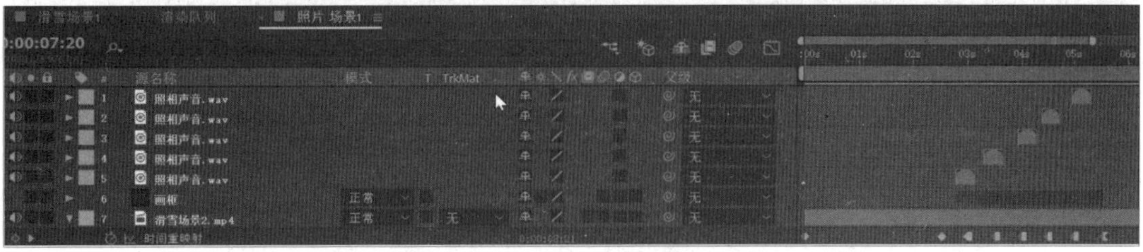

图8-55 在其他照片的位置放置照相声音素材

4. 制作倒放镜头

步骤 **01**：打开图表编辑器，制作倒放镜头。

单击图层"滑雪场景2"的"时间重映射"参数，然后再单击如图8-47箭头所示的图表编辑器按钮 ，用鼠标单击工具栏中的钢笔工具，鼠标变为钢笔。

步骤 **02**：把时间指针放在7秒8帧处，单击图表编辑器的斜线添加第一个关键帧。

步骤 **03**：把时间指针放在8秒8帧处，单击图表编辑器上的斜线添加另一个关键帧，如图8-56所示，把它向下拖到低于第一个关键帧位置之下，这样，前面一秒的镜头就可以做倒放镜头，向下拉得越低，进行倒放的素材越长。

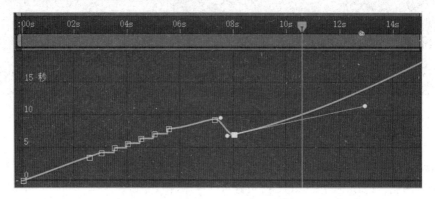

图8-56 在图表编辑器拖动第2个关键帧位于第1个关键帧之下

5. 总合成

步骤 **01**：参照1.4.1的新建合成步骤，建立名称为"总合成"的合成。设置预设为自定义，宽度为640，高度为480，帧速率为25，并设置持续时间为30秒。

步骤 **02**：把合成"滑雪场景1"从项目窗口拖放到"总合成"时间线窗口的第一层，并且把它的始端放置在0帧处，末端缩短到15秒处。

步骤 **03**：把合成"照片 场景1"从项目窗口拖放到"总合成"时间线窗口的第一层，如图8-57所示，把它的始端放置在10秒处，末端缩短到21秒处。

图8-57 "总合成"到21秒结束

步骤 **04**：把素材"音乐.mp4"从项目窗口拖放到"总合成"时间线窗口的最后一层。

步骤 **05**：按下空格键进行效果预览。

6. 渲染输出

步骤 **01**：参照1.4.1的输出动画步骤，打开渲染队列窗口。

步骤 **02**：在渲染队列窗口里单击"输出到："下拉列表，打开"将影片输出到"对话框，确定制作的场景渲染输出时的文件名、存放地址和文件类型。本任务为："第 8 章／任务 20／滑雪精彩片段集锦 avi"。

步骤 **03**：渲染设置完成后，在渲染队列窗口中单击"渲染"按钮渲染输出，完成后在"第 8 章／任务 20／"文件夹下查看最终文件"滑雪精彩片段集锦 .avi"。

8.4.4　制作要点

本任务制作视频集锦，运用了快速、慢速、定格、倒放等技术手段。在做快动作时，素材需要准备长一点，比如做 10 秒的快镜头，就需要准备 30 秒、40 秒的素材。将本任务的素材改为足球比赛的场景，可以制作成比赛集锦、进球集锦，还可以为某个球星制作其职业生涯的精彩片段等。

本任务在制作过程中使用了"时间重映射"、"时间伸缩"以及"时间扭曲"效果。在视频集锦的制作过程中，应注意以下几个环节：

- 在图表编辑器的使用中，可上下拖动关键帧标记。按住【Shift】键的同时拖动关键帧标记，可以使时间重映射值与其他关键帧对齐。
- "时间伸缩"仅在希望图层和所有图层关键帧更改为新的持续时间时才使用。使用"时间伸缩"制作快动作，其结果是整个素材都变慢了。
- 如果"时间伸缩"拉伸图层时导致生成的帧速率与原始帧速率存在极大差异，则可能影响图层中运动的品质。为了对图层进行时间重映射时获得最佳结果，可以使用"时间扭曲"效果。
- 在设置连续静帧模拟相机连续拍照时要注意关键帧的设置，一定要有节奏感，关键帧之间的距离要基本一致，保证影片的节奏感。

8.5　任务 21　香水广告片的制作

视频 •

任务 21 分析

本任务制作一款香水的广告片。通过本任务的学习，读者应掌握追踪动画的基本应用和特点，任务完成如图 8-58 所示的效果。

图8-58　"海洋之心"香水广告片效果

8.5.1 任务需求分析与设计

产品广告片的诞生是随着电视媒体技术的进步而发展的。短则 5 秒，长则几十秒，达到 1 分钟的产品广告已经算很长了，太长会引起观众的心理疲惫。一个成功的产品广告片，能够突出产品鲜明的特点，迎合消费者的需求利益，驱动消费者购买。为一个产品制作广告片需要在短短的时间内突出产品的卖点，以创意吸引观众。本任务为"海洋之心"香水制作广告片。在设计这段广告的时候将海洋元素和香水结合在一起，构建了海底世界中放置电视机屏幕的冲突事件，紧紧围绕"海洋之心"的品牌形象展开创意设计。

本任务分镜头脚本如表 8-3 所示，场景设计如下：

- 本任务建立合成 6 个："总合成"时长 40 秒，"广告 1""广告 2""广告 3""广告 4""摇摆条"时长都是 10 秒，嵌套在"总合成"中。
- 视频素材 3 个："单泡泡 .mov""鱼 .mov""合成背景 .mp4"。
- 图像素材 8 个："图像 1.jpg""图像 2.jpg""图像 3.jpg""图像 4.jpg""图像 5.jpg""图像 6.jpg""图像 7.jpg""图像 8.jpg"。
- 音频素材 1 个："音乐 .mp3"。
- 4 段香水广告：分别在 4 个放置在海底的显示屏幕上播放，显示屏幕有摇摆栅格以吸引人的注意力。
- 海底世界动画：小鱼在海底游动，嘴上吐出水泡。

表8-3 "海洋之心"香水广告片分镜头脚本与基本参数表

影片制式	帧速率	宽度/px	高度/px	时长/s	用途	导出格式
NTSC D1	29.97	720	486	36	动画片	avi

脚 本	镜头1：电视屏幕播放第一个广告的平镜头。景别：中景。时长：6秒1帧。 00:00：出现海底世界背景，海底世界出现第一个电视屏幕。 00:00—00:10：电视屏幕中"广告1"淡入。 00:10—05:21：电视屏幕出现摆动栅格并播放"广告1"。 05:21—06:01："广告1"淡出
	镜头2：从第一个屏幕转到第二个屏幕的摇镜头。景别：中景。时长：1秒15帧。 06:01—07:16：海底世界从第一个屏幕转到第二个屏幕
	镜头3：电视屏幕播放第二个广告的平镜头。景别：中景。时长：6秒3帧。 07:16—13:19：电视屏幕出现摆动栅格并播放"广告2"，然后"广告2"淡出
	镜头4：从第二个屏幕转到第三个屏幕的摇镜头。景别：中景。时长：1秒15帧。 13:19—14:15：海底世界从第二个屏幕转到第三个屏幕
	镜头5：电视屏幕播放第三个广告的平镜头。景别：中景。时长：6秒3帧。 14:15—20:20：电视屏幕出现摆动栅格并播放"广告3"，然后"广告3"淡出
	镜头6：从第三个屏幕转到第四个屏幕的摇镜头。景别：中景。时长：1秒1帧。 20:20—21:21：海底世界从第三个屏幕转到第四个屏幕
	镜头7：电视屏幕播放第四个广告的平镜头。景别：中景。时长：6秒3帧。 21:21—27:25：电视屏幕出现摆动栅格并播放"广告4"，然后"广告4"淡出

续表

影片制式	帧速率	宽度/px	高度/px	时长/s	用途	导出格式
NTSC D1	29.97	720	486	36	动画片	avi

脚本	镜头8：第四个屏幕转出视线的摇镜头。景别：中景。时长：1秒。 27:25—28:25：海底世界下第四个屏幕转出视线
	镜头9：海底世界下出现"海洋之心"文字的平镜头。景别：中景。时长：7秒。 28:25—36:00：海底世界下出现"海洋之心"文字，周围水草摇曳，小鱼游动

8.5.2　制作思路与流程

AE通过将来自某个帧中的选定区域的图像数据与每个后续帧中的图像数据进行匹配来跟踪运动。追踪的应用与之前学习的父子关系类似，都是用于使一个物体跟随另一个物体进行运动。它们的不同之处在于，父子关系的跟随变化是在有关键帧的前提下发生的，而追踪是跟随镜头中摄像机的推拉摇移就可以发生位置大小的变化，本身没有关键帧。

本任务首先制作了4段广告，运用四点追踪技术让这4段广告分别跟随4个显示器进行镜头的移动；本任务运用变换追踪制作了小鱼吐泡泡的效果，让水泡动画紧紧跟随小鱼进行游动；本任务中小鱼游动的动画是运用动态草图制作的，动态草图可以捕捉小鱼的运动路径，通过动态草图窗口就可以简单制作出鱼到处游荡的动画。

本任务的制作流程如图8-59所示。

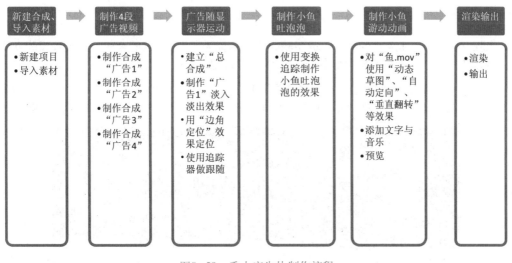

图8-59　香水广告片制作流程

8.5.3　制作任务实施

1. 新建项目、导入素材

步骤 **01**：参照1.4.1的新建项目步骤，建立项目"香水广告片 .aep"。

步骤 **02**：参照 1.4.1 的导入素材步骤，导入如图 8-60 所示的本书电子教学资源包"第 8 章／任务 21／素材"文件夹中的全部素材。

图8-60　导入任务21全部素材

······● 视频

摇摆效果

2. 使用摇摆器制作 4 段广告视频

步骤 **01**：参照 1.4.1 的新建合成步骤，建立名称为"广告 1"的合成。设置预设为 NTSC D1，宽度为 720，高度为 486，帧速率为 29.97，并设置持续时间为 10 秒。

步骤 **02**：如图 8-61 所示，把素材"图像 1.jpg"拖放到时间线窗口，设置"缩放"参数：60.9，82.9。把素材"图像 2.jpg"拖放到时间线窗口，设置"缩放"参数：135.3，104。

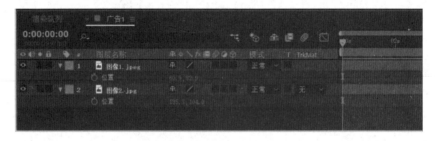

图8-61　设置素材"缩放"参数

步骤 **03**：参照 1.4.1 的新建合成步骤，建立名称为"摇摆条"的合成。设置预设为 NTSC D1，宽度为 720，高度为 486，帧速率为 29.97，并设置持续时间为 10 秒。

步骤 **04**：在合成"摇摆条"的时间线窗口中按下【Ctrl+Y】组合键，建立新的纯色层名称为"摇摆"。颜色为白色，其他参数为默认。

步骤 **05**：单击时间线窗口中的"摇摆"图层，单击工具栏中的矩形工具，在合成窗口中为"摇摆"图层绘制三个如图 8-62 所示的大小不一的蒙版。这三个蒙版的大小和位置没有固定的参数，为下一步做轨道遮罩作准备。

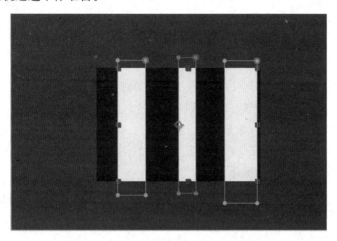

图8-62 绘制三个大小不一的蒙版

步骤 **06**：在项目窗口中把合成"摇摆条"拖放到合成"广告 1"的时间线窗口的第一层。单击时间线窗口的"摇摆条"图层，执行如图 8-63 所示的"窗口"→"摇摆器"菜单命令，为图层添加一个摇摆器，可以非常方便地使图层沿 X 轴或者 Y 轴抖动，或者同时 X、Y 轴快速抖动。

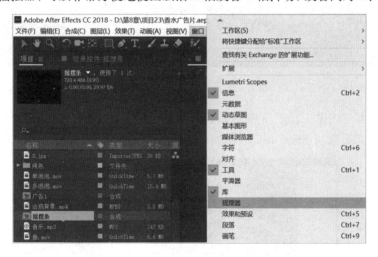

图8-63 执行"窗口"→"摇摆器"菜单命令

步骤 **07**：设置摇摆器参数。

（1）在合成"广告 1"的时间线窗口中，把图层"摇摆条"的末端拖放在 6 秒处，让图层时长只有 6 秒。按下【P】键，打开图层的"位置"参数。

在 0 秒处设置"位置"参数：360，243。单击码表，添加第一个关键帧。

在 6 秒处"位置"参数不改变，仍然为 360，243，单击图 8-64 箭头所示的图标，手动添加第二个关键帧。

图8-64 手动给"位置"参数添加第二个关键帧

（2）用鼠标选中"摇摆条"图层位置参数的两个关键帧，可以看到，摇摆器的参数全部点亮，意味着所有的参数都可以进行设置，所以要注意的是，使用摇摆器一定要先选中图层的位置关键帧。如图 8-65 方框所示，设置维数：X；频率：2；数量级：205。单击"应用"按钮，可以看到如图 8-66 所示，系统自动在最初"位置"参数的两个关键帧之间加了许多关键帧。这样，"摇摆条"图层就会沿 X 轴开始摇摆。

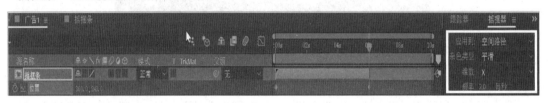

图8-65 设置摇摆器参数

图8-66 系统自动在最初"位置"参数的两个关键帧之间加了许多关键帧

（3）设置图层"图像 1.jpg"的轨道蒙版参数为"Alpha 遮罩摇摆条"，如图 8-67 所示，图层 2 和图层 3 都显露了出来，同时，图层"摇摆条"的摇摆运动依然存在。

图8-67 "广告1"摇摆效果

步骤 **08**：用同样的方法制作合成"广告2"，使用素材"图像3""图像4"。

步骤 **09**：用同样的方法制作合成"广告3"，使用素材"图像5""图像6"。

步骤 **10**：用同样的方法制作合成"广告4"，使用素材"图像7""图像8"。

3．运用四点追踪制作广告跟随显示器运动的效果

视频 ●
四点追踪

步骤 **01**：参照1.4.1的新建合成步骤，建立名称为"总合成"的合成。设置预设为"NTSC D1"，宽度为720，高度为486，帧速率为29.97，并设置持续时间为60秒。

步骤 **02**：把素材"合成背景.jpg"拖放到时间线窗口，设置"缩放"参数：102.8，102.5；如图8-68所示把合成"广告1"拖放到时间线窗口。

图8-68　把合成"广告1"拖放到时间线窗口

步骤 **03**：为图层"广告1"制作淡入淡出效果。

（1）单击时间线窗口"广告1"图层，按下【T】键，打开"不透明度"参数。把时间指针移至0帧处，设置"不透明度"参数为0，单击码表，手动添加第一个关键帧；把时间指针移至10帧处，如图8-69所示，设置"不透明度"参数为100，系统自动添加第二个关键帧，完成淡入效果。

图8-69　设置"不透明度"参数为100

（2）把时间指针移至5秒21帧处，设置"不透明度"参数为100，单击码表，手动添加第三个关键帧；把时间指针移至6秒01帧处，设置"不透明度"参数为0，如图8-70所示，系统自动添加第四个关键帧，完成淡出效果。

图8-70　系统自动添加第四个关键帧，完成淡出效果

步骤 **04**：选中图层"广告1"，把时间指针移至0帧处，执行如图8-71所示的"效果"→"扭曲"→"边角定位"菜单命令。

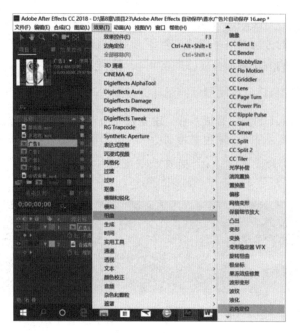

图8-71 执行"效果"→"扭曲"→"边角定位"菜单命令

步骤 ⓪5：在"效果控件"面板中单击"边角定位"控件，如图 8-72 所示的"左上"参数中的"重置"按钮，在合成窗口中单击电视屏幕的左上角，可以看到，图层"广告 1"的左上角与屏幕左上角重合了。用同样的方法定位图层的其他三个角，如图 8-73 所示，图层和电视机重合。定位时，第一次只能是大概位置，在合成窗口中可以反复拖动四个角，使图层变为电视机的形状。

图8-72 "边角定位"控件

图8-73 图层和电视机重合

步骤 ⓪6：为图层"合成背景"加上跟踪器，制作运动跟踪效果。

（1）在总合成的时间线窗口单击"合成背景"图层，执行如图 8-74 所示的"窗口"→"跟踪器"菜单命令，为图层"合成背景"添加跟踪器，在窗口的右下方出现如图 8-75 所示的"跟踪器"面板。

（2）把时间指针移至 0 帧处，选中"合成背景"图层。如图 8-75 所示，设置"跟踪器"面板参数：运动源：合成背景 . mp4；当前跟踪：跟踪器 1；跟踪类型：透视边角定位。单击"编辑目标"按钮，出现如图 8-76 所示的"运动目标"对话框，图层：广告 1。单击"确定"按钮。

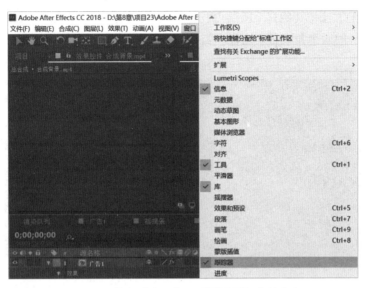

图8-74 执行"窗口"→"跟踪器"菜单命令

图8-75 设置"跟踪器"面板参数

图8-76 "运动目标"对话框

（3）此时，系统自动把窗口切换到"合成背景"合成窗口。在"合成背景"合成窗口中出现了四个跟踪点。如图8-77所示，单击第一个跟踪点的中心位置，并把它拖放到电视机的左上角。注意，在拖放时，系统会自动生成一个放大镜效果，把放大镜中的叉号放置在电视机的左角上，就可以准确定位。

图8-77 拖放第一个跟踪点到电视机的左上角

（4）用同样的方法把其他三个跟踪点放置在电视机的其他三个角上，如图 8-78 所示，四个跟踪点和电视机的四个角重合，这样，当电视机发生位置、大小变化时，图层"广告 1"也会跟着变化。

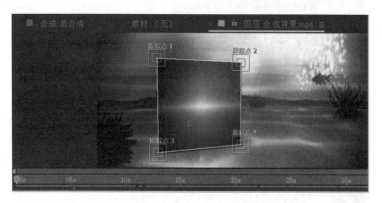

图8-78　四个跟踪点和电视机的四个角重合

（5）单击如图 8-75 所示的"跟踪器"面板的"分析"参数中的"向前分析"按钮▶，如图 8-79 所示，可以看到在合成窗口随着镜头路径的变化自动生成了许多的关键帧，对应在时间线窗口中出现四个跟踪点，如图 8-80 所示，每个跟踪点的位移都有关键帧。

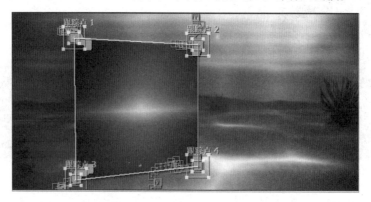

图8-79　自动生成了许多的关键帧

图8-80　对应在时间线窗口中出现四个跟踪点

（6）单击如图 8-75 所示的"跟踪器"面板的"应用"按钮，再单击"总合成"合成窗口，可以看到"广告 1"图层跟随电视机一起运动了。

步骤 07：用同样的方法制作"广告 2"图层跟随电视机一起运动。

步骤 08：用同样的方法制作"广告 3"图层跟随电视机一起运动。

步骤 09：用同样的方法制作"广告4"图层跟随电视机一起运动。

4．运用变换追踪制作小鱼吐泡泡效果

步骤 01：在项目窗口中把素材"单泡泡.mov"拖放到合成"总合成"的时间线窗口的第一层，把时间指针移至0帧处。按下【S】键和【Shift+P】组合键，同时打开图层的"位置"和"缩放"参数，如图8-81所示，设置"位置"参数：632，293；"缩放"参数：60.1，60。

图8-81 设置"单泡泡.mov"的"位置"参数和"缩放"参数

步骤 02：制作泡泡的变换追踪效果。

（1）把时间指针移至7帧处，此时，右下角的鱼露出了全身。单击"总合成"合成时间线窗口中"合成背景"图层，如图8-82所示，设置"跟踪器"面板的参数：单击"跟踪运动"按钮设置，运动源：合成背景．mp4；当前跟踪：跟踪器5；跟踪类型：变换。单击"编辑目标"按钮，出现如图8-83所示的"运动目标"对话框，选择"单泡泡.mov"选项，单击"确定"按钮。

图8-82 设置"跟踪器"面板的参数

图8-83 "运动目标"对话框

（2）此时，系统自动把窗口切换到合成窗口，"合成背景"出现了1个跟踪点。单击这个跟踪点的中心位置，如图8-84所示，把它拖放到右下角的鱼身上。

（3）单击图8-82中的"向前分析"按钮 ▶，可以看到在合成窗口随着镜头路径的变化，自动生成了许多的关键帧如图8-85所示，在时间线窗口中如图8-86所示，产生对应的"跟踪点1"控件。

图8-84　把跟踪点拖放到右下角的鱼的身上

图8-85　合成窗口自动生成了许多的关键帧

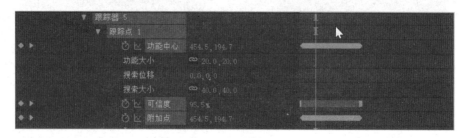

图8-86　时间线窗口产生对应的"跟踪点1"控件

（4）单击跟踪器中的参数"应用"，再单击"总合成"合成窗口，可以看到"单泡泡"图层跟随鱼一起运动了。

（5）单击"单泡泡"图层，把时间指针移至7帧处，按下【P】键，打开"位置"参数，如图8-87所示，用鼠标圈选所有的位置关键帧，在时间线窗口调整Y轴参数，如图8-88所示，使选中的关键帧全部移动到鱼嘴上方。这样，鱼边游边吐泡泡的运动跟踪就做好了。

图8-87　用鼠标圈选所有的位置关键帧

图8-88　调整所选关键帧的Y轴参数

5. 运用动态草图效果制作小鱼游动的动画

步骤 **01**：把素材"鱼.mov"拖放到合成"总合成"时间线窗口的第一层0帧。按下【S】键，如图8-89所示，设置图层"鱼.mov"的"缩放"参数：64.5，70。

视频 ●········

动态草图制作
鱼游动画

●········

图8-89　设置图层"鱼.mov"的"缩放"参数

步骤 **02**：单击图层"鱼.mov"，执行如图8-90所示的"窗口"→"动态草图"菜单命令，为图层"鱼.mov"添加一个"动态草图"面板，通过"动态草图"面板可以简单制作鱼到处游荡的动画。

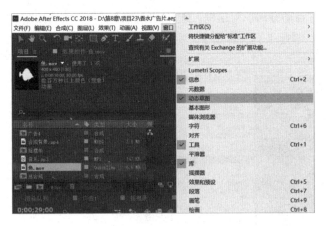

图8-90　执行"窗口"→"动态草图"菜单命令

步骤 **03**：在时间线窗口把指针移至0帧位置，如图8-91所示，设置"动态草图"面板参数，捕捉速度：100%；平滑：12。

图8-91　设置"动态草图"面板参数

步骤 **04**：单击"动态草图"面板的"开始捕捉"按钮，在合成窗口用鼠标画一个如图8-92所示的圆形。注意，屏幕之外的部分尽量多画一点，这样鱼游入画和游出画的空间大一点，以免发生最开始鱼头露在外面和最后一帧鱼尾巴还在屏幕中的情况发生。

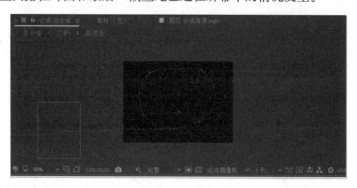

图8-92　在合成窗口用鼠标画一个圆形

步骤 **05**：按下空格键，预览鱼的游动，可以发现鱼是倒着游的，而且游动的时候头一直朝着一个方向，很不自然。执行如图8-93所示的"图层"→"变换"→"自动定向"菜单命令，如图8-94所示，弹出"自动方向"对话框，选择"沿路径定向"单选按钮。可以看到鱼游动的时候头也会随路径转向，看起来真实自然了。

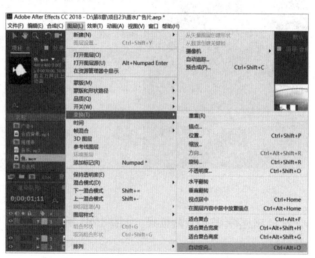

图8-93　执行"图层"→"变换"→"自动定向"菜单命令

图8-94　"自动方向"对话框

步骤 **06**：这只游动的鱼是鱼肚朝上的，需要修改。执行如图 8-95 所示的"图层"→"变换"→"垂直翻转"菜单命令，可以看到屏幕中，鱼肚朝下，鱼正常游动了。

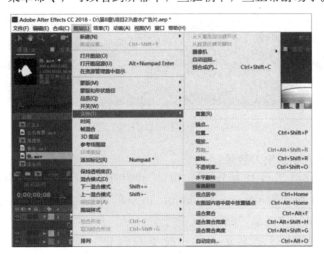

图8-95　执行"图层"→"变换"→"垂直翻转"菜单命令

步骤 **07**：由于动态草图模式的开始时间是在 0 帧处，所以绘制鱼的游动只能在 0 帧处开始进行。现在鱼游动做好了，如图 8-96 所示，在时间线窗口中把图层"鱼 .mov"拖动到 29 秒处，让鱼的游动成为片尾。

图8-96　在时间线窗口中把图层"鱼.mov"拖动到29秒处

步骤 **08**：单击工具栏文字工具，如图 8-97 所示，在合成窗口中输入"海洋之心"。进行参数设置，字体：微软雅黑；字体大小：47 像素；颜色：白色。

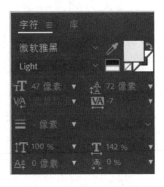

图8-97　设置文字"海洋之心"的"字符"参数

步骤 **09**：用鼠标拖动文字图层"海洋之心"的始端和末端，让它开始位置在29秒06帧处，结束位置在35秒28帧处。"位置"参数设置如图8-98所示。

图8-98　设置文字图层的"位置"参数

步骤 **10**：制作文字的出入效果。

（1）把时间指针移至29秒18帧处，在"窗口"中打开"效果与预设"面板，在"效果与预设"面板中执行如图8-99所示的Text→Animator In→单词淡化上升效果，把"单词淡化上升"拖放到时间线窗口中的文字图层"海洋之心"上。

（2）把时间指针移至35秒处，在"效果与预设"面板中执行如图8-100所示的Text→Animator Out→"淡出缓慢"效果，把"淡出缓慢"拖放到时间线窗口中的文字图层"海洋之心"上。

图8-99　执行Text→Animator In→"单词淡化上升"效果

图8-100　Text→Animator Out→"淡出缓慢"效果

步骤 **11**：从项目窗口中把素材"音乐"放入时间线窗口的最后一层。

6．渲染输出

步骤 **01**：参照1.4.1的输出动画步骤，打开渲染队列窗口。

步骤 **02**：在渲染队列窗口里单击"输出到："下拉列表，打开"将影片输出到"对话框，确定制作的场景渲染输出时的文件名、存放地址和文件类型。本任务为："第8章／任务21／香水广告片.avi"。

步骤 **03**：渲染设置完成后，在渲染队列窗口中单击"渲染"按钮渲染输出，完成后在"第

8章／任务21／"文件夹下查看最终文件"香水广告片.avi"。

8.5.4 制作要点

AE的运动追踪可以将物体的运动或摄像机的运动轨迹追踪出来，形成特殊的效果。本任务使用跟踪器制作了广告视频随显示器一起移动的动画，注意广告视频图层切入的点在显示器运动相对稳定的时间点上做跟踪。改变本任务中显示器的位置和背景，可以制作出许多移动的视频窗口，用于栏目的片头。本任务还使用跟踪器制作了小鱼吐泡泡的动画。将本任务中的小鱼替换为一匹马，将泡泡替换为一个人，就可以制作出一个人骑马的动画来。

追踪器可以将同一跟踪数据应用于不同的图层或效果，也可以跟踪同一图层中的多个对象，还可以用于稳定运动。在跟踪器的使用过程中，应注意跟踪点的设置。在"图层"面板中通过设置跟踪点来指定要跟踪的区域。如图8-101所示，每个跟踪点包含一个特性区域、一个搜索区域和一个附加点。一个跟踪点集就是一个跟踪器。

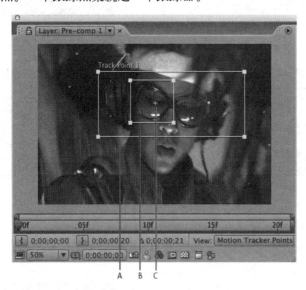

图8-101 跟踪点示意图

- 图8-101中A是搜索区域。搜索区域定义AE为查找跟踪特性而要搜索的区域。被跟踪特性只需要在搜索区域内与众不同，不需要在整个帧内与众不同。将搜索限制到较小的搜索区域可以节省搜索时间并使搜索过程更为轻松，但存在的风险是所跟踪的特性可能完全不在帧之间的搜索区域内。
- 图8-96中B是特性区域。特性区域定义图层中要跟踪的元素。特性区域应当围绕一个与众不同的可视元素，最好是现实世界中的一个对象。不管光照、背景和角度如何变化，AE在整个跟踪持续期间都必须能够清晰地识别被跟踪特性。
- 图8-96中C是附加点。附加点指定目标的附加位置（图层或效果控制点），以便与跟踪图层中的运动特性进行同步。

思考与练习

1. 残影效果有什么特点？可以用在什么场合？

2. "时间重映射"、"时间伸缩"以及"时间扭曲"效果是如何实现视频变速的？

3. 追踪动画和图层的父子关系有何异同？

4. 为运动的 LOGO 制作动感绚丽的拖尾效果，效果如图 8-102 所示。

要求：（1）使用残影效果。

（2）时长 5 秒。

（3）成片以 MP4 格式输出。

5. 使用本书电子教学资源包"第 8 章 / 练习 / 中国速度 .mp4"作为素材，如图 8-103 所示制作的苏炳添百米比赛的小视频。

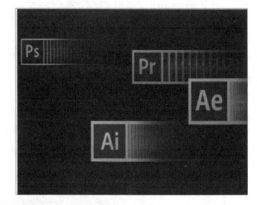

图8-102 动感LOGO效果图

图8-103 苏炳添百米比赛的小视频

要求：（1）运用快速、慢速、定格、倒放等技术手段。

（2）加背景音乐。

（3）成片以 MP4 格式输出。

6. 使用本书电子教学资源包"第 8 章 / 练习 / 车流 .mp4"作为素材，如图 8-104 所示制作一段车流小视频。

要求：（1）使用跟踪器。

（2）给车流中的三台车贴上标志。

（3）片花时长 10 秒。

（4）成片以 MP4 格式输出。

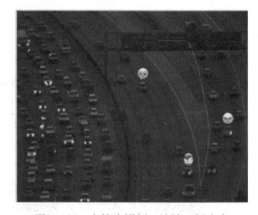

图8-104 车流小视频，追踪三辆小车